Python 高效编程——基于 Rust 语言

[美] 麦克斯韦尔·弗立顿 著

付 岩 译

清華大學出版社

北 京

内 容 简 介

本书详细阐述了基于 Rust 语言的 Python 高效编程，主要包括从 Python 的角度认识 Rust、使用 Rust 构建代码、理解并发性、在 Python 中构建 pip 模块、为 pip 模块创建 Rust 接口、在 Rust 中使用 Python 对象、在 Rust 中使用 Python 模块、在 Rust 中构建端到端 Python 模块、构建 Python Flask 应用程序、将 Rust 注入 Python Flask 应用程序、集成 Rust 的最佳实践等内容。此外，本书还提供了相应的示例、代码，以帮助读者进一步理解相关方案的实现过程。

本书适合作为高等院校计算机及相关专业的教材和教学参考书，也可作为相关开发人员的自学教材和参考手册。

北京市版权局著作权合同登记号 图字：01-2022-5475

图书在版编目（CIP）数据

Python 高效编程：基于 Rust 语言 /（美）麦克斯韦尔·弗立顿著；付岩译. —北京：清华大学出版社，2023.3

书名原文：Speed Up Your Python with Rust

ISBN 978-7-302-63051-7

Ⅰ．①P… Ⅱ．①麦… ②付… Ⅲ．①软件工具—程序设计 Ⅳ．①TP311.561

中国国家版本馆 CIP 数据核字（2023）第 044697 号

责任编辑：贾小红
封面设计：刘　超
版式设计：文森时代
责任校对：马军令
责任印制：刘海龙

出版发行：清华大学出版社
　　网　　　址：http://www.tup.com.cn，http://www.wqbook.com
　　地　　　址：北京清华大学学研大厦 A 座　　　邮　　编：100084
　　社 总 机：010-83470000　　　　　　　　　　邮　　购：010-62786544
　　投稿与读者服务：010-62776969，c-service@tup.tsinghua.edu.cn
　　质量反馈：010-62772015，zhiliang@tup.tsinghua.edu.cn
印 装 者：北京嘉实印刷有限公司
经　　销：全国新华书店
开　　本：185mm×230mm　　　印　　张：20.75　　　字　　数：416 千字
版　　次：2023 年 3 月第 1 版　　　　　　　　　　印　　次：2023 年 3 月第 1 次印刷
定　　价：119.00 元

产品编号：099551-01

致我的妻子 Melanie Zhang，

正是由于她的极力支持，

我才能在繁忙的工作日程和紧张的时限中完成本书。

她不仅聪明，

而且富有爱心，

是一个了不起的贤内助。

——Maxwell Flitton

译 者 序

提起 Python，很多人的第一反应是将它和人工智能应用、数据科学研究以及 Web 应用程序开发等联系在一起，事实也确实如此，Python 以其免费、开源、面向对象编程、拥有众多非常强大的第三方库、可移植性强等优点而广受开发人员的青睐。但是，Python 也有其缺点，那就是运行速度较慢。以神经网络为例，随着深度学习的网络层数越来越多，其对运行速度的要求也急剧上升。在这种情况下，使用运行速度快的 Rust 编写代码，然后在 Python 中应用，不失为一种很好的解决方案。

与 C 和 C++相比，Rust 是一门较新的系统编程语言，它解决了高并发和高安全性系统问题。Rust 通过编译器确保内存安全，强调内存布局控制和并发特性，并且标准 Rust 性能与 C++性能不相上下。本书第 1 章详细介绍了 Rust 的变量所有权规则、生命周期管理和借用规则等，它们都是实现内存安全的关键。此外，该章还阐释了 Python 和 Rust 之间的区别，方便 Python 开发人员快速熟悉和掌握 Rust 的编程技巧。

Rust 的特点是不但运行速度快、内存利用率高，而且没有运行时和垃圾收集器，适用于对性能要求高的关键服务。它可以在嵌入设备上运行，并且可轻松地与其他语言（包括 Python）集成。本书第 2 章介绍了如何使用 Rust crate（相当于 Python 的第三方库），这也是 Rust 的一大优点，其生态系统中含有丰富的第三方 crate 可用（在 crates.io 上可以找到大量资料）。

本书第 3 章通过实例比较了 Rust 和纯 Python 代码的运行速度，事实证明，前者比后者要快得多。因此，将 Rust 与 Python 融合无疑是一个明智的选择。这一做法虽然意味着更严格的类型规则与编译器，迫使开发人员考虑每一个输入和结果，但也使开发人员可以使用更安全、更快捷的代码来加速 Python 系统的运行。

为了帮助开发人员更好地融合 Rust 和 Python，本书还介绍了如何构建可以使用 pip 安装的 Python 包，以及如何在 Rust 中构建 Python pip 模块，将编译好的 Rust 代码导入 Python 代码中并运行，以在 Python 应用程序中充分利用 Rust 的所有优点。从实用性出发，本书通过一个 Flask 应用程序实例演示了如何使用 Rust 编写 Python 包，然后将它注入 Web 应用程序中，最后在 Docker 中部署。

为了更好地帮助读者理解和学习，在翻译本书的过程中以中英文对照的形式保留了大量的术语，"延伸阅读"部分也基本保留原书样式，这样的安排不但方便读者理解书中的代码，而且有助于读者通过网络查找和利用相关资源。

本书由付岩翻译，马宏华、黄进青、熊爱华等也参与了部分内容的翻译工作。由于译者水平有限，错漏之处在所难免，在此诚挚欢迎读者提出任何意见和建议。

译　者

前　　言

Rust 是一门令人兴奋的新语言。它为开发人员提供了没有垃圾收集机制的内存安全，从而带来了快速的运行和低内存占用。但是，用 Rust 重写一切可能是昂贵和有风险的，因为 Rust 中可能没有对要解决的问题的包支持。这就是 Python 绑定和 pip 的用武之地。本书将使开发人员能够用 Rust 编写可以使用 pip 安装的模块，这样就能够在需要的时候注入 Rust，而不需要承担重写整个系统的风险和工作量。这种方法使开发人员能够在 Python 项目中尝试和使用 Rust。

本书读者

想用 Rust 加快代码运行速度的 Python 开发人员，或者想在不承担太多风险或工作量的情况下尝试 Rust 的开发人员，都会从本书中受益。读者不需要有 Rust 的背景。本书介绍了 Rust，并使用 Python 实例让读者快速掌握 Rust。

内容介绍

本书分为 3 篇，共 11 章。具体内容介绍如下。

❑ 第 1 篇为"了解 Rust"，包括第 1～3 章。

➢ 第 1 章为"从 Python 的角度认识 Rust"，介绍了有关 Rust 的基础知识，重点阐释了 Python 和 Rust 之间的区别，以帮助 Python 开发人员快速了解 Rust，并给出了相关的 Python 实例，以帮助开发人员掌握 Rust 概念。

➢ 第 2 章为"使用 Rust 构建代码"，解释了如何在多个页面上构造 Rust 程序，并使用包管理工具来组织和安装依赖项。

➢ 第 3 章为"理解并发性"，介绍了线程和进程的概念，演示了如何在 Rust 中运行多线程和多进程。该章还介绍了 Python 中的并发性，以帮助开发人员了解其中的差异。

❑ 第 2 篇为"融合 Rust 和 Python",包括第 4～8 章。

➢ 第 4 章为"在 Python 中构建 pip 模块",讨论了如何构建可以使用 pip 安装的 Python 包,还演示了如何在 GitHub 上托管软件包,以及配置持续集成等。

➢ 第 5 章为"为 pip 模块创建 Rust 接口",介绍了如何将 Rust 代码注入 pip 模块,并使用 Rust 设置工具来编译和使用 Python 中的 Rust 代码。

➢ 第 6 章为"在 Rust 中使用 Python 对象",考虑了另一个方向上的兼容,即在 Rust 中接受和处理 Python 数据结构并与之交互。该章还讨论了如何在 Rust 中创建自定义 Python 对象。

➢ 第 7 章为"在 Rust 中使用 Python 模块",介绍了如何在 Rust 代码中使用诸如 NumPy 之类的 Python 模块。

➢ 第 8 章为"在 Rust 中构建端到端 Python 模块",将所有已经讨论的内容打包成一个用 Rust 编写的功能齐全的 Python 包。这个包拥有 Python 接口和命令行功能,可以接受 YAML 文件进行配置。

❑ 第 3 篇为"将 Rust 注入 Web 应用程序",包括第 9～11 章。

➢ 第 9 章为"构建 Python Flask 应用程序",构建了一个带有 PostgreSQL 数据库、NGINX 负载均衡器和 Celery 工作进程的 Python Flask 应用程序,以使 Rust 技能更加实用。所有项目都被包裹在 Docker 中,为将 Rust 注入 Web 应用程序打下基础。

➢ 第 10 章为"将 Rust 注入 Python Flask 应用程序",讨论了如何利用第 9 章中构建的 Web 应用,将 Rust 模块注入 Celery 工作进程和 Flask 应用程序的 Docker 容器。该章还印证了已经应用的迁移,以自动生成数据库的模式,这样 Rust 代码就可以直接与数据库连接。此外,该章还介绍了如何使用来自私有 GitHub 存储库的 Rust 包。

➢ 第 11 章为"集成 Rust 的最佳实践",给出了一些提示,说明在为 Python 编写 Rust 代码时如何避免常见的错误。

充分利用本书

建议读者了解 Python 并能适应面向对象编程。本书将涉及一些高级主题,如元类,但不是必不可少的。Rust 编程、Python Web 应用程序和使用 pip 安装的 Python 模块等都在本书中有所涉及。

本书涵盖的软件和操作系统需求如表 P.1 所示。

表 P.1　本书涵盖的软件和操作系统需求

本书涵盖的软件	操作系统需求
Python 3	Windows、macOS 或 Linux
Rust	Windows、macOS 或 Linux
Docker	Windows、macOS 或 Linux
PyO3	Windows、macOS 或 Linux
Redis	Windows、macOS 或 Linux
PostgreSQL	Windows、macOS 或 Linux

建议读者自己输入代码或从本书的 GitHub 存储库访问代码（下文将提供链接），以避免与复制和粘贴代码相关的任何潜在错误。

下载示例代码文件

本书随附的代码可以在 GitHub 存储库中找到，其网址如下：

https://github.com/PacktPublishing/Speed-up-your-Python-with-Rust

如果代码有更新，也将在该 GitHub 存储库中更新。

下载彩色图像

本书提供了一个 PDF 文件，其中包含本书中使用的屏幕截图/图表的彩色图像。可通过以下地址下载。

https://static.packt-cdn.com/downloads/9781801811446_ColorImages.pdf

本书约定

本书中使用了许多文本约定。

（1）表示文本中的代码、数据库表名、文件夹名、文件名、文件扩展名、路径名、虚拟 URL、用户输入和 Twitter 句柄等的段落示例如下：

2019 年，芯片巨头英伟达（NVIDIA）公司的联合创始人兼首席执行官黄仁勋（Jensen Huang）表示，随着芯片组件越来越接近单个原子的大小，它变得越来越难以跟上摩尔定律的步伐，因此可以宣布摩尔定律已经死亡。有关详细信息，可访问：

https://www.cnet.com/news/
moores-law-is-dead-nvidias-ceo-jensen-huang-says-at-ces-2019/

（2）有关代码块的设置如下所示。

```
use std::error::Error;
use std::fs::File;
use csv;

use super::structs::FootPrint;
```

（3）任何命令行输入或输出都采用如下所示的粗体代码形式。

pip install git+https://github.com/maxwellflitton/flitton-fib-rs@main

（4）术语或重要单词采用中英文对照形式，在括号内保留其英文原文。示例如下：

当代码编译时，它将为栈（stack）中的不同变量分配内存；当代码运行时，它会将数据存储在堆（heap）中。

（5）界面词汇或专有名词将保留英文原文，在括号内添加其中文翻译。示例如下：

首先需要将 PyPI 账户的用户名和密码存储在 GitHub 存储库的 Secrets（秘密）部分。这可以通过单击 Settings（设置）选项卡，然后选择左侧边栏上的 Secrets（秘密）选项来完成。

（6）本书使用了以下两个图标。

🛈 表示警告或重要的注意事项。

💡 表示提示或小技巧。

关 于 作 者

Maxwell Flitton 是一名软件工程师，为开源的财务损失建模基金会（financial loss modeling foundation）OasisLMF 工作。2011 年，Maxwell 取得了英国林肯大学的护理学理学学士学位。在医院急诊科每天工作 12 小时的同时，Maxwell 还获得了英国开放大学的物理学学位，然后又迈向了另一个里程碑，获得了伦敦大学医学院的物理学和工程学研究生文凭。他参与过许多项目，如为德国政府提供医疗模拟软件，并在伦敦帝国学院指导计算医学学生。他有在金融科技领域工作的经验，并曾经为 Monolith AI 公司服务。

非常感谢 Rust 社区开发了一种令人惊奇的语言，它是一个愿意突破界限的友好社区。我也很感谢 Monolith AI 公司的团队，Saravanan Sathyanandha 和 Richard Ahlfeld 让我有机会成长为一名工程师，还要感谢 OasisLMF 的团队，Ben Hayes、Stephane Struzik、Sam Gamble 和 Hassan Chagani 一直在支持我并使我成长。

关于审稿人

Mário Idival 是一名巴西人，热爱软件开发技术，主要兴趣集中在编程语言上。他在业余时间还是一名技术经理和软件工程师。他从 2011 年开始了软件开发之旅，主要通过互联网获得学习资料，从学习 C 语言开始，不久后转为学习 Python，这使他在学习 6 个月后即获得了第一份工作。

今天的他拥有 10 多年的开发经验，已经在多个领域交付了软件，包括贷款、旅游和旅行、人工智能、电子数据交换、流程自动化和加密货币等。他目前专注于学习和传播有关 Rust 语言的知识。他还支持了 Rust 社区的 Rust By Example 项目。

Boyd Johnson 自 2015 年以来一直从事软件工作。作为 Bitwise IO 团队的一员，他与英特尔的合作伙伴一起，致力于用 Python 和 Rust 开发 Hyperledger Sawtooth（这是一个开源的区块链）。Boyd 特别致力于 Python 和 Rust 之间的外部函数接口（foreign function interface，FFI）层，以及交易处理组件。在 boydjohnson.dev 上有 Boyd 的很多文章。

目　　录

第 1 篇　了解 Rust

第 1 章　从 Python 的角度认识 Rust 3

1.1　技术要求 3

1.2　了解 Python 和 Rust 之间的区别 4

　　1.2.1　结合使用 Python 与 Rust 的原因 4

　　1.2.2　在 Rust 中传递字符串 7

　　1.2.3　在 Rust 中调整浮点数和整数的大小 9

　　1.2.4　在 Rust 的向量和数组中管理数据 11

　　1.2.5　用哈希映射取代字典 13

　　1.2.6　Rust 中的错误处理 16

1.3　了解变量所有权 19

　　1.3.1　复制 20

　　1.3.2　移动 20

　　1.3.3　不可变借用 21

　　1.3.4　可变借用 23

1.4　跟踪作用域和生命周期 23

1.5　构建结构体而不是对象 27

1.6　使用宏而不是装饰器进行元编程 31

1.7　小结 34

1.8　问题 34

1.9　答案 35

1.10　延伸阅读 35

第 2 章　使用 Rust 构建代码 37

2.1　技术要求 37

2.2　用 crate 和 Cargo 代替 pip 管理代码 38

2.3　在多个文件和模块上构建代码 45

2.4　构建模块接口 49

2.4.1　开发一个简单的股票交易程序 51

2.4.2　写代码时编写文档的好处 57

2.5　与环境交互 58

2.6　小结 60

2.7　问题 61

2.8　答案 61

2.9　延伸阅读 62

第 3 章　理解并发性 63

3.1　技术要求 63

3.2　并发性介绍 63

3.2.1　线程 64

3.2.2　进程 65

3.3　使用线程的基本异步编程 67

3.3.1　在 Python 中使用线程 68

3.3.2　在 Rust 中使用线程 69

3.4　运行多个进程 74

3.4.1　在 Python 中使用多进程池 74

3.4.2　在 Rust 中使用多线程池 78

3.4.3　在 Rust 中使用多进程池 81

3.5　安全地自定义线程和进程 85

3.5.1　阿姆达尔定律 85

3.5.2　死锁 86

3.5.3　竞争条件 88

3.6　小结 88

3.7　问题 89

3.8　答案 89

3.9　延伸阅读 90

第 2 篇　融合 Rust 和 Python

第 4 章　在 Python 中构建 pip 模块 95

4.1　技术要求 95

4.2　为 Python pip 模块配置设置工具 96
　　　4.2.1　创建 GitHub 存储库 96
　　　4.2.2　定义基本参数 99
　　　4.2.3　定义自述文件 100
　　　4.2.4　定义基本模块 101
4.3　在 pip 模块中打包 Python 代码 102
　　　4.3.1　构建斐波那契计算代码 103
　　　4.3.2　创建命令行接口 105
　　　4.3.3　构建单元测试 107
4.4　配置持续集成 113
　　　4.4.1　手动部署到 PyPI 113
　　　4.4.2　管理依赖项 115
　　　4.4.3　为 Python 设置类型检查 116
　　　4.4.4　使用 GitHub Actions 设置和运行测试及类型检查 117
　　　4.4.5　为 pip 包创建自动版本控制 121
　　　4.4.6　使用 GitHub Actions 部署到 PyPI 124
4.5　小结 126
4.6　问题 127
4.7　答案 128
4.8　延伸阅读 128

第 5 章　为 pip 模块创建 Rust 接口 129
5.1　技术要求 129
5.2　使用 pip 打包 Rust 代码 130
　　　5.2.1　定义 gitignore 和 Cargo 130
　　　5.2.2　配置 Python 设置过程 132
　　　5.2.3　安装 Rust 库 134
5.3　使用 PyO3 crate 构建 Rust 接口 135
　　　5.3.1　构建计算斐波那契数列的 Rust 代码 136
　　　5.3.2　创建命令行工具 138
　　　5.3.3　创建适配器 140
　　　5.3.4　使用单例设计模式构建适配器接口 142
　　　5.3.5　在 Python 控制台中测试适配器接口 146

5.4　为 Rust 包构建测试 148

5.5　比较 Python、Rust 和 Numba 的速度 151

5.6　小结 153

5.7　问题 154

5.8　答案 154

5.9　延伸阅读 155

第 6 章　在 Rust 中使用 Python 对象 157

6.1　技术要求 157

6.2　将复杂的 Python 对象传递到 Rust 中 157

　　6.2.1　更新 setup.py 文件以支持.yml 加载 158

　　6.2.2　定义.yml 加载命令 159

　　6.2.3　处理来自 Python 字典的数据 160

　　6.2.4　从配置文件中提取数据 164

　　6.2.5　将 Python 字典返回到 Python 系统 165

6.3　检查和使用自定义 Python 对象 167

　　6.3.1　为 Rust 接口创建一个对象 167

　　6.3.2　在 Rust 中获取 Python GIL 168

　　6.3.3　向新创建的 PyDict 结构体添加数据 170

　　6.3.4　设置自定义对象的特性 172

6.4　在 Rust 中构建自定义 Python 对象 173

　　6.4.1　定义具有所需特性的 Python 类 174

　　6.4.2　定义类静态方法处理输入 174

　　6.4.3　定义类构造函数 175

　　6.4.4　包装并测试模块 176

6.5　小结 179

6.6　问题 180

6.7　答案 180

6.8　延伸阅读 181

第 7 章　在 Rust 中使用 Python 模块 183

7.1　技术要求 183

7.2　认识 NumPy 183

　　7.2.1　在 NumPy 中执行向量相加操作 184

7.2.2　在纯 Python 中执行向量相加操作 185

7.2.3　在 Rust 中使用 NumPy 执行向量相加操作 186

7.3　在 NumPy 中构建模型 190

7.3.1　定义模型 190

7.3.2　构建一个执行模型的 Python 对象 192

7.4　在 Rust 中使用 NumPy 和其他 Python 模块............................ 195

7.5　在 Rust 中重建 NumPy 模型 198

7.5.1　构建 get_weight_matrix 和 invert_get_weight_matrix 函数 200

7.5.2　构建 get_parameters、get_times 和 get_input_vector 函数 201

7.5.3　构建 calculate_parameters 和 calculate_times 函数 202

7.5.4　将计算函数添加到 Python 绑定 203

7.5.5　将 NumPy 依赖项添加到 setup.py 文件 204

7.5.6　构建 Python 接口 204

7.6　小结 205

7.7　问题 206

7.8　答案 206

7.9　延伸阅读 207

第 8 章　在 Rust 中构建端到端 Python 模块 209

8.1　技术要求 209

8.2　分解一个灾难建模问题 209

8.3　将端到端解决方案构建为一个包 214

8.3.1　构建灾难足迹合并流程 215

8.3.2　构建灾难脆弱性合并流程 217

8.3.3　在 Rust 中构建 Python 接口 221

8.3.4　在 Python 中构建接口 223

8.3.5　构建包安装说明 223

8.4　使用和测试包 225

8.4.1　使用 Pandas 构建 Python 构造模型 226

8.4.2　构建随机事件 ID 生成器函数 227

8.4.3　为 Python 和 Rust 实现计时 228

8.5　小结 230

8.6　延伸阅读 230

第 3 篇　将 Rust 注入 Web 应用程序

第 9 章　构建 Python Flask 应用程序 233

9.1　技术要求 233

9.2　构建一个基本的 Flask 应用程序 234

   9.2.1　为应用程序构建一个入口点 235

   9.2.2　构建斐波那契数计算模块 235

   9.2.3　为应用程序构建 Docker 镜像 237

   9.2.4　构建 NGINX 服务 239

   9.2.5　连接并运行 NGINX 服务 241

9.3　定义数据访问层 243

   9.3.1　在 docker-compose 中定义 PostgreSQL 数据库 244

   9.3.2　构建配置加载系统 245

   9.3.3　构建数据访问层 247

   9.3.4　搭建应用程序数据库迁移系统 249

   9.3.5　建立数据库模型 252

   9.3.6　将数据库访问层应用于 fib 计算视图 253

9.4　构建消息总线 255

   9.4.1　为 Flask 构建一个 Celery 代理 256

   9.4.2　为 Celery 构建一个斐波那契计算任务 258

   9.4.3　用 Celery 更新计算视图 258

   9.4.4　在 Docker 中定义 Celery 服务 259

9.5　小结 262

9.6　问题 263

9.7　答案 263

9.8　延伸阅读 264

第 10 章　将 Rust 注入 Python Flask 应用程序 265

10.1　技术要求 265

10.2　将 Rust 融合到 Flask 和 Celery 中 266

   10.2.1　定义对 Rust 斐波那契数计算包的依赖 266

   10.2.2　用 Rust 构建计算模型 266

   10.2.3　使用 Rust 创建计算视图 269

10.2.4　将 Rust 插入 Celery 任务中 270

10.3　使用 Rust 部署 Flask 和 Celery 271

10.4　使用私有 GitHub 存储库进行部署 273

10.4.1　构建一个协调整个过程的 Bash 脚本 275

10.4.2　在 Dockerfile 中重新配置 Rust 斐波那契数列计算包的安装 275

10.5　将 Rust 与数据访问相结合 277

10.5.1　设置数据库克隆包 277

10.5.2　设置 diesel 环境 279

10.5.3　自动生成和配置数据库模型和模式 280

10.5.4　在 Rust 中定义数据库连接 282

10.5.5　创建一个获取并返回所有斐波那契记录的 Rust 函数 282

10.6　在 Flask 中部署 Rust nightly 包 285

10.7　小结 286

10.8　问题 286

10.9　答案 287

10.10　延伸阅读 287

第 11 章　集成 Rust 的最佳实践 289

11.1　技术要求 289

11.2　通过将数据传入和传出 Rust 来保持 Rust 实现的简单性 290

11.2.1　构建一个 Python 脚本来制定用于计算的数字的格式 290

11.2.2　构建一个接受数字进行计算并返回结果的 Rust 文件 291

11.2.3　构建一个接受计算出的数字并将其打印出来的 Python 脚本 292

11.3　通过对象给接口一种原生的感觉 294

11.4　使用 trait 而不是对象 298

11.4.1　定义 trait 300

11.4.2　通过 trait 定义结构体的行为 301

11.4.3　通过函数传递 trait 303

11.4.4　存储具有共同 trait 的结构体 305

11.4.5　在 main.rs 文件中运行程序 305

11.5　通过 Rayon 保持数据并行的简单性 308

11.6　小结 310

11.7　延伸阅读 310

第 1 篇

了解 Rust

本篇将帮助你掌握 Rust。我们无意介绍 Rust 的基础知识（如循环和函数），但是会详细阐释 Rust 特定的语法。在此之后，将探讨 Rust 语言引入的一些特色功能，主要是围绕内存管理的。接着，将介绍如何管理依赖关系并在多个文件上构建代码。最后，将在 Rust 和 Python 中尝试多线程和多处理。

本篇包括以下章节：

第 1 章　从 Python 的角度认识 Rust

第 2 章　使用 Rust 构建代码

第 3 章　理解并发性

第 1 章　从 Python 的角度认识 Rust

由于速度和安全性优势，Rust 成为越来越受欢迎的新语言。但是，伴随着成功而来的，也有批评的声音。例如，尽管 Rust 作为一门令人印象深刻的语言广受欢迎，但它也被贴上了"难以学习"的标签。我们要说的是，这个说法并不完全正确。

本章将介绍 Rust 的所有特色功能，这些对于 Python 开发人员来说都是全新的。如果 Python 是你的主要语言，则基本内存管理和类型等概念最初会削弱你快速编写高效 Rust 代码的能力，因为编译器无法编译代码，但是，这可以通过学习有关 Rust 特性（如变量所有权、生命周期等）的规则来克服。

Rust 是一门内存管理非常安全的语言，因此，开发人员必须跟踪变量——它们通常会在超出作用域时被立即删除。如果你对此不甚了解，也不必担心，我们将在 1.4 节"跟踪作用域和生命周期"中介绍这个概念。

本章将介绍 Rust 语法方面的一些基础知识，下一章将帮助你在自己的计算机上设置一个 Rust 环境。目前没有 Rust 环境也不用担心，因为可以在免费的在线 Rust 实验环境中编写本章的所有示例。

本章包含以下主题：
- ❑ 了解 Python 和 Rust 之间的区别。
- ❑ 了解变量所有权。
- ❑ 跟踪作用域和生命周期。
- ❑ 构建结构体而不是对象。
- ❑ 使用宏而不是装饰器进行元编程。

1.1　技　术　要　求

由于只是简单介绍，因此本章中的所有 Python 示例都可以使用免费的在线 Python 解释器实现，例如：

https://replit.com/languages/python3

所有 Rust 示例也是如此，可以使用免费的在线 Rust 实验环境来实现，例如：

https://play.rust-lang.org/

本章涵盖的代码网址如下：

https://github.com/PacktPublishing/Speed-up-your-Python-with-Rust/tree/main/chapter_one

1.2　了解 Python 和 Rust 之间的区别

Rust 有时被描述为一种系统语言（system language），因此软件工程师有时会给它贴上类似于 C++的标签：运行速度快、学习起来有难度、危险且编写代码耗时。鉴于此，大多数主要使用动态语言（如 Python）的开发人员可能会被成功劝退。但是，Rust 具有内存安全、快速、高效的固有优势，一旦掌握了 Rust 引入的一些特色功能（也就是和 Python 不一样的地方，也可以认为是特异之处），那么就没有什么能阻止开发人员利用 Rust 的优势来编写快速、安全和高效的代码。

Rust 有很多优点，我们将在后面的章节中逐一进行探讨。

1.2.1　结合使用 Python 与 Rust 的原因

在选择语言时，通常需要在资源、速度和开发时间之间进行权衡。随着计算能力的提高，Python 等动态语言变得流行起来，这是因为开发人员能够使用垃圾收集器（garbage collector）来管理内存，虽然它耗费了一些资源，但却使开发人员在开发软件时更省心、更快速、更安全。简单来讲，就是现在的计算机硬件配置（如 CPU、内存等）性能都很充裕，浪费一些也没有太大关系。

但是，正如我们稍后将在 1.4 节"跟踪作用域和生命周期"中介绍的那样，糟糕的内存管理可能会导致一些安全漏洞。多年来计算能力的指数级增长被称为摩尔定律（Moore's Law），但是这个定律看起来已经无法持续下去。2019 年，芯片巨头英伟达（NVIDIA）公司的联合创始人兼首席执行官黄仁勋（Jensen Huang）表示，随着芯片组件越来越接近单个原子的大小，它变得越来越难以跟上摩尔定律的步伐，因此可以宣布摩尔定律已经"死亡"。有关详细信息，可访问：

https://www.cnet.com/news/moores-law-is-dead-nvidias-ceo-jensen-huang-says-at-ces-2019/

然而，随着大数据的兴起，开发人员越来越需要选择更快的语言来满足自己的需求，于是 Golang 和 Rust 等语言开始流行。这些语言是内存安全的，但它们可以编译并显著提高速度。让 Rust 更加独特的是，它已经设法在没有垃圾收集（garbage collection）的情况下实现了内存安全。

为了理解这一点，我们简要描述一下垃圾收集机制：在进行垃圾收集时，程序需要暂时停止，检查所有变量以查看哪些变量不再被使用，并删除那些不再被使用的变量。想象一下，当你正在痛快地玩游戏时，你的角色忽然像被施加了定身术一样，变得一卡一卡地寸步难行，那么你很可能是遭遇了垃圾收集。而 Rust 不必这样做，这就是它的一个明显优势，因为 Rust 不必随时暂停程序以清理变量。在 Discord（游戏聊天应用与社区）上有一篇博客文章，标题是"Why Discord is switching from Go to Rust"（《为什么 Discord 从 Go 切换到 Rust》）。该博文的网址如下：

https://blog.discord.com/why-discord-is-switching-from-go-to-rust-a190bbca2b1f#:~:text=
The%20service%20we%20switched%20from,is%20in%20the%20hot%20path

在这篇文章中，可以看到 Golang 的表现与 Rust 相比差距较大。如图 1.1 所示，带尖刺的线代表的是 Golang，说明 Golang 的 System CPU（系统 CPU）、Average Response Time（平均响应时间）和 Response Time（响应时间）都出现了很大的起伏，而代表 Rust 的则是下方的很平直的线，说明 Rust 的表现非常稳定，性能远超 Golang（响应时间值越低越好）。

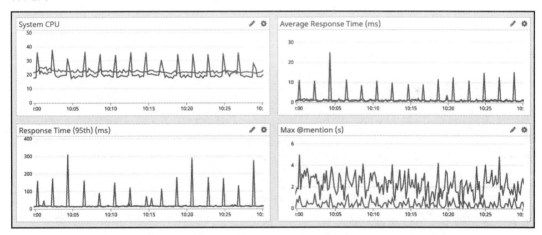

图 1.1　Golang 和 Rust 的性能比较

资料来源：https://blog.discord.com/why-discord-is-switching-from-go-to-rust-a190bbca2b1f#:~:text=The%20service%20we%20
20switched%20from,is%20in %20the%20hot%20path

该文章下面很多人抱怨 Discord 使用过时版本的 Golang，而 Discord 也对此做出了回应，称他们尝试过一系列 Golang 版本，但都获得了相似的结果。

有了这个比较结果作为证明，那么在无须太多妥协的情况下，开发人员想要获得两全其美的解决方案就是有意义的。

　　我们可以将 Python 用于原型设计和复杂的逻辑。Python 的优点是它可以将广泛的第三方库与其支持的灵活的面向对象编程相结合，成为解决实际问题的理想语言。但是，Python 的运行速度很慢并且对资源的使用效率不高，这就是我们需要用到 Rust 的原因。

　　Rust 在代码的布局和结构方面有一些限制。但是，在实现多线程时，它是快速、安全和高效的。结合这两种语言，Python 开发人员可以拥有一个强大的工具，他们的 Python 代码可以在需要时使用。学习和结合使用 Rust 所需的时间投入很少，开发人员所要做的就是打包 Rust 并使用 pip 将其安装到 Python 系统中，并了解 Rust 与 Python 不同的一些特异之处。

　　我们可以通过在下一小节中了解 Rust 如何处理字符串来开始这个旅程。但是，在讨论字符串之前，还必须首先了解一下 Rust 与 Python 相比是如何运行的。

　　如果使用 Flask 在 Python 中构建了一个 Web 应用程序，那么会看到多个使用以下代码的教程。

```python
from flask import Flask
app = Flask(__name__)

@app.route("/")
def home():
    return "Hello, World!"

if __name__ == "__main__":
    app.run(debug=True)
```

　　这里我们必须注意的是代码的最后两行。以上所有内容定义了一个基本的 Flask Web 应用程序和一个路由。但是，该应用程序的最后两行仅在 Python 解释器直接运行文件时才会执行，这意味着其他 Python 文件可以从该文件导入 Flask 应用程序而无须运行它，这被许多人称为入口点（entry point）。

　　你可以在这个文件中导入需要的所有内容，而为了让应用程序运行，需要让解释器来运行这个脚本。可以在 if __name__ == "__main__": 代码行下嵌套任何代码。除非文件被 Python 解释器直接命中，否则它不会运行。

　　Rust 也有类似的概念。但和 Python 不同的是，Python 只是将其作为一个不错的功能，而在 Rust 中，这非常重要。在 Rust 实验环境（具体网址请参阅 1.1 节"技术要求"）中，默认会出现以下代码（如果没有，可以自行输入）。

```rust
fn main() {
    println!("hello world");
}
```

这就是入口点。Rust 程序被编译，然后运行 main 函数。如果代码没有被 main 函数访问，那么它将永远不会运行。

在这里，我们已经对 Rust 强制执行的安全性有所了解。在整本书中，你还将看到更多这样的内容。

单击 Rust 实验环境左上角的 RUN（运行）按钮即可运行这个基础的 Rust 程序。接下来，让我们看看 Rust 和 Python 在字符串方面的区别。

1.2.2　在 Rust 中传递字符串

在 Python 中，字符串（string）是灵活的，我们几乎可以随便使用它们做任何事情。虽然从技术上讲，Python 字符串不能在后台更改，但在 Python 语法中，我们可以对它们进行切分和更改，将它们传递到任何地方，并将它们转换为整数或浮点数（如果允许）而不必考虑太多。使用 Rust 也可以完成这些操作，但是我们必须事先计划好将要做什么。

为了证明这一点，我们可以直接创建 print 函数并进行调用，示例如下：

```rust
fn print(input: str) {
    println!("{}", input);
}
fn main() {
    print("hello world");
}
```

在 Python 中，类似的程序是可以工作的。但是，当在 Rust 实验环境中运行该程序时，会收到以下错误。

```
error[E0277]: the size for values of type 'str' cannot be known
at compilation time
```

该错误消息的意思是，str 类型的值的大小在编译时是未知的，这是因为我们无法指定最大值。在 Python 中不会出现该错误消息，因此我们必须退后一步，了解变量是如何在内存中分配的。

当代码编译时，它将为栈（stack）中的不同变量分配内存；当代码运行时，它会将数据存储在堆（heap）中。

字符串可以有各种大小，因此我们在编译时无法确定可以为函数的 input 参数分配多少内存。我们传入的是一个字符串切片（string slice）。可以通过传入一个字符串并将字符串文字转换为字符串，然后将其传递给函数来解决这个问题，示例如下：

```rust
fn print(input: String) {
```

```
    println!("{}", input);
}
fn main() {
    let string_literal = "hello world";
    print(string_literal.to_string());
}
```

在这里，我们使用了 to_string 函数将字符串文字转换为字符串。要理解为什么 String 会被接受，就需要了解什么是字符串。

字符串是一种实现为字节向量的包装器（wrapper）。此向量保存对堆内存中字符串切片的引用。然后它保存指针可用的数据量，以及字符串文字的长度。例如，如果有一个字符串文字为 One 的字符串，则它可以用图 1.2 表示。

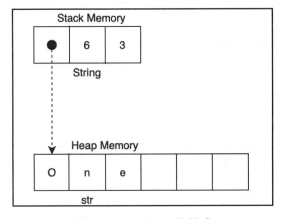

图 1.2 String 与 str 的关系

原　　文	译　　文	原　　文	译　　文
Stack Memory	栈内存	String	字符串
Heap Memory	堆内存		

看看图 1.2 就可以理解为什么我们在将 String 传递给函数时可以保证它的大小。它始终是指向字符串文字的指针，其中包含有关字符串文字的一些元信息。如果我们可以只引用字符串文字，即可将它传递给函数（因为它只是一个引用），我们就可以保证引用的大小将保持不变。这可以通过使用&运算符进行借用来完成，示例如下：

```
fn print(input_string: &str) {
    println!("{}", input_string);
}
fn main() {
```

```
    let test_string = &"Hello, World!";
    print(test_string);
}
```

在本章后面将详细介绍借用（borrow）的概念，现在你只需要知道，与 Python 不同，在 Rust 中必须保证传递给函数的变量的大小。我们可以使用借用和包装器（如字符串）来处理这个问题。

你可能会觉得 Rust 也不算太令人惊讶。别急，Rust 不同的地方并不仅仅在于字符串。接下来，让我们继续了解 Python 和 Rust 在浮点数和整数方面的区别。

1.2.3 在 Rust 中调整浮点数和整数的大小

与字符串一样，Python 可以轻松、简单地管理浮点数和整数。开发人员可以随意使用它们做任何事情。例如，以下 Python 代码的结果是 6.5。

```
result = 1 + 2.2
result = result + 3.3
```

但是，如果执行以下 Rust 代码，就会出现问题。

```
let result = 1 + 2.2;
```

系统会提示，不能将浮点数添加到整数。这个错误凸显了 Python 开发人员在学习 Rust 时的痛点之一，如果类型不存在且不一致，则 Rust 会通过拒绝编译来强制执行类型转换。虽然这令初学 Rust 的 Python 开发人员十分苦恼，但从长远来看，激进的类型转换确实有帮助，因为它可以保证安全。

Python 中的类型注解（type annotation）越来越受欢迎。这是为函数的参数或声明的变量声明变量类型的地方，可使某些编辑器在类型不一致时突出显示。在带有 TypeScript 的 JavaScript 中也会发生同样的情况。

我们可以使用以下 Rust 代码复制本小节开头的 Python 代码。

```
let mut result = 1.0 + 2.2;
result = result + 3.3;
```

需要注意的是，result 变量必须用 mut 表示法声明为可变（mutable）变量。顾名思义，mut 意味着该变量可以更改。这是因为 Rust 会自动将所有变量分配为不可变的（immutable），除非使用 mut 表示法。

现在我们已经明白了类型和可变性的影响，接下来可以真正讨论整数和浮点数。

Rust 有两种类型的整数：有符号整数（signed integers），用 i 表示；无符号整数

（unsigned integers），用 u 表示。无符号整数只容纳正整数，而有符号整数则可以容纳正整数和负整数。不仅如此，在 Rust 中，还可以表示允许的整数的大小。这可以通过使用二进制来计算。

目前你并不需要了解如何使用二进制符号来详细描述数字，但是需要理解一个简单的规则，即可以通过二进制位的位数来了解允许的整数有多大。我们可以使用表 1.1 计算可在 Rust 中使用的所有整数的大小。

表 1.1　整数类型的大小

位	计　算	大　小
8	2^8	256
16	2^{16}	65536
32	2^{32}	4294967296
64	2^{64}	18446744073709551616
128	2^{128}	3.4028236692093846346337460743177e+38

如表 1.1 所示，128 位二进制位表示的正整数可以是非常大的数字。但是，将所有变量和参数都分配为 u128 整数并不是一个好主意。这是因为编译器每次编译时都会留出这些内存。考虑到寻常情况下不太可能使用到如此大的数字，因此这样做并不是很有效。

必须注意的是，位数每次跳跃的变化如此之大，以至于绘制它的变化图是毫无意义的。位数的每一次跳跃都完全掩盖了所有其他的跳跃，导致沿 x 轴绘制的是一条平直线，而最后绘制的位数则出现巨大的尖峰。例如，相比于 64 位的 18446744073709551616，32 位的 4294967296 和 16 位的 65536 在图形上完全显示不出区别，更别说 8 位的 256 了。

当然，我们也必须确保分配的内存不会太小，不能将所有变量和参数都分配为 u8。可以用 Rust 代码来证明这一点，示例如下：

```
let number: u8 = 255;
let breaking_number: u8 = 256;
```

编译器固然可以使用 number 变量，但是它会在分配 breaking_number 变量时抛出以下错误提示。

```
literal '256' does not fit into the type 'u8' whose range is '0..=255'
```

显然，这是因为在 0 和 255 之间已经有了 256 个整数（0 也包含在其中），所以 256 这个整数无法纳入 u8 整数类型中。

我们还可以尝试使用以下 Rust 代码行将无符号整数更改为有符号整数。

```
let number: i8 = 255;
```

这会出现以下错误。

```
literal '255' does not fit into the type 'i8' whose range is '-128..=127'
```

在此错误中，提醒我们这些位已分配内存空间。所以，i8 整数必须在相同位数内容纳正整数和负整数。结果就是，有符号整数 i8 所支持的整数范围为-128～127，其最大值（127）只有无符号整数 u8 的最大值（255）的一半。

对于浮点值来说，选择就比较有限了。在这里，Rust 支持 f32 和 f64 浮点数。声明这些浮点变量需要与声明整数相同的语法，示例如下：

```
let float: f32 = 20.6;
```

需要注意的是，也可以用后缀来注解数字，示例如下：

```
let x = 1u8;
```

在上述示例中，x 的值为 1，类型为 u8。

现在我们已经了解了浮点数和整数，接下来可以使用向量和数组来存储它们。

1.2.4 在 Rust 的向量和数组中管理数据

在 Python 中可以使用列表（list）。开发人员可以使用 append 函数将任何内容填充到列表中，并且列表默认情况下是可变的。

Python 元组（tuple）在技术上不是列表，但是开发人员可以将它们视为不可变数组。

在 Rust 中有数组（array）和向量（vector）。数组是两者中最基本的。在 Rust 中定义和循环遍历一个数组很简单，来看下面一个示例。

```
let array: [i32; 3] = [1, 2, 3];

println!("array has {} elements", array.len());

for i in array.iter() {
    println!("{}", i);
}
```

如果尝试使用 push 函数将另一个整数追加到上述示例数组中，那么即使数组是可变的，也无法做到。如果在上述数组定义中添加第 4 个元素（但不是整数），则程序将拒绝编译，因为数组中的所有元素都必须相同。当然，这样说并不完全正确。

在后续章节中，将会介绍结构体（struct）。在 Python 中，与对象（object）最接近的比较就是结构体，因为它们有自己的特性（attribute）和函数。Rust 结构体也可以具有特征（trait），下文也会讨论。就 Python 而言，与 trait 最接近的比较是 mixin。mixin 的意思是"混合在一起"，它是 Python 中的一种设计模式，即将多个类中的功能单元组合在一起进行利用的方式。因此，如果一系列的结构体都具有相同的 trait，则可以将它们存放在数组中。当循环遍历该数组时，编译器将只允许从该 trait 执行函数，因为这是我们可以确保在整个数组中保持一致的全部。

上述有关类型或特征一致性方面的相同规则也适用于向量（vector）。但是，向量将它们的内存放在堆上并且是可扩展的。就像 Rust 中的所有内容一样，它们默认是不可变的。但是，应用 mut 标签将使我们能够添加和操作向量。

在下面的代码中，我们定义了一个向量，打印该向量的长度，将另一个元素追加到向量，然后循环遍历该向量，打印其所有元素。

```rust
let mut str_vector: Vec<&str> = vec!["one", "two", \
    "three"];

println!("{}", str_vector.len());

str_vector.push("four");

for i in str_vector.iter() {
    println!("{}", i);
}
```

其输出如下：

```
3
one
two
three
four
```

在上述示例中可以看到，我们的追加操作是正常有效的。

对于 Python 开发人员来说，上述有关一致性、向量和数组的规则似乎是一种束缚。但是，如果你真的有此感觉，不妨坐下来问问自己，为什么要放入一系列没有任何一致性的元素？尽管 Python 允许你这样做，但你如何遍历包含不一致元素的列表并自信对它们执行操作不会导致程序崩溃？想清楚这一点，你就会明白这种限制性类型系统背后的好处和安全性。也有一些方法可以放入不同的元素，但它们不是由相同 trait 绑定的结构体。

接下来，让我们看看如何通过 Rust 中的哈希映射存储和访问不同的数据元素。

1.2.5　用哈希映射取代字典

Rust 中的哈希映射（hashmap）本质上是 Python 中的字典（dictionary）。但是，与之前介绍的向量和数组不同，我们可以将一系列不同的数据类型保存在一个哈希映射中（尽管使用向量和数组也可以做到这一点）。

为了实现这一目标，可以使用枚举（Enum）。在 Python 中有完全相同的 Enum 概念。但是，Python 中的 Enum 是一个继承 Enum 对象的 Python 对象，如以下代码所示。

```
from enum import Enum

class Animal(Enum):
    STRING = "string"
    INT = "int"
```

在上述示例中，可以使用 Enum 来避免在选择特定类别时在 Python 代码中使用原始字符串（raw string）。如果使用称为集成开发环境（integrated development environment，IDE）的代码编辑器，那么这非常有用，但如果 Python 开发人员从未使用过它们，那么也是可以理解的，因为它们在任何地方都不是强制要求的。只不过不使用它们，代码更容易出错，并且在类别更改时更难维护，但在 Python 中并没有什么可以阻止开发人员仅使用原始字符串来描述选项。

在 Rust 中，可以使用哈希映射来接受字符串和整数。为此需要执行以下步骤。

（1）创建一个 Enum 来处理多种数据类型。

（2）创建一个新的哈希映射并插入一些值，这些值属于步骤（1）中创建的 Enum 的值。

（3）通过遍历哈希映射并匹配所有可能的结果来测试数据的一致性。

（4）构建一个函数，处理从哈希映射中提取的数据。

（5）使用该函数处理从哈希映射中获取的值的结果。

按照上述说明，可使用以下代码创建一个 Enum。

```
enum Value {
    Str(&'static str),
    Int(i32),
}
```

在上述示例中，可以看到我们引入了语句 'static。这表示一个生命周期（lifetime），并且基本上表明该引用在该程序的剩余生命周期内保持不变。在 1.4 节"跟踪作用域和生命周期"中将会详细介绍生命周期。

在定义了 Enum 之后，即可构建可变哈希映射（mutable hashmap），并使用以下代码将整数和字符串插入其中。

```
use std::collections::HashMap;

let mut map = HashMap::new();

map.insert("one", Value::Str("1"));
map.insert("two", Value::Int(2));
```

现在该哈希映射包含的是单一类型，里面又包含我们定义的两种类型，必须进行处理。

请记住，Rust 具有强类型要求。与 Python 不同，Rust 不允许编译不安全的代码（Rust 也可以在不安全的上下文环境中编译，但这不是默认行为）。因此，我们必须处理所有可能的结果，否则编译器将拒绝编译。可以使用 match 语句来做到这一点，示例如下：

```
for (_key, value) in &map {

    match value {
        Value::Str(inside_value) => {
            println!("the following value is an str: {}", \
                inside_value);
        }
        Value::Int(inside_value) => {
            println!("the following value is an int: {}", \
                inside_value);
        }
    }
}
```

在上述代码示例中，使用&遍历了对哈希映射的借用引用。在 1.3 节"了解变量所有权"中将详细介绍借用。

在 key 前面使用下画线作为前缀，这是在告诉编译器，我们不会使用该键。事实上，我们不必这样做，因为编译器仍会编译代码；但是，它会通过发出警告来抱怨。

我们从哈希映射中检索的值是 Value 这个 Enum。在该 match 语句中，可以匹配 Enum 的字段，打开并访问以 inside_value 表示的内部值，并将其打印到控制台。

运行上述代码会输出以下结果。

```
the following value is an int: 2
the following value is an str: 1
```

必须注意的是，Rust 不会让编译器漏掉任何内容。如果删除 Enum 的 Int 字段的匹配项，那么编译器将抛出以下错误。

```
18 |                    match value {
   |                    ^^^^^ pattern '&Int(_)' not covered
   |
   = help: ensure that all possible cases are being handled,
   possibly by adding wildcards or more match arms
   = note: the matched value is of type '&Value'
```

这是因为我们必须处理每一个可能的结果。上述代码已经明确表示，只有可以容纳在 Enum 中的值才能插入哈希映射，因此我们知道只有两种可能的类型可以从哈希映射中提取出来。

有关哈希映射的知识已经讨论得足够多了，相信你可以在 Rust 程序中有效地使用它们。接下来我们必须介绍的一个概念是名为 Option 的 Enum。

考虑到已经有数组和向量可用，因此，开发人员一般不会将哈希映射用于循环遍历结果。相反，需要使用它们时，通常是从中检索值。

和 Python 一样，哈希映射有一个 get 函数。在 Python 中，如果要搜索的键不在字典中，则 get 函数将返回 None，然后由开发人员决定如何处理。但是，在 Rust 中，哈希映射将返回 Some 或 None。

为了证明这一点，让我们尝试获取一个属于并不存在的键的值。

（1）运行以下代码。

```
let outcome: Option<&Value> = map.get("test");

println!("outcome passed");

let another_outcome: &Value = \
    map.get("test").unwrap();

println!("another_outcome passed");
```

可以看到，首先使用 get 函数访问对包裹在 Option 中的 Value 这个 Enum 的引用。然后使用 unwrap 函数直接访问对 Value 的引用。

（2）test 键并不在哈希映射中，因此 unwrap 函数将导致程序崩溃，所以上述代码的输出如下：

```
thread 'main' panicked at 'called 'Option::unwrap()'
on a 'None' value', src/main.rs:32:51
```

可以看到，简单的 get 函数并没有使程序崩溃，但是也无法将字符串"another_outcome

pass"打印到控制台。可以使用 match 语句来处理这个问题。

当然，这将是 match 语句中的 match 语句。

（3）为了降低复杂度，可以探索一下使用 Rust 函数来处理 value。这可以通过以下代码来完成。

```rust
fn process_enum(value: &Value) -> () {
    match value {
        Value::Str(inside_value) => {
            println!("the following value is an str: \
                {}", inside_value);
        }
        Value::Int(inside_value) => {
            println!("the following value is an int: \
                {}", inside_value);
        }
    }
}
```

该函数并没有真正给我们任何新的探索逻辑。-> ()表达式只是说明该函数不返回任何值。

（4）如果要返回一个字符串，则该表达式应该是-> String。我们不需要-> ()表达式，但是它对于开发人员快速了解该函数的情况可能会有所帮助。我们可以使用该函数来处理 get 函数的结果，代码如下：

```rust
match map.get("test") {
    Some(inside_value) => {
        process_enum(inside_value);
    }
    None => {
        println!("there is no value");
    }
}
```

现在你应该知道如何在程序中使用哈希映射。但是，必须指出的是，我们并没有真正处理错误，真正的错误处理应该是要么输出消息，告知没有找到任何匹配结果，要么让 unwrap 函数导致错误。因此，接下来让我们看看如何在 Rust 中处理错误。

1.2.6　Rust 中的错误处理

在 Python 中处理错误很简单，可以使用一个 try 块，下面再跟一个 except 块。而在

Rust 中，通常使用一个 Result 包装器处理错误。这与 Option 的工作方式是相同的。当然，返回的是 Ok 或 Err，而不是 Some 或 None。

为了证明这一点，可以在上一小节中定义的哈希映射的基础上进行构建。我们接受来自应用于该哈希映射的 get 函数的 Option。我们的函数将检查从哈希映射中检索到的整数是否高于阈值。如果高于阈值，则返回一个 true 值；否则，返回 false 值。

这里的问题是 Option 中可能没有值。我们也知道 Value 可能不是一个整数。如果出现上述任意情况，都应该返回一个错误。如果未出现上述情况，则返回一个布尔值。该函数的示例代码如下：

```
fn check_int_above_threshold(threshold: i32,
    get_result: Option<&Value>) -> Result<bool, &'static \
      str> {
  match get_result {
    Some(inside_value) => {
        match inside_value {
          Value::Str(_) => return Err(
            "str value was supplied as opposed to \
              an int which is needed"),
          Value::Int(int_value) => {
            if int_value > &threshold {
              return Ok(true)
            }
            return Ok(false)
          }
        }
    }
    None => return Err("no value was supplied to be \
      checked")
  }
}
```

在上述示例中可以看到，Option 的 None 结果将立即返回一个错误，并带有一条有用的消息，说明返回错误的原因。对于 Some 值，则使用了另一个 match 语句返回一条错误信息，说明 Value 是一个字符串，我们无法使用一个字符串来检查阈值。

必须注意，Value::Str(_)中有一个下画线，这意味着我们并不关心该值是什么，因为我们不会使用它。

在代码的最后一部分检查了整数是否高于阈值，如果是，则返回 Ok(true)；如果否，则返回 Ok(false)。

可以用下面的代码来实现该函数。

```
let result: Option<&Value> = map.get("two");
let above_threshold: bool = check_int_above_threshold(1, \
    result).unwrap();

println!("it is {} that the threshold is breached", \
    above_threshold);
```

上述代码的输出如下：

```
it is true that the threshold is breached
```

如果将 check_int_above_threshold 函数中的第一个参数设置为 3，则输出结果如下：

```
it is false that the threshold is breached
```

如果将 map.get 中的键更改为 three，则输出结果如下：

```
thread 'main' panicked at 'called 'Result::unwrap()'
on an 'Err' value: "no value was supplied to be checked"'
```

如果将 map.get 中的键更改为 one，则输出结果如下：

```
thread 'main' panicked at 'called 'Result::unwrap()' on
an 'Err' value: "str value was supplied as opposed to an int
```

还可以使用 expect 函数为解包（unwrap）操作添加额外的路标。如果出现错误，则函数将解包结果并在打印输出中添加一条额外的消息。例如，通过以下实现，即可将"an error happened"（发生错误）的消息添加到错误消息中。

```
let second_result: Option<&Value> = map.get("one");
let second_threshold: bool = check_int_above_threshold(1, \
    second_result).expect("an error happened");
```

如果需要，也可以使用以下代码直接抛出错误。

```
panic!("throwing some error");
```

还可以使用 is_err 函数检查结果是否为错误，示例如下：

```
result.is_err()
```

这将返回一个 bool 值，使我们能够在遇到错误时改变程序的方向。

总之，Rust 为开发人员提供了一系列抛出和管理错误的方法。

现在你应该掌握了足够多的 Rust 语言的特异之处，并且可以编写一些简单脚本。但是，如果程序变得更复杂一点，你可能会陷入其他陷阱，如变量所有权和生命周期。因此，接下来，我们将详细介绍有关变量所有权的基础知识，以便你可以继续在一系列函数和结构体中使用变量。

1.3　了解变量所有权

正如我们在 1.2.1 节"结合使用 Python 与 Rust 的原因"中所指出的那样，Rust 没有垃圾收集器，但它仍然是内存安全的。之所以这样是为了保持低资源占用和高速度。但是，如果没有垃圾收集器，那么该如何实现内存安全呢？Rust 通过对变量所有权强制执行一些严格的规则来实现这一点。

就像类型一样，这些规则是在编译代码时强制执行的。任何违反这些规则的行为都将停止编译过程。这可能会给 Python 开发人员在最初接触 Rust 时带来挫败感，因为 Python 开发人员在使用变量时通常是想怎么用就怎么用。例如，当他们将一个变量传递给某个函数时，他们还希望在必要时该变量仍然能够在该函数之外进行改变。这可能会在实现并发执行时导致问题。Python 之所以允许这样做，是因为它在后台运行了昂贵的进程，当变量不再被引用时，可以启用清理机制来清理多个引用。打个比方，Python 有点像富家子弟，只要自己舒服方便，可以铺张浪费，而 Rust 则更注重精打细算，勤俭持家。这种编码风格的不匹配使得 Rust 被贴上了"学习曲线陡峭"的错误标签。但是，如果你学习和掌握了相关规则，那么只需要重新思考一下代码，再加上非常有用的编译器使你能够轻松遵守这些规则，你会惊讶地发现，这种方法并不像听起来那样具有限制性。

Rust 的编译时检查（compile-time check）是为了防止以下内存错误。

❑ 释放后使用（use after frees）：这是指内存被释放后仍被访问，这可能导致崩溃。它还可以让黑客通过该内存地址执行代码。

❑ 悬空指针（dangling pointers）：这是指某个引用指向不再包含指针所引用数据的内存地址。本质上，该指针现在指向的是空数据或随机数据。

❑ 双重释放（double frees）：这是指已经分配的内存被释放之后又再次被释放。这可能会导致程序崩溃并增加敏感数据被泄露的风险。这也使黑客能够执行任意代码。

❑ 分段错误（segmentation faults）：这是指程序试图访问不允许它访问的内存。

❑ 缓冲区溢出（buffer overrun）：典型的缓冲区溢出示例是读取到了数组的末尾。这可能会导致程序崩溃。

Rust 通过强制执行以下规则来设法防止这些错误。

❑ 值由分配给它们的变量拥有。

❑ 一旦变量超出其作用域，就会从它占用的内存中释放。

❑　如果遵守有关复制、移动、不可变借用和可变借用的约定，则值可以被其他变量使用。

因此，为了真正轻松自如地在代码中驾驭这些规则，我们需要更深入地了解复制、移动、不可变借用和可变借用。

1.3.1　复制

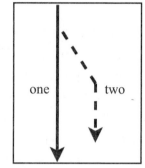

"复制"很好理解，就是指复制值。复制之后，新变量拥有该值，而现有变量也仍然拥有它自己的值，如图 1.3 所示。

正如我们在图 1.3 所示的路径图中所看到的，我们可以继续使用这两个变量。如果变量具有 Copy 特征（trait），则变量将自动复制该值。这可以通过以下代码实现。

图 1.3　变量复制路径

```
let one: i8 = 10;
let two: i8 = one + 5;
println!("{}", one);
println!("{}", two);
```

其输出结果如下：

```
10
15
```

可以看到，我们打印出 one 和 two 两个变量，其值分别为 10 和 15，这一事实意味着我们知道 one 已被复制，并且该副本的值已被 two 使用。

Copy 是最简单的引用操作；但是，如果被复制的变量没有 Copy trait，则必须移动该变量。为了理解这一点，接下来让我们看看移动的概念。

1.3.2　移动

所谓"移动"，就是指值从一个变量移动到另一个变量。与 Copy 不同的是，原始变量不再拥有该值，如图 1.4 所示。

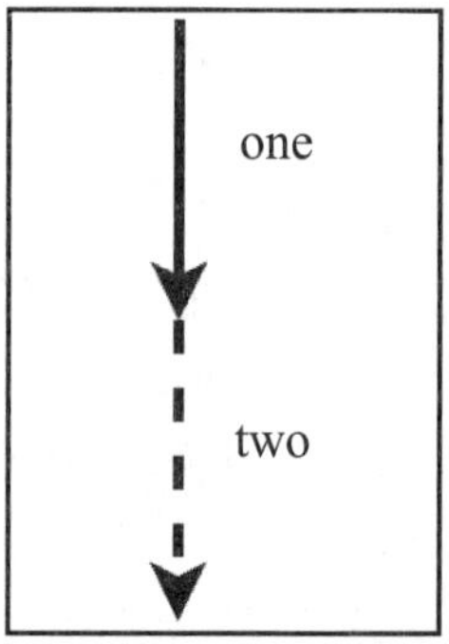

图 1.4　变量移动路径

通过图 1.4 所示的路径图可以看到，one 已经不能再用，因为它已被移动到 two。在 1.3.1 节"复制"中介绍过，如果变量不具有 Copy trait，则移动变量。

在下面的代码中，我们执行了和 1.3.1 节 "复制" 中完全一样的操作，只不过这次使用的是 String，因为它没有 Copy trait。

```
let one: String = String::from("one");
let two: String = one + " two";
println!("{}", two);
println!("{}", one);
```

运行时会出现以下错误。

```
let one: String = String::from("one");
    --- move occurs because 'one' has type
    'String', which does not implement the
    'Copy' trait
let two: String = one + " two";
            ------------ 'one' moved due to usage in operator
println!("{}", two);
println!("{}", one);
        ^^^ value borrowed here after move
```

这确实是 Rust 编译器令人称道的地方。它告诉我们 String 没有实现 Copy trait，然后它还显示了移动发生的位置。许多开发人员都对 Rust 编译器赞叹有加，原因正在于这些细节之处的亮眼表现。

要解决这个问题，可以使用 to_owned 函数。示例如下：

```
let two: String = one.to_owned() + " two";
```

你可能想知道，为什么 String 没有 Copy trait？这其实不难理解，因为 String 是指向字符串切片的指针。复制实际上意味着复制位。从这一方面来考虑，如果我们要复制字符串，则会有多个不受约束的指针指向相同的字符串文字数据，这是很危险的。

作用域（scope）在移动变量时也起作用。为了理解作用域和移动的关系，让我们先来看看不可变借用。

1.3.3　不可变借用

所谓 "不可变借用"（immutable borrow），就是指一个变量可以引用另一个变量的值。如果借用值的变量超出作用域，则该值不会从内存中释放，因为借用该值的变量没有所有权，如图 1.5 所示。

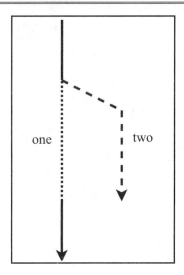

图 1.5　不可变借用路径

在图 1.5 所示的路径图中可以看到，two 借用了 one 的值。当发生这种情况时，one 被锁定。我们仍然可以复制和借用 one；但是，当 two 仍在借用该值时，则不能进行可变借用或移动。这是因为如果我们对同一个变量同时执行可变借用和不可变借用，则该变量的数据可能会因为可变借用而改变，从而导致不一致。从这一方面来考虑就会明白，一次可以有多个不可变借用，但在任何时候都只能有一个可变借用。

一旦 two 完成借用，one 就不再被锁定，可以再次对它做任何事情。为了证明这一点，可使用以下代码创建我们的 print 函数。

```
fn print(input_string: String) -> () {
    println!("{}", input_string);
}
```

有了该函数之后，可以创建一个字符串并将它传递给我们的 print 函数。然后再次尝试打印字符串，如以下代码所示。

```
let one: String = String::from("one");
print(one);
println!("{}", one);
```

尝试运行上述代码，会看到一个错误，指出 one 被移到我们的 print 函数中，因此在 println! 中已经无法使用。

要解决该问题，可以在我们的 print 函数中使用 & 接受一个字符串的借用，如以下代码所示。

```
fn print(input_string: &String) -> () {
    println!("{}", input_string);
}
```

现在可以将借用的引用传递给我们的 print 函数。在此之后，one 变量仍然是可以访问的，如以下代码所示。

```
let one: String = String::from("one");
print(&one);
let two: String = one + " two";
println!("{}", two);
```

运行上述代码，其输出结果如下：

```
one
one two
```

由此可见，借用是很安全且有用的。随着程序的增长，不可变借用是将变量传递给其他文件中的其他函数的安全方法。

接下来，让我们再了解一下可变借用的概念。

1.3.4　可变借用

所谓"可变借用"（mutable borrow），就是指另一个变量可以引用和改写某个变量的值。如果借用值的变量超出作用域，则不会从内存中释放该值，因为借用该值的变量没有所有权。本质上，可变借用与不可变借用具有相同的路径。唯一的区别是，在通过"可变借用"的方式借用值时，根本无法使用原始变量。这将是完全锁定，因为借用时其值可能会改变。

可变借用可以像函数一样移动到另一个作用域，但不能复制，因为不能有多个可变引用，其中原因在 1.3.3 节"不可变借用"已经解释过。

综合考虑可变借用和不可变借用，你会发现有一个特定的主题，那就是作用域在实施上述规则方面所发挥的重要作用。如果你对作用域的概念不太清楚，那么只需要知晓一点即可：将变量传递给函数就是改变作用域，因为函数有它自己的作用域。为了充分理解这一点，我们需要继续探索作用域和生命周期。

1.4　跟踪作用域和生命周期

在 Python 中，确实有作用域（scope）的概念。它通常在函数中强制执行。例如，我们可以调用以下代码定义的 Python 函数。

```python
def add_and_square(one: int, two: int) -> int:
    total: int = one + two
    return total * total
```

在这种情况下，我们可以访问返回的变量。但是，我们无法访问 total 变量。除此之外，大多数变量都可以在整个程序中访问。

对于 Rust 来说，情况就不同了。与类型一样，Rust 对作用域也具有强制性。一旦某个变量被传递到一个作用域中，那么当作用域结束时该变量就会被删除。在不进行垃圾收集的情况下，Rust 会设法通过借用规则保持内存安全。Rust 将清除所有超出作用域的变量，以此方式来在不进行垃圾收集的情况下删除变量。

Rust 还可以用大括号定义作用域。以下代码是演示作用域的经典方法。

```rust
fn main() {
    let one: String = String::from("one");

    // 内部作用域开始
    {
        println!("{}", &one);
        let two: String = String::from("two");
    }
    // 内部作用域结束

    println!("{}", one);
    println!("{}", two);
}
```

尝试运行上述代码，会得到以下错误。

```
println!("{}", two);
        ^^^ not found in this scope
```

可以看到，变量 one 可以在内部作用域内访问，因为它是在外部作用域定义的。但是，变量 two 是在内部作用域中定义的。内部作用域完成后，通过错误可以看到，无法在内部作用域之外访问变量 two。因此我们必须记住，函数的作用域要更强一些。

回忆一下前面介绍的借用规则，当我们将一个变量移动到某个函数的作用域中时，如果该变量在移动时没有被借用，则不能在函数作用域之外访问它。但是，我们可以像其他函数一样在另一个作用域内更改某个变量，然后仍然可以访问更改后的变量。要实现该目的，必须进行可变借用，然后必须取消引用（使用*）借用的可变变量，再更改变

量,最后在函数外部访问更改后的变量。示例如下:

```rust
fn alter_number(number: &mut i8) {
    *number += 1
}
fn print_number(number: i8) {
    println!("print function scope: {}", number);
}

fn main() {
    let mut one: i8 = 1;
    print_number(one);
    alter_number(&mut one);
    println!("main scope: {}", one);
}
```

其输出如下:

```
print function scope: 1
main scope: 2
```

看到这个结果,你应该明白,如果你能够熟练地掌握借用的方法和规则,则可以灵活且安全地使用变量。

现在我们已经搞清楚了作用域的概念,接下来自然要讨论生命周期,因为生命周期可以由作用域定义。

请记住,借用并不是独占所有权。因此,存在引用一个已经被删除的变量的风险。这可以在以下生命周期的经典演示中得到证明。

```rust
fn main() {
    let one;
    {
        let two: i8 = 2;
        one = &two;
    } // ----------------------> two lifetime stops here
    println!("r: {}", one);
}
```

运行上述代码会出现以下错误。

```
    one = &two;
    ^^^^ borrowed value does not live long enough
} // ----------------------> two lifetime stops here
- 'two' dropped here while still borrowed
```

```
println!("r: {}", one);
                    --- borrow later used here
```

这里发生的事情是，我们声明了一个叫作 one 的变量，然后定义了一个内部作用域。在该作用域内，定义了一个整数变量 two，然后指定 one 引用 two。但是，当我们尝试在外部作用域内打印 one 时，却出现了错误，因为它指向的变量（two）已被删除。因此，在这里我们遇到的不再是变量超出作用域的问题，而是变量指向的值的生命周期不再可用，因为它已被删除。two 的生命周期比 one 的生命周期要短。

虽然在编译时这样标记已经很好了，但 Rust 并没有就此止步。这个概念也可以转换为函数。假设我们构建了一个函数，引用两个整数，对它们进行比较，然后返回更大的整数的引用。该函数是一段独立的代码。在该函数中，可以表示两个整数的生命周期。这是通过使用前缀 "'" 来完成的，这是一个生命周期符号。符号可以是任意名称，但一般约定使用 a、b、c 等。让我们来看一个例子。

```
fn get_highest<'a>(first_number: &'a i8, second_number: &'\
    a i8) -> &'a i8 {
    if first_number > second_number {
        return first_number
    } else {
        return second_number
    }
}

fn main() {
    let one: i8 = 1;
    {
        let two: i8 = 2;
        let outcome: &i8 = get_highest(&one, &two);
        println!("{}", outcome);
    }
}
```

正如我们所见，first_number 和 second_number 变量具有相同的生命周期符号 a，这意味着它们具有相同的生命周期。另外还必须注意，get_highest 函数返回一个 i8，其生命周期为 a。因此，first_number 和 second_number 变量都可以返回，这意味着我们不能在内部作用域之外使用 outcome 变量。但是，我们知道变量 one 和变量 two 的生命周期是不同的。如果我们想要在内部作用域之外使用 outcome 变量，则必须告诉函数有两个不同的生命周期。其定义和实现示例如下：

```
fn get_highest<'a, 'b>(first_number: &'a i8, second_ \
```

```
      number: &'b i8) -> &'a i8 {
    if first_number > second_number {
        return first_number
    } else {
        return &0
    }
}


fn main() {
    let one: i8 = 1;
    let outcome: &i8;
    {
        let two: i8 = 2;
        outcome = get_highest(&one, &two);
    }
    println!("{}", outcome);
}
```

在上述示例中，同样返回的是生命周期 a。因此，生命周期为 b 的参数可以在内部作用域中定义，因为我们不会在函数中返回它。从这方面来考虑，可以看到生命周期并不是完全必要的。我们可以在不涉及生命周期的情况下编写整个程序。当然，它们也可以作为一个额外的工具。

一般来说，开发人员需要注意的是作用域，但不必让生命周期束缚住。

如果你能完全掌握前面我们介绍过的 Rust 的特异之处，那么你距离成为高效的 Rust 开发人员就只有一步之遥了。接下来我们需要了解的是构建结构体并使用宏管理它们。一旦完成该学习，即可进入下一章，开始真正构建 Rust 程序。

让我们先来看看构建结构体。

1.5　构建结构体而不是对象

在 Python 中，开发人员会使用很多对象。事实上，我们在 Python 中使用的所有东西都是对象。

在 Rust 中，最接近对象的就是结构体。为了证明这一点，我们先在 Python 中构建一个对象，然后在 Rust 中复制该行为。为演示方便，我们将构建一个基本的股票（stock）对象，示例如下：

```
class Stock:
```

```python
    def __init__(self, name: str, open_price: float,\
      stop_loss: float = 0.0, take_profit: float = 0.0) \
        -> None:
        self.name: str = name
        self.open_price: float = open_price
        self.stop_loss: float = stop_loss
        self.take_profit: float = take_profit
        self.current_price: float = open_price

    def update_price(self, new_price: float) -> None:
        self.current_price = new_price
```

在上述示例中，可以看到有两个必需的字段，分别是股票的名称（name）和开盘价格（open_price）。还可以有一个可选的止损（stop_loss）价格和一个可选的止盈（take_profit）价格。这意味着，如果股票价格超过这些阈值之一，它就会被强制出售，这样我们就不会因为股票价格持续大跌而崩溃，也不会因为未能及时落袋为安而后悔。

然后，还有一个仅更新股票当前价格（current_price）的函数。

此外，我们还可以考虑在阈值上添加额外的逻辑，以便根据需要返回是否应该出售股票的布尔值。

对于 Rust，可使用以下代码定义字段。

```rust
struct Stock {
    name: String,
    open_price: f32,
    stop_loss: f32,
    take_profit: f32,
    current_price: f32
}
```

现在我们有了结构体的字段，需要构建构造函数。可以使用 impl 块构建属于结构体的函数。具体示例如下：

```rust
impl Stock {

    fn new(stock_name: &str, price: f32) -> Stock {
      return Stock{
          name: String::from(stock_name),
          open_price: price,
          stop_loss: 0.0,
          take_profit: 0.0,
          current_price: price
      }
```

```
    }
}
```

在上述示例中，我们为一些特性定义了一些默认值。

要构建一个实例，可使用以下代码。

```
let stock: Stock = Stock::new("MonolithAi", 95.0);
```

当然，我们并没有完全复制 Python 对象。在 Python 对象__init__中，有一些可选参数。我们可以通过将以下函数添加到 impl 块中来做到这一点。

```
fn with_stop_loss(mut self, value: f32) -> Stock {
    self.stop_loss = value;
    return self
}

fn with_take_profit(mut self, value: f32) -> Stock {
    self.take_profit = value;
    return self
}
```

上述代码所做的是接受结构体，改变字段，然后返回它。建立止损的新股票时，需要调用构造函数，然后调用 with_stop_loss 函数，示例如下：

```
let stock_two: Stock = Stock::new("RIMES",\
    150.4).with_stop_loss(55.0);
```

在上述示例中，RIMES 股票的开盘价为 150.4，当前价格为 150.4，止损价格为 55.0。我们还可以在返回股票结构体时链接多个函数。例如，可以使用以下代码创建具有止损和止盈价格的股票结构体。

```
let stock_three: Stock = Stock::new("BUMPER (former known \
    as ASF)", 120.0).with_take_profit(100.0).\
        with_stop_loss(50.0);
```

我们可以继续链接尽可能多的可选变量。这也使我们能够封装定义这些特性背后的逻辑。

现在我们已经对构造函数的所有需求进行了排序，接下来需要编辑 update_price 特性。这可以通过在 impl 块中实现以下函数来完成。

```
fn update_price(&mut self, value: f32) {
    self.current_price = value;
}
```

该函数的应用示例如下：

```
let mut stock: Stock = Stock::new("MonolithAi", 95.0);
stock.update_price(128.4);
println!("here is the stock: {}", stock.current_price);
```

必须注意的是，股票的当前价格需要是可变的。上述代码的输出如下：

```
here is the stock: 128.4
```

对于结构体，还有一个概念需要解释，那就是特征（trait）。如前文所述，Rust 中的 trait 就像 Python 中的 mixin。但是，trait 也可以作为一种数据类型，因为具有 trait 的结构体同样具有包含在 trait 中的函数。为了证明这一点，我们可以在以下代码中创建一个 CanTransfer trait。

```
trait CanTransfer {
    fn transfer_stock(&self) -> ();

    fn print(&self) -> () {
        println!("a transfer is happening");
    }
}
```

如果我们为某个结构体实现该 trait，则该结构体的实例就可以使用 print 函数。但是，transfer_stock 函数没有函数体。这意味着如果具有相同的返回值，则我们必须定义自己的函数。可以使用以下代码为我们的结构体实现 trait。

```
impl CanTransfer for Stock {
    fn transfer_stock(&self) -> () {
        println!("the stock {} is being transferred for \
            £{}", self.name, self.current_price);
    }
}
```

现在可以通过以下代码使用该 trait。

```
let stock: Stock = Stock::new("MonolithAi", 95.0);
stock.print();
stock.transfer_stock();
```

其输出如下：

```
a transfer is happening
the stock MonolithAi is being transferred for £95
```

我们可以制作自己的函数来打印和交易股票。它将接受所有实现了 CanTransfer trait 的结构体，在其中可以使用该 trait 的所有函数，如下所示。

```
fn process_transfer(stock: impl CanTransfer) -> () {
    stock.print();
    stock.transfer_stock();
}
```

可以看到，trait 是对象继承的强大替代方案，它们减少了适合同一组的结构体的重复代码量。结构体可以实现的 trait 数量没有限制，这使得开发人员能够根据需要插入和取出 trait，在维护代码时也为结构体增加了很多灵活性。

trait 并不是在管理结构体与程序其余部分交互时的唯一方法。开发人员还可以使用宏来实现元编程，接下来就让我们详细看看。

1.6　使用宏而不是装饰器进行元编程

元编程（metaprogramming）通常可以描述为：程序可以根据某些指令操纵自身的方式。考虑到 Rust 的强类型，我们可以进行元编程的最简单方法是使用泛型。演示泛型的一个经典示例是通过坐标。

```
struct Coordinate <T> {
    x: T,
    y: T
}

fn main() {
    let one = Coordinate{x: 50, y: 50};
    let two = Coordinate{x: 500, y: 500};
    let three = Coordinate{x: 5.6, y: 5.6};
}
```

这里发生的事情是，编译器将在整个程序中查看该结构体的所有用途，然后创建具有这些类型的结构体。泛型是节省时间和让编译器编写重复代码的好方法。上述示例是最简单的元编程形式，Rust 中的另一种元编程形式是宏（macro）。

你可能已经注意到，本章使用的一些函数，如 println! 函数，末尾有一个感叹号（!），这是因为它从技术上来讲不是一个函数，而是一个宏。感叹号（!）表示正在调用宏。

定义我们自己的宏需要定义我们自己的函数，并且在函数的 match 语句中使用生命周期表示法。为了证明这一点，我们可以定义一个宏，将传递给它的字符串中的首字母改为大写。具体示例如下：

```
macro_rules! capitalize {
    ($a: expr) => {
        let mut v: Vec<char> = $a.chars().collect();
        v[0] = v[0].to_uppercase().nth(0).unwrap();
        $a = v.into_iter().collect();
    }
}

fn main() {
    let mut x = String::from("test");
    capitalize!(x);
    println!("{}", x);
}
```

在上述示例中，没有使用定义函数的 fn，而是使用了 macro_rules! 定义宏。然后假设$a 是传递给宏的表达式。我们获取该表达式，将其转换为字符向量，并将第一个字符大写，然后将其转换回字符串。

需要注意的是，我们定义的宏不返回任何内容，并且在 main 函数中调用该宏时也没有分配任何变量。但是，当我们在 main 函数的末尾打印 x 变量时，它是大写的。因此，可以推断出我们的宏正在改变变量的状态。

但是，必须记住，宏是最后的手段。上述示例表明，宏可以改变状态，即使它没有在 main 函数中直接演示。

随着程序复杂性的增加，我们最终可能会遇到许多我们不知道的脆弱的、高度关联的过程。如果我们在不经意间改变了一个值，那么它可能会破坏或改变其他 5 个值甚至更多的值，从而导致程序无法正常运行。因此，对于本示例而言，如果要将首字母大写，最好是专门构建一个执行此操作的函数并返回字符串值。

宏的功能并不仅限于我们已经介绍的，它还具有与 Python 中的装饰器相同的作用。为了证明这一点，让我们再来看看前面的坐标示例。我们可以生成坐标，然后将它传递给一个函数，这样它就可以移动。还可以尝试使用以下代码在函数外部打印坐标。

```
struct Coordinate {
    x: i8,
    y: i8
}

fn print(point: Coordinate) {
    println!("{} {}", point.x, point.y);
}
```

```
fn main() {
    let test = Coordinate{x: 1, y:2};
    print(test);
    println!("{}", test.x)
}
```

预计 Rust 会拒绝编译代码，因为坐标已移至我们创建的 print 函数的作用域内，因此不能在最终的 println!中使用。我们可以借用该坐标并将其传递给函数。但是，还有另一种方法可以做到这一点。你应该还记得，整数传递给函数没有任何问题，因为它们具有 Copy trait。现在，我们可以尝试编写一个 Copy trait，但这会很复杂，并且需要高级知识。幸运的是，我们可以使用 derive 宏来实现 Clone 和 Copy trait，示例如下：

```
#[derive(Clone, Copy)]
struct Coordinate {
    x: i8,
    y: i8
}
```

这样处理之后，代码在给函数传递坐标时即可复制坐标。

从 JavaScript 对象表示法（JavaScript object notation，JSON）序列化到整个 Web 框架，许多包和框架都可以使用宏。以下是在 Rocket 框架中运行基础服务器的经典示例。

```
#![feature(proc_macro_hygiene, decl_macro)]

#[macro_use] extern crate rocket;

#[get("/hello/<name>/<age>")]
fn hello(name: String, age: u8) -> String {
    format!("Hello, {} year old named {}!", age, name)
}

fn main() {
    rocket::ignite().mount("/", routes![hello]).launch();
}
```

这与本章开头的 Python Flask 应用程序示例有着惊人的相似之处。这些宏的行为与 Python 中的装饰器（decorator）完全一样，这并不奇怪，因为 Python 中的装饰器正是一种包装函数的元编程形式。

我们为 Python 开发人员准备的对 Rust 语言的简要介绍到此结束。接下来我们将继续研究其他概念，如使用 Rust 编写成熟程序。

1.7　小　　结

本章深入探讨了 Rust 在当前开发环境中的作用，解释了 Rust 深受欢迎的原因，简而言之就是它在保持内存安全的同时没有任何垃圾收集机制。有了这个认识，我们就明白为什么 Rust 在速度方面胜过大多数语言（包括 Golang）。

本章详细解释了 Rust 在字符串、生命周期、内存管理和类型方面的特异之处，如果 Python 开发人员掌握了这些内容，则完全可以编写出安全高效的 Rust 代码。

本章还介绍了结构体和特征（trait），需要记住的是，Rust 中的结构体大致相当于 Python 中的对象，而 Rust 中的 trait 则相当于 Python 中的 mixin。可以使用 trait 作为 Rust 结构体的类型。

本章讨论了生命周期和借用的基本概念。它们使开发人员能够更好地控制在程序中实现结构体和函数的方式，为解决问题提供多种途径。

有了这些知识做基础，我们就可以安全地编写单页应用程序。当然，作为经验丰富的 Python 开发人员应该知道，任何值得编码的严肃程序都需要跨越多个页面。因此，我们还需要利用在本章学习的知识进入下一章的学习——在自己的计算机上搭建一个 Rust 开发环境，并学习如何在多个文件上构建 Rust 代码，使我们离构建 Rust 软件包更近一步，并使用 pip 安装它们。

1.8　问　　题

（1）为什么不能简单地复制一个 String？

（2）Rust 具有强类型。开发人员可以通过哪两种方式使诸如向量或哈希映射之类的容器包含多种不同的类型？

（3）Python 装饰器和 Rust 宏有何相同之处？

（4）Python 中的什么相当于 Rust 中的 main 函数？

（5）为什么在相同位数的情况下，无符号整数可以比有符号整数得到更高的整数值？

（6）为什么在 Rust 中编码时必须严格限制生命周期和作用域？

（7）可以引用在被移动的变量吗？

（8）如果原始变量当前以不可变状态被借用，我们可以对它做些什么？

（9）如果原始变量当前以可变状态被借用，我们能对它做些什么？

1.9　答　　案

（1）这是因为 String 本质上是一个指向 Vec<u8>的指针，带有一些元数据。如果复制它，那么就会有多个指向同一个字符串文字的不受约束的指针，这将导致出现并发性、可变性和生命周期等方面的错误。

（2）可以使用以下两种方式。

❏ 第一种方式是枚举（Enum），这意味着容器中接受的类型可以是 Enum 中包含的类型之一。在读取数据时，可以使用 match 语句来管理从容器中读取的所有可能的数据类型。

❏ 第二种方式是创建一个包含多个不同结构体实现的特征。但是，在这种情况下，我们可以从容器中读取的唯一交互是 trait 实现的函数。

（3）它们都包装代码并可更改它们所包装的代码的实现或特性，而不直接返回任何内容。

（4）Python 中的 if __name__ == "__main__":语句相当于 Rust 中的 main 函数。

（5）有符号整数必须容纳正负值，而无符号整数只能容纳正值。

（6）这是因为 Rust 没有垃圾回收机制。当变量移出创建它们的作用域时，会被删除。如果我们不考虑生命周期，则可能会引用一个已被删除的变量。

（7）不可以，变量的所有权已经被移动，不再有对原始变量的引用。

（8）我们仍然可以复制和借用原始变量，但是不能执行可变借用。

（9）我们根本不能使用原始变量，因为变量的状态可能会改变。

1.10　延 伸 阅 读

❏ Hands-On Functional Programming in Rust(2018) by Andrew Johnson, Packt Publishing

❏ Mastering Rust(2019) by Rahul Sharma and Vesa Kaihlavirta, Packt Publishing

❏ The Rust Programming Language(2018):

https://doc.rust-lang.org/stable/book/

第 2 章 使用 Rust 构建代码

现在我们已经掌握了有关 Rust 的特异之处的一些基础知识，接下来可以在多个文件上构建代码，这样就可以真正使用 Rust 解决一些问题。为了做到这一点，我们必须了解如何管理依赖关系以及如何编译基本的结构化应用程序。我们还必须考虑代码的隔离性，以便可以重用代码并保持应用程序开发的敏捷性，使我们能够快速进行更改而不会有太多麻烦。在讨论完这些内容之后，我们将通过接受用户命令让应用程序直接与用户交互。我们还将使用 Rust crate。所谓 crate，就是我们导入和使用的二进制文件或库。

本章包含以下主题：

❑　用 crate 和 Cargo 代替 pip 管理代码。
❑　在多个文件和模块上构建代码。
❑　构建模块接口。
❑　与环境交互。

2.1　技　术　要　求

从本章开始，我们不再像第 1 章 "从 Python 的角度认识 Rust" 那样，仅实现不依赖任何第三方依赖项的简单的单页应用程序。因此，你必须直接将 Rust 安装到自己的计算机上。我们还将通过 Cargo 管理第三方依赖项。因此，你需要在自己的计算机上安装 Rust 和 Cargo。请访问以下页面并按屏幕提示操作。

https://www.rust-lang.org/tools/install

迄今为止编写 Rust 的最佳集成开发环境（integrated development environment，IDE）是 Visual Studio Code（至少在本书编写时是如此）。它有一系列 Rust 插件，可以帮助你跟踪和检查 Rust 代码。可通过以下链接安装 Visual Studio Code。

https://code.visualstudio.com/download

本章所有代码文件均可以在本书配套的 GitHub 存储库找到，其网址如下：

https://github.com/PacktPublishing/Speed-up-your-Python-with-Rust/tree/main/chapter_two

2.2　用 crate 和 Cargo 代替 pip 管理代码

构建我们的应用程序将涉及以下步骤。

（1）创建一个简单的 Rust 文件并运行它。

（2）使用 Cargo 创建一个简单的应用程序。

（3）使用 Cargo 运行应用程序。

（4）使用 Cargo 管理依赖项。

（5）使用第三方 crate 序列化 JSON。

（6）使用 Cargo 给应用程序写文档。

在开始使用 Cargo 构建程序之前，应该编译一个基本的 Rust 脚本并运行它。

（1）要执行该操作，可以创建一个名为 hello_world.rs 的文件，其 main 函数包含 println!函数和一个字符串，示例如下：

```
fn main() {
    println!("hello world");
}
```

（2）完成之后，可以找到该文件并运行 rustc 命令。

```
rustc hello_world.rs
```

（3）rustc 命令可将文件编译为能够运行的二进制文件。如果在 Windows 系统上编译，则可以使用以下命令运行二进制文件。

```
.\hello_world.exe
```

（4）如果是在 Linux 或 macOS 系统上编译，则可以使用以下命令运行二进制文件。

```
./hello_world
```

控制台随后应该打印出字符串。

虽然上述过程在构建独立文件时很有用，但不建议用于跨越多个文件管理程序，甚至在有依赖项时也不推荐。我们推荐使用的是 Cargo。Cargo 可以管理一切，包括运行、测试、文档编写、构建和现成可用的依赖项，所有这些操作只需要使用一些简单的命令即可完成。

现在我们对如何编译基本文件有了一个初步的了解，接下来可以继续构建一个成熟的应用程序。请按以下步骤操作。

（1）在终端中，导航到希望应用程序所在的位置，然后创建一个名为 wealth_manager 的新项目，如下所示。

```
cargo new wealth_manager
```

这将创建具有以下结构的应用程序。

在这里，我们可以看到 Cargo 已经构建了一个应用程序的基本结构，它可以管理编译、使用 GitHub，以及管理现成可用的依赖项。应用程序的元数据和依赖项在 Cargo.toml 文件中定义。

为了在此应用程序上执行 Cargo 命令，终端必须与 Cargo.toml 文件位于同一目录中。我们将要修改的应用程序的代码则位于 src 目录中。

整个应用程序的入口点位于 main.rs 文件中。在 Python 中可以有多个入口点，第 4 章 "在 Python 中构建 pip 模块" 将对此展开详细的讨论，目前我们是首次操作，所以将构建纯 Python 包。如果打开.gitignore 文件，应该看到以下内容。

```
/target
```

这不是错误，是我们所看到的 Rust 的干净程度。Cargo 在编译、编写文档、缓存等方面产生的所有内容都存储在 target 目录中。

（2）现在，我们所拥有的只是一个主文件，它可以在控制台上输出 "Hello, world!"，使用以下命令即可运行该文件。

```
cargo run
```

（3）在终端中的输出如下：

```
Compiling wealth_manager v0.1.0 (/Users/maxwellflitton
/Documents/github/book_two/chapter_two/wealth_manager)

Finished dev [unoptimized + debuginfo] target(s) in 0.45s

Running 'target/debug/wealth_manager'

Hello, world!
```

在该输出结果中可以看到，应用程序正在编译。编译完成后，会提示编译过程已完成。但是，必须注意的是，它指出已完成的过程未使用调试信息进行优化。这意味着编译后的产品没有达到预期的速度；当然，如果有需要，它也可以包含调试信息。与优化版本相比，这种类型的编译速度更快，并且我们是在开发应用程序时使用，而不是在实时生产环境中使用。

可以看到已经编译的二进制文件在 target/debug/wealth_manager 中，运行该文件即可产生 hello_world.rs 的输出结果。

（4）要运行版本，可使用以下命令。

```
cargo run --release
```

这会在二进制 wealth_manager 下的 ./target/release/目录中编译应用程序的优化版本。如果只想编译应用程序而不运行它，则可以简单地将 run 命令换成 build。

现在应用程序已经可以运行了，让我们探索一下如何管理与其有关的元数据。这一切都可以通过编辑 Cargo.toml 文件来完成。打开该文件时，可以看到以下内容。

```
[package]
name = "wealth_manager"
version = "0.1.0"
authors = ["maxwellflitton"]
edition = "2018"

[dependencies]
```

这里的名称、版本和作者都相当简单。以下是每个部分对项目的影响。

❑　如果更改 Cargo.toml 文件中的 name（名称）值，那么在构建或运行应用程序时将生成具有该名称的新二进制文件。旧的文件仍然存在。

❑　如果想要开放应用程序源代码供其他人使用，则 version（版本）将用于在 crates.io 之类的服务上分发。这还需要 authors（作者）信息，如果这些都不存在，则应用程序仍将在本地编译和运行。

❑　edition（版本）是我们正在使用的 Rust 版本。Rust 经常更新，这些更新随着时间的推移而积累，每隔两到三年，已经可以流畅运行的新功能就会被打包、写入文档并添加到新版本中。至编写本书时，Rust 的最新版本可在以下网址获得。

https://devclass.com/2021/10/27/rust-1-56-0-arrives-delivering-rust-2021-edition-support/

❑　在 dependencies（依赖关系）中可以导入第三方 crate。

要了解其工作原理，可以使用一个 crate 将股票的数据结构转换为 JSON，然后打印。

自己写代码会有点麻烦，幸运的是，我们可以安装 serde crate 并使用 json!宏。

为了让 Cargo 下载并安装该 crate，可以在 Cargo.toml 文件的 dependencies（依赖项）部分填写以下代码。

```
[dependencies]
serde="1.0.117"
serde_json="1.0.59"
```

在 main.rs 文件中，导入将股票数据转换为 JSON 格式所需的宏和结构，然后打印出来。示例如下：

```
use serde_json::{json, Value};

fn main() {
    let stock: Value = json!({
        "name": "MonolithAi",
        "price": 43.7,
        "history": [19.4, 26.9, 32.5]
    });

    println!("first price: {}", stock["history"][0]);
    println!("{}", stock.to_string());
}
```

在上述示例中，从 serde_json 值返回了一个 Value 结构体。要了解如何使用返回值，可以浏览该结构体的文档。从这里也可以看出，Rust 的文档系统是非常全面的。可在以下网址找到该结构体的文档。

https://docs.rs/serde_json/1.0.64/serde_json/enum.Value.html

在图 2.1 中可以看到，该结构体的文档涵盖了其支持的所有功能。

json!将返回 Object(Map<String, Value>)。还可以有其他一系列值，具体取决于如何调用 json!宏。该文档还涵盖了一系列函数，可以利用这些函数来检查值的类型，JSON 值是否为 null，以及可以将 JSON 值转换为特定类型的方式等。

执行 Cargo run 命令时，将看到 Cargo 会编译在依赖项中定义的 crate。还会看到我们的应用程序的编译，以及与股票价格相关的数据的输出结果，如下所示。

```
first price: 19.4
{"history":[19.4,26.9,32.5], "name":"MonolithAi",\
    "price":43.7}
```

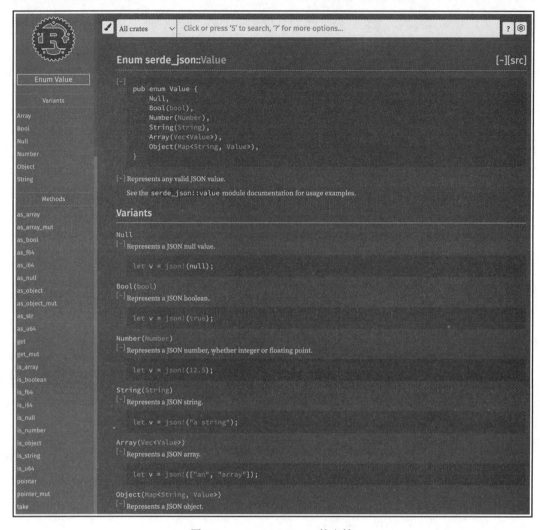

图 2.1　serde_json::Value 的文档

　　现在回过头来讨论一下文档。开发人员完全可以创建自己的文档。这很简单，不必安装任何东西，所要做的就是在代码中创建文档，就像 Python 中的 docstring（文档字符串）一样。为了演示这一点，我们可以创建一个函数，将两个变量加在一起并定义文档字符串，示例如下：

```
/// Adds two numbers together.
///
/// # Arguments
```

```
/// * one (i32): one of the numbers to be added
/// * two (i32): one of the numbers to be added
///
/// # Returns
/// (i32): the sum of param one and param two
///
/// # Usage
/// The function can be used by the following code:
///
/// '''rust
/// result: i32 = add_numbers(2, 5);
/// '''
fn add_numbers(one: i32, two: i32) -> i32 {
    return one + two
}
```

可以看到，这个文档是 Markdown 格式的。Markdown 是一种轻量级标记语言，可以使用纯文本格式编写文档，并且支持图片、图表和数学公式等，非常适合编写应用程序的帮助文档。

本示例对于这种类型的函数来说纯粹是画蛇添足。一名合格的开发人员应该能够在没有任何示例的情况下实现此函数。当然，对于更复杂的函数和结构体来说，则很有必要编写一些说明文档，说明其实现方式。

构建文档的命令如下：

```
cargo doc
```

该过程完成后，可使用以下命令打开文档。

```
cargo doc --open
```

这将在 Web 浏览器中打开文档，如图 2.2 所示。

在图 2.2 中可以看到，main 和 add_numbers 函数是可用的。在左侧边栏上可以看到，已安装的依赖项也可用。如果单击 add_numbers 函数，即可看到我们编写的 Markdown 文档，如图 2.3 所示。

本示例说明，开发人员可以轻松地在构建应用程序时创建代码的交互式文档。值得一提的是，为节约篇幅，本书其余部分的代码片段中不会再出现 Markdown 文档，但是，开发人员最好在编写代码时为所有的结构体和函数写入一些文档。

现在我们已经运行了代码，设置了一个基本的应用程序结构，并为代码编写了文档，接下来可以进入下一部分：在多个文件上构建我们的应用程序。

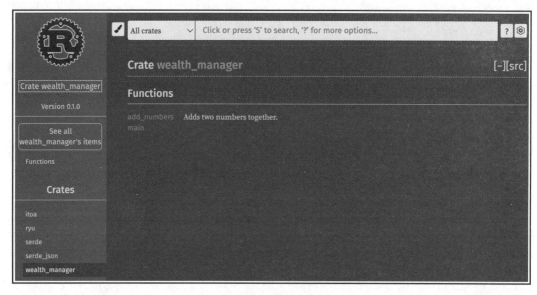

图 2.2　文档视图

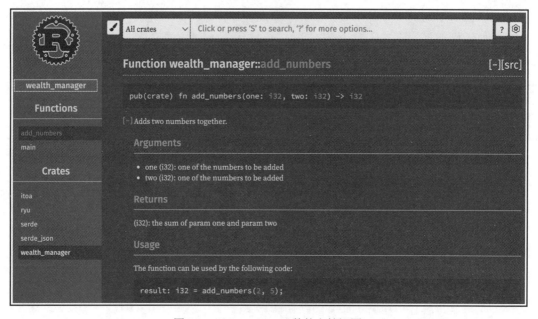

图 2.3　add_numbers 函数的文档视图

2.3　在多个文件和模块上构建代码

要构建模块，可执行以下步骤。

（1）绘制出文件和文件夹结构。

（2）创建 Stock 结构体。

（3）将 Stock 结构体链接到主文件。

（4）在主文件中使用 stocks 模块。

（5）从其他模块添加代码。

接下来我们将在多个文件上构建应用程序，因此必须定义应用程序中的第一个模块，即 stocks 模块。请按以下步骤操作。

（1）本示例模块将具有如下定义的结构。

```
├──── main.rs
└──── stocks
      ├──── mod.rs
      └──── structs
            ├──── mod.rs
            └──── stock.rs
```

之所以采用这种结构，是因为它可以更灵活；如果需要添加更多结构体，则可以在 structs 目录中进行。在 structs 目录旁边也可以添加其他目录。例如，如果想要建立一个用于存储股票数据的机制，则可以在 stocks 目录中添加一个 storage 目录，并根据需要在整个模块中使用它。

（2）现在我们只想在 stocks 模块中创建一个 stock 结构体，将它导入 main.rs 文件中并使用。因此，首先要在 stock.rs 文件中定义 Stock 结构体，具体示例如下：

```
pub struct Stock {
    pub name: String,
    pub open_price: f32,
    pub stop_loss: f32,
    pub take_profit: f32,
    pub current_price: f32
}
```

你是否觉得眼熟？没错，这和第 1 章"从 Python 的角度认识 Rust"中定义的 Stock 结构体是类似的。但是，也有一点不同的地方。我们必须注意，在该结构体定义和每个字段定义之前都有一个 pub 关键字。这是因为必须先将它们声明为公开，然后才能在文件外使用它们。这也适用于在同一文件中实现的其他函数，如以下代码所示。

```rust
impl Stock {
    pub fn new(stock_name: &str, price: f32) -> \
      Stock {
        return Stock{
            name: String::from(stock_name),
            open_price: price,
            stop_loss: 0.0,
            take_profit: 0.0,
            current_price: price
        }
    }
    pub fn with_stop_loss(mut self, value: f32) \
      -> Stock {
        self.stop_loss = value;
        return self
    }
    pub fn with_take_profit(mut self, value: f32) \
      -> Stock {
        self.take_profit = value;
        return self
    }
    pub fn update_price(&mut self, value: f32) {
        self.current_price = value;
    }
}
```

可以看到，现在我们有一个公共结构体，它的所有函数都可用。

接下来必须使我们的结构体能够在 main.rs 文件中使用。这就需要用到 mod.rs 文件了。

mod.rs 文件本质上是 Python 中的 __init__.py 文件。它们表明该目录是一个模块。当然，与 Python 不同的是，Rust 数据结构需要公开声明才能从其他文件访问。图 2.4 显示了该结构体是如何通过 stocks 模块传递到 main.rs 文件的。

在图 2.4 中可以看到，先在 mod.rs 文件中公开声明了结构体，它离 main.rs 最远；然后在 stocks mod.rs 文件中公开声明了 structs 模块。

现在是探索声明模块的 mod 表达式的好时机。如果你愿意，也可以在单个文件中声明多个模块。必须强调的是，本示例没有这样做。

可以使用以下代码在单个文件中声明模块 one 和模块 two。

```rust
mod one {
    ...
```

```
}
mod two {
    ...
}
```

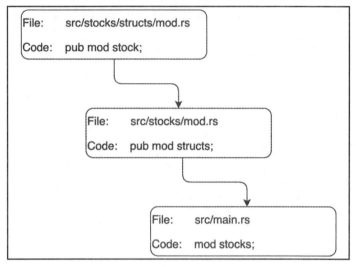

图 2.4　结构体通过模块传递

原　　文	译　　文	原　　文	译　　文
File	文件	Code	代码

现在我们已经在主示例项目中定义了模块，接下来需要在 main.rs 文件中声明 stock 模块。这不必使用公共声明，因为 main.rs 文件是我们的应用程序的入口点。我们不会将此模块导入其他内容中。

（1）现在我们的结构体已经可用了，可以像在同一个文件中定义了它一样简单地使用它，示例如下：

```
mod stocks;
use stocks::structs::stock::Stock;

fn main() {
    let stock: Stock = Stock::new("MonolithAi", 36.5);
    println!("here is the stock name: {}",\
        stock.name);
    println!("here is the stock name: {}",\
        stock.current_price);
}
```

（2）运行该代码。不出所料，其输出如下：

```
here is the stock name: MonolithAi
here is the stock name: 36.5
```

现在我们已经掌握了使用来自不同文件的结构体的基础知识，可以继续探索从其他文件访问数据结构的其他途径，以便更加灵活。

（1）我们要探索的第一个概念是从同一目录中的文件访问。

为了演示这一点，我们可以做一个在结构体中构建打印函数的一次性示例。在路径为 src/stocks/structs/utils.rs 的新文件中，可以创建一个演示性质的函数，该函数仅打印一条消息，表示该结构体的构造函数正在触发，如以下代码所示。

```
pub fn constructor_shout(stock_name: &str) -> () {
    println!("the constructor for the {} is firing", \
        stock_name);
}
```

（2）在 src/stocks/structs/mod.rs 文件中声明函数，如以下代码所示。

```
pub mod stock;
mod utils;
```

需要指出的是，我们不打算公开该函数，只是进行声明。不是说不能公开，而是没必要；当然，采用非公开方式之后，就只允许 src/stocks/structs/ 目录中的文件访问它。

（3）现在我们希望 Stock 结构体可以访问它并在构造函数中使用它，这可以通过在 src/stocks/structs/stock.rs 中导入来完成。示例如下：

```
use super::utils::constructor_shout;
```

（4）如果想要将引用移动到 src/stocks/ 目录，则可以使用 super::super。我们可以根据需要链接任意数量的 super，具体取决于树的深度。

需要指出的是，只能访问该目录的 mod.rs 文件中声明的内容。

在 src/stocks/structs/stock.rs 文件中，可以通过以下代码在构造函数中使用该函数。

```
pub fn new(stock_name: &str, price: f32) -> Stock {
    constructor_shout(stock_name);
    return Stock{
        name: String::from(stock_name),
        open_price: price,
        stop_loss: 0.0,
        take_profit: 0.0,
        current_price: price
```

```
    }
}
```

（5）现在如果运行应用程序，将在终端中得到以下输出结果。

```
the constructor for the MonolithAi is firing
here is the stock name: MonolithAi
here is the stock name: 36.5
```

可以看到，程序以完全相同的方式运行，只是从我们导入的 util 函数中增加了一行。如果创建另一个模块，则同样可以从中访问我们的 stocks 模块，因为 stocks 模块是在 main.rs 文件中定义的。

虽然我们已经设法从不同的文件和模块中访问数据结构，但这种方法的扩展性并不是很好，并且我们随时会遇到一些需要实施的股票交易规则。因此，为了能够编写可扩展的安全代码，需要考虑如何构建模块接口。

2.4　构建模块接口

Python 可以从任何地方导入我们想要的任何东西，并且集成开发环境（IDE）最多只会给出语法高亮显示，而在 Rust 中，如果我们尝试访问尚未明确公开的数据结构，则 Rust 将不会主动编译，这使我们有机会真正锁定模块并通过接口强制执行功能。

当然，在开始这样做之前，不妨先来充分了解一下哪些功能将被锁定。保持模块尽可能隔离是一种很好的做法。在 stocks 模块中，逻辑应该只围绕如何处理股票而不是其他。这可能听起来没用，但是如果仔细思考一下，你将很快意识到，这个模块在复杂性方面是会扩展的。

出于演示目的，我们构建一个股票订单（order）的功能。我们可以买卖股票。这些股票订单以倍数形式出现。购买一家公司的 n 股股票是相当普遍的。

我们还必须检查股票订单是空头（short）还是多头（long）。

空头订单俗称"做空"，是指交易者从经纪人（broker）那里借钱，用这笔钱购买股票并立即卖出，以后再买回股票。如果股价下跌，交易者就会赚钱，因为交易者在偿还经纪人的钱之后还保有差额。例如，假设"招商银行"股票某日的开盘价为 50 元，如果交易者看淡其行情，则可以开出空单，以 50 元每股卖出"招商银行"股票 10 万股（他自己没有这么多股票，是从经纪人那里借来的，经纪人多为证券公司，同时支持融资融券），获得 500 万元。下午股价果然大跌，他得以 45 元的跌停价格买回 10 万股还给经纪人（支出 450 万元），则交易者当日净赚 50 万元（不计交易成本）。但是，如果下午行情一路走高直至涨停，则意味着他遇到了"逼空"行情，只能以 55 元的价格买回 10 万股还给经纪人（支出 550 万元），在不计交易成本的情况下，当日净损失 50 万元。

多头订单俗称"做多"，是指买进股票并持有。如果股票价格上涨，交易者就赚钱。

因此，根据订单类型的不同，股票价格涨跌会有不同的结果。

必须记住的是，这不是一本围绕股票市场开发软件的书，所以我们只要大概了解即可，以免在股票交易技巧中迷失自我。我们用来演示接口的一种简单方法是分层方法，如图 2.5 所示。

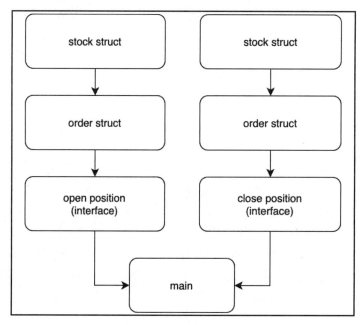

图 2.5　简单模块接口的方法

原　　文	译　　文
stock struct	股票结构体
order struct	订单结构体
open position(interface)	开仓头寸（接口）
close position(interface)	平仓头寸（接口）
main	主文件

为了实现这种方法，需执行以下步骤。

（1）使用正确的文件构建模块布局。

（2）为不同类型的订单创建一个 enum。

（3）构建订单结构体。

（4）安装 datetime 对象所需的 chrono crate。

（5）创建一个使用 chrono crate 的订单构造函数。

（6）为结构体创建动态值。

（7）创建平仓头寸接口。

（8）创建开仓头寸接口。

（9）在主文件中使用订单接口。

2.4.1　开发一个简单的股票交易程序

请按以下步骤操作。

（1）本示例仅允许我们自己通过 order 结构体来访问 stock 结构体。有多种方法可以解决这个问题，在这里演示的是如何在 Rust 中构建接口。为了在代码中实现这一点，我们将定义如下所示的文件结构。

```
├── main.rs
└── stocks
    ├── enums
    │   ├── mod.rs
    │   └── order_types.rs
    ├── mod.rs
    └── structs
        ├── mod.rs
        ├── order.rs
        └── stock.rs
```

（2）在 enums/order_types.rs 文件中定义 enum 订单类型。Short 表示空头，Long 表示多头。示例如下：

```
pub enum OrderType {
    Short,
    Long
}
```

（3）在订单和接口中都需要使用 enum 类型。为了使该 enum 类型可用于模块的其余部分，必须在 enums/mod.rs 文件中使用以下代码进行声明。

```
pub mod order_types;
```

（4）现在我们已经构建了 enum 类型，是时候派上用场了。

首先可以在 stocks/structs/order.rs 文件中构建订单结构体，示例如下：

```
use chrono::{Local, DateTime};
use super::stock::Stock;
use super::super::enums::order_types::OrderType;

pub struct Order {
    pub date: DateTime<Local>,
    pub stock: Stock,
    pub number: i32,
    pub order_type: OrderType
}
```

（5）在上述代码中可以看到，本示例使用了 chrono crate 来定义下单的时间。另外，还必须注意下单的是什么股票、要购买的股票数量以及订单类型。

此外，必须记住在 Cargo.toml 文件中使用以下代码定义 chrono 依赖项。

```
[dependencies]
serde="1.0.117"
serde_json="1.0.59"
chrono="0.4.19"
```

我们将股票结构体与订单结构体分开是为了提供灵活性。例如，这样我们就可以用订单之外的股票数据做其他事情。我们可能需要构建一个结构体来容纳用户关注列表中的股票，虽然用户实际上并没有下单买入，但他们仍然希望能够看到这些股票的行情，因为很多股票的价格往往是联动的。

（6）当然，股票数据还有其他用例。从这方面考虑，我们就可以明白，将围绕股票的数据和方法保存在单个股票结构体中不仅有助于减少我们在添加更多功能时必须编写的代码量，而且可以标准化围绕股票的数据。还有一个好处就是维护代码更容易。如果要添加或删除一个字段，或者更改股票数据的方法，则只需在一个地方进行更改即可，而不需要在多个地方进行更改。

订单结构体的构造函数可以使用以下代码在同一个文件中创建。

```
impl Order {
    pub fn new(stock: Stock, number: i32, \
        order_type: OrderType) -> Order {
        let today: DateTime<Local> = Local::now();
            return Order{date: today, stock, number, \
                order_type}
    }
}
```

在上述代码中，通过接受 stock、number 和 order_type 创建了一个 Order 结构体，并创建了一个 datetime 结构体。

（7）因为我们的订单专注于围绕订单定价的逻辑，它包含订单中设定的股票数量，所以在 impl 块中，可使用以下代码构建订单的当前值。

```
pub fn current_value(&self) -> f32 {
    return self.stock.current_price * self \
        .number as f32
}
```

需要注意的是，上述代码使用&self 作为参数，而不是仅仅使用 self。这使我们能够多次使用该函数。如果该参数不是引用，则会将结构体移动到函数中，这样就无法多次计算该值，这样做会很有用，除非类型是 Copy。

（8）还可以在此函数的基础上，使用以下代码在 impl 块中计算当前利润。

```
pub fn current_profit(&self) -> f32 {
    let current_price: f32 = self.current_value();
    let initial_price: f32 = self.stock. \
        open_price * self.number as f32;

    match self.order_type {
        OrderType::Long => return current_price -\
            initial_price,
        OrderType::Short => return initial_price -\
            current_price
    }
}
```

在上述代码中，可得到当前价格（current_price）和初始价格（initial_price）。然后匹配订单类型，因为这将改变利润的计算方式。多头订单的计算方式是当前价格减去初始价格，而空头订单的计算方式则是初始价格减去当前价格。

现在结构体已经完成，但还必须确保这些结构体可用。这可以通过在 stocks/structs/mod.rs 文件中定义它们来实现。示例代码如下：

```
pub mod stock;
pub mod order;
```

（9）现在已经为创建接口做好了准备。为了在 stocks/mod.rs 文件中构建接口，必须导入需要的所有内容，如以下代码所示。

```
pub mod structs;
pub mod enums;
```

```
use structs::stock::Stock;
use structs::order::Order;
use enums::order_types::OrderType;
```

（10）现在我们已经拥有了构建接口所需的一切，可以使用以下代码构建平仓订单
（close_order）的接口。

```
pub fn close_order(order: Order) -> f32 {
    println!("order for {} is being closed", \
        &order.stock.name);
    return order.current_profit()
}
```

（11）这是一个相当简单的接口，其实还可以做得更多，如数据库或 API 调用，但
本示例只是一个演示程序，因此仅输出股票正在出售的消息，并返回当前获得的利润。

按照这个思路，还可以在同一文件中构建开仓订单（open_order）的接口。

```
pub fn open_order(number: i32, order_type: OrderType,\
                  stock_name: &str, open_price: f32,\
                  stop_loss: Option<f32>, \
                   take_profit: Option<f32>) -> \
                    Order { \
    println!("order for {} is being made", \
        &stock_name);
    let mut stock: Stock = Stock::new(stock_name, \
        open_price);
    match stop_loss {
        Some(value) => stock = \
            stock.with_stop_loss(value),
        None => {}
    }
    match take_profit {
        Some(value) => stock = \
            stock.with_take_profit(value),
        None => {}
    }
    return Order::new(stock, number, order_type)
}
```

在上述代码中，接受了我们需要的所有参数。我们还引入了 Option<f32>参数类型，
它被实现为枚举类型。这允许传入一个 None 值。

我们创建了一个可变 stock（因为价格会变化，所以必须更新它），然后检查是否提

供了 stop_loss 值，如果是，则将止损添加到股票。类似地，我们还需要检查是否提供了
take_profit 值，如果是，则使用此值更新股票。

（12）现在我们已经构建了所有的接口，接下来需要做的是在 main.rs 文件中使用它
们。在主文件中，需要导入所需的结构体和接口以使用它们。示例代码如下：

```
mod stocks;

use stocks::{open_order, close_order};
use stocks::structs::order::Order;
use stocks::enums::order_types::OrderType;
```

（13）在 main 函数中，可以通过创建一个新的可变订单来开始使用这些接口。示例
代码如下：

```
println!("hello stocks");
let mut new_order: Order = open_order(20, \
    OrderType::Long, "bumper", 56.8, None, None);
```

（14）上述代码将 take_profit 和 stop_loss 均设置为 None，但如果需要，也可以添加
它们。为了搞清楚刚刚购买的股票，可以使用以下代码打印出当前价格和利润。

```
println!("the current price is: {}",
    &new_order.current_value());
println!("the current profit is: {}",
    &new_order.current_profit());
```

（15）我们会得到股票市场的一些变动值，这可以通过更新价格并在每次变动时打
印我们投资股票的价值来模拟。具体代码示例如下：

```
new_order.stock.update_price(43.1);
println!("the current price is: {}", \
    &new_order.current_value());
println!("the current profit is: {}", \
    &new_order.current_profit());

new_order.stock.update_price(82.7);
println!("the current price is: {}", \
    &new_order.current_value());
println!("the current profit is: {}", \
    &new_order.current_profit());
```

（16）股票价格从 43.1 变成了 82.7，即有利润了，因此可以卖出我们的股票，也就
是开出平仓订单，并使用以下代码打印出利润。

```
let profit: f32 = close_order(new_order);
println!("we made {} profit", profit);
```

（17）至此，我们的接口、模块和主文件都已经构建完成。运行 Cargo run 命令，输出结果如下：

```
hello stocks
the constructor for the bumper is firing
the current price is: 1136
the current profit is: 0
the current price is: 862
the current profit is: -274
the current price is: 1654
the current profit is: 518
order for bumper is being closed
we made 518 profit
```

正如我们所看到的，模块可以正常工作并且它有一个非常清晰简洁的接口。对于本章的演示目的而言，我们的示例到此为止，因为我们已经展示了如何在 Rust 中使用接口构建模块。但是，如果你想进一步构建该应用程序，则可以采用如图 2.6 所示的方法。

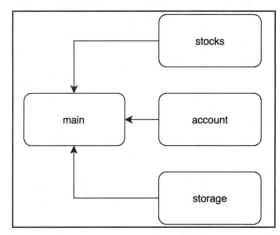

图 2.6　进一步构建应用程序

原　　　文	译　　　文	原　　　文	译　　　文
main	主文件	account	账户
stocks	股票	storage	存储

在账户（account）模块中，可以围绕跟踪用户通过交易获得的金额构建数据结构。然后构建一个存储（storage）模块，该模块具有账户和股票的读写接口。之所以要将存

储作为一个单独的模块，是因为这样可以保持接口相同，并在底层修改和更改存储逻辑。例如，我们可以从一个简单的 JSON 文件存储系统开始，用于开发阶段和本地使用。但是，当该应用程序被放到服务器上之后，将会有大量用户开始进行交易并访问他们的账户。这时我们可以通过数据库模型映射来切换数据库驱动程序的文件读写。随着业务规模的不断扩大，系统将获得大量流量，应用程序也可能需要被拆分为一个微服务集群，一个应用程序仍然是与数据库通信，而另一个应用程序则将用于频繁请求的股票/账户，它们可能正在与 Redis 缓存通信。

正是因为考虑到这一点，我们才需要将存储分开以保持灵活性。在单独构建存储模块之后，更改存储要求就不会破坏原有的构建。事实上，配置文件可以根据环境切换不同的方法。只要接口保持不变，重构就不会是一项艰巨的任务。

2.4.2　写代码时编写文档的好处

由于我们的模块跨越多个文件，因此需要引用不同文件中的函数和结构体，这样也就可以看出文档的重要性了。使用 Visual Studio Code 时，开发人员可以重新查阅编写代码时在技术要求方面的观点；GitHub 中的代码也有完整的文档记录。如果安装了 Rust 插件，只需将鼠标指针悬停在结构体或函数上就会弹出文档，这样我们就可以看到该接口需要的东西，如图 2.7 所示。

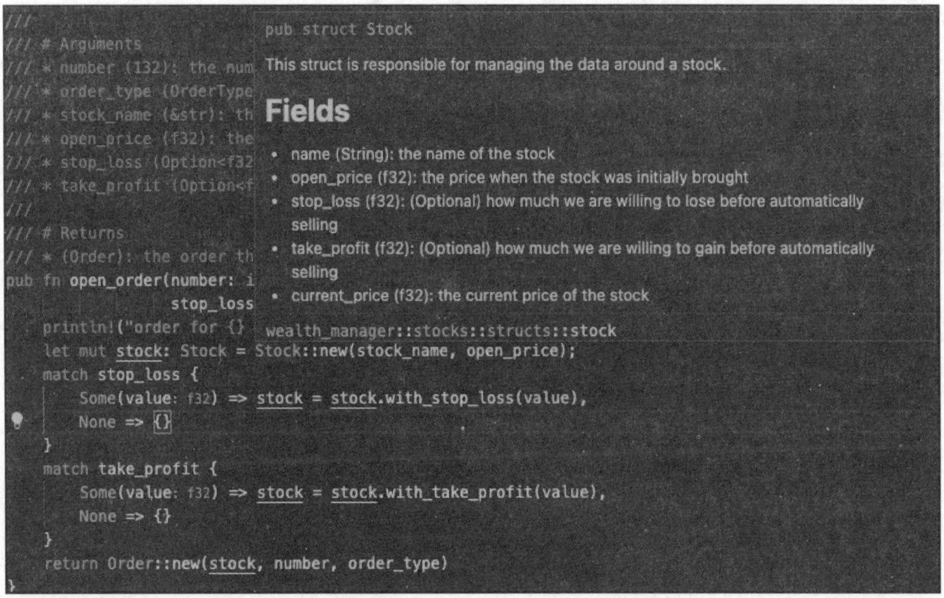

图 2.7　Visual Studio Code 中的弹出式文档

　　没有文档的、结构不良的代码往往被称为技术债务（tech debt），这是因为随着时间的推移，它会不断被征收"利息"。诚然，在最初开发时不写文档可以节省一些时间，加快开发的速度，但是，随着应用程序的不断增大，更改内容和理解代码中正在发生的事情将变得越来越困难，未来开发人员必须付出额外的时间和精力持续修复之前的一时偷懒所造成的问题及副作用。因此，构建具有良好 Markdown Rust 文档的、结构良好的模块才是保持高效生产力的好方法。

　　现在我们有了一个功能强大的应用程序，它跨越多个页面，并且干净、整洁、可扩展。但是，用户不能动态使用它，因为所有内容都必须进行硬编码。这在实践中是行不通的。因此，接下来我们将讨论如何与环境交互，以便将参数传递给程序。

2.5　与环境交互

　　在目前阶段，唯一阻碍我们构建功能齐全的命令行应用程序的是与环境交互。如上一节所述，这是一个开放式主题，涵盖从使用命令行参数到与服务器和数据库交互的所有内容。因此，与上一节一样，我们将讨论足够多的内容，以便了解如何构建 Rust 代码来接受来自外部的数据并对其进行处理。

　　为了探索这一点，我们将让股票应用程序接收来自用户的命令行参数，以便可以买卖股票。当然，为了不使事情变得过于复杂，我们不会让用户选择做空还是做多，也不会引入存储的问题。但是，在本节结束时，我们将有能力构建代码，处理可扩展问题和接受来自外部世界的数据。以此为基础，还可以进一步使用 crate 连接到数据库或读/写文件，使我们能够无缝地将这些功能添加到结构良好的代码中。

　　在数据库方面，本书将在第 10 章"将 Rust 注入 Python Flask 应用程序"中详细介绍如何镜像数据库的模式并连接到它。

　　对于本章的简单示例，我们将为要售出的股票价格生成一个随机数，以计算我们是盈利还是亏损出售。可以通过将 rand crate 添加到 Cargo.toml 文件中的依赖项部分来做到这一点（使用的语句为 rand="0.8.3"）。

　　简单而言，可按以下步骤与环境进行交互。

　　（1）导入所有需要的 crate。

　　（2）从环境中收集输入。

　　（3）处理用户输入的订单。

　　具体请按以下步骤操作。

　　（1）在添加了 rand crate 之后，还可以在 main.rs 文件中使用以下代码添加我们需要的所有额外导入。

```
use std::env;
use rand::prelude::*;
use std::str::FromStr;
```

可以看到，本示例使用 env 来获取传递给 Cargo 的参数；从 rand crate 的 prelude 中导入所有内容，以便生成随机数；导入 FromStr trait，以便将从命令行参数传入的字符串转换为数字。

（2）在 main 函数中，使用以下代码收集从命令行传入的参数。

```
let args: Vec<String> = env::args().collect();
let action: &String = &args[1];
let name: &String = &args[2];
let amount: i32 = i32::from_str(&args[3]).unwrap();
let price: f32 = f32::from_str(&args[4]).unwrap();
```

上述代码表明，我们将在字符串向量（Vec<String>）中收集命令行参数。这样做是因为几乎所有内容都可以表示为字符串。

然后，我们还将定义需要的所有参数。必须注意的是，索引从 1 而不是 0 开始。这是因为索引 0 是用 run 命令填充的。

还可以看到，我们在需要时会将字符串转换为数字并直接解开使用（unwrap）。这有点危险，如果要构建的是生产环境中适当的命令行工具，则更理想的做法是匹配 from_str 函数的结果并为用户提供更好的信息。

（3）现在我们已经有所需的一切，可以使用收集到的数据创建一个新订单。示例代码如下：

```
let mut new_order: Order = open_order(amount, \
    OrderType::Long, &name.as_str(), price, \
        None, None);
```

我们每次都在创建一个新订单，即使它是一个卖出订单也是如此，因为本示例没有存储模块，并且需要拥有围绕股票头寸的所有结构化数据和逻辑。

下面开始匹配操作。如果要出售股票，则会在出售前为股票生成一个新价格。从这方面考虑，还需要查看一下是否获利。

```
match action.as_str() {
    "buy" => {
        println!("the value of your investment is:\
            {}", new_order.current_value());
    }
```

```
"sell" => {
    let mut rng = rand::thread_rng();

    let new_price_ref: f32 = rng.gen();
    let new_price: f32 = new_price_ref * 100 as \
        f32;

    new_order.stock.update_price(new_price);
    let sale_profit: f32 = close_order(new_order);

    println!("here is the profit you made: {}", \
        sale_profit);
}
_ => {
    panic!("Only 'buy' and 'sell' actions are \
        supported");
}
}
```

必须注意的是，在匹配表达式的最后有一个"_"。这是因为理论上字符串可以是任何东西，而 Rust 是一种安全的语言。如果不考虑到每一种可能的结果，那么它将不允许编译代码。"_"是一个包罗万象的模式。如果没有完成此前所有匹配模式，则执行此操作。对于本示例来说，它只是提出一个错误，指出仅支持买卖。

（4）为了运行该程序，可执行以下命令。

```
cargo run sell monolithai 26 23.4
```

（5）输出结果如下：

```
order for monolithai is being made
order for monolithai is being closed
here is the profit you made: 1825.456
```

运行该程序后，输出的利润会有所不同，因为生成的数字是随机的。

至此，我们已经成功开发了一个交互式和可扩展的应用程序。如果你想使用帮助菜单构建更全面的命令行接口，建议阅读并使用 clap crate。

2.6 小　结

本章介绍了有关 Cargo 的基础知识。借助 Cargo，我们成功地构建了一个用于买卖股票的简单应用程序，为其编写了文档，进行了编译并运行了该程序。

现在你应该明白为什么 Rust 是最受欢迎的语言之一，有了 Cargo 之后，整个实现过程非常轻松简洁，只需要寥寥几行代码即可一站式管理所有功能、文档和依赖项，这大大加快了开发进程。将 Cargo 与严格、实用的编译器相结合，会使 Rust 在管理复杂项目时也轻而易举。开发人员还可以通过将模块包装在易于使用的接口中并通过命令行与用户的输入进行交互来管理复杂性。

现在你可以开始考虑通过构建 Rust 代码来解决一系列问题，因为你已经了解了很多有关 Rust 的基础知识。在下一章中，我们将介绍如何利用 Rust 的并发性。

2.7　问　　题

（1）在写代码的同时，如何编写相应的文档？

（2）为什么按单一概念将模块隔离很重要？

（3）如何让模块保持隔离的优势？

（4）如何管理应用程序中的依赖关系？

（5）当理论上存在无限数量的结果时（如匹配不同的字符串），如何确保匹配表达式中的所有结果都被考虑在内？

（6）假设在 some_file/some_struct.rs 文件中有一个名为 SomeStruct 的结构体，如何使它在它所在的目录之外可用？

（7）假设我们对问题（6）中的 SomeStruct 结构体改变了主意，希望它仅在 some_file/目录中可用，如何做到这一点？

（8）如何在 some_file/another_struct.rs 文件中访问 SomeStruct 结构体？

2.8　答　　案

（1）在构建结构体和函数时，文档字符串支持使用 Markdown，这样就可以按实现结构体或函数的方式来编写文档。如果开发人员使用 Visual Studio Code，那么这也有助于提高工作效率，因为只需将鼠标指针悬停在函数或结构体上就会显示文档。

（2）将模块限制在单一概念上增加了应用程序的灵活性，使开发人员能够在需要时切分和更改模块。

（3）为了让模块保持隔离的优势，需要保证模块的接口相同。这意味着开发人员可以更改模块内部的逻辑，而无须更改应用程序其余部分的任何内容。如果删除模块，则只需要在整个应用程序中查找接口的实现，而不必修改模块中所有函数体和结构的实现。

（4）可以在 Cargo.toml 文件中管理应用程序的依赖关系。只要运行 Cargo 即可安装在编译时需要的东西。

（5）可以通过捕捉任何不满足所有匹配的东西来涵盖一切。这可以通过在匹配表达式末尾实现一个 "_" 模式来实现。

（6）在 some_file/mod.rs 文件中编写以下语句即可将其公开。

```
pub mod some_struct
```

（7）在 some_file/mod.rs 文件中编写以下语句即可使其仅在 some_file/目录中可用。

```
mod some_struct
```

（8）可以通过在 some_file/another_struct.rs 文件中编写以下语句来访问 SomeStruct。

```
use super::some_struct::SomeStruct;
```

2.9　延　伸　阅　读

❑　Rust Web Programming (2021) by Maxwell Flitton, Packt Publishing

❑　Mastering Rust (2019) by Rahul Sharma and Vesa Kaihlavirta, Packt Publishing

❑　The Rust Programming Language, Rust Foundation：

https://doc.rust-lang.org/stable/book/

❑　The Clap documentation, Clap Docs：

https://docs.rs/clap/2.33.3/clap/

❑　The standard file documentation, Rust Foundation：

https://doc.rust-lang.org/std/fs/struct.File.html

❑　The chrono DateTime documentation, Rust Foundation：

https://docs.rs/chrono/0.4.19/chrono/struct.DateTime.html

第 3 章　理解并发性

使用 Rust 加快程序运行速度固然很有效，但是，如果能够理解并发性并充分利用线程和进程，则可以将程序运行加速到一个新的水平。

本章将详细阐释什么是线程和进程，然后介绍在 Python 和 Rust 中启动线程和进程的实际步骤。虽然这可能令人兴奋，但我们也必须承认，在不考虑合理方法的情况下冒然使用线程和进程可能会导致失败。为了避免这种情况，本章还将探讨算法复杂性以及它如何影响我们的计算时间。

本章包含以下主题：
- ❑　并发性介绍。
- ❑　使用线程的基本异步编程。
- ❑　运行多个进程。
- ❑　安全地自定义线程和进程。

3.1　技　术　要　求

本章所有代码文件均可以在本书配套的 GitHub 存储库找到，其网址如下：

https://github.com/PacktPublishing/Speed-up-your-Python-with-Rust/tree/main/chapter_three

3.2　并发性介绍

在第 1 章"从 Python 的角度认识 Rust"中已经探讨过，摩尔定律正在失效，因此开发人员必须考虑可以加快程序运行速度的其他方式，这就是并发（concurrency）的用武之地。所谓"并发"，本质上就是同时运行多个计算。并发无处不在，如果要完全阐释这个概念，那么我们得写一大本书。

当然，在本书的讨论范围内，我们只需要了解有关并发的基础知识（以及何时使用它），这样便可获得一个额外的工具，以更好地加快计算速度。此外，线程和进程使我们可以分解编程以实现同时运行的计算。因此，为了开始并发编程之旅，我们需要先了解线程。

3.2.1 线程

线程（thread）是开发人员可以独立处理和管理的最小计算单元。线程用于将程序分解为可以同时运行的计算部分。需要注意的是，线程可能会乱序运行。这提出了并发性和并行性之间的重要区别。

❑ 并发（concurrency）是同时运行和管理多个计算的任务，而并行（parallelism）则是同时运行多个计算的任务。

❑ 并发具有不确定的控制流，而并行则具有确定的控制流。

线程共享内存和处理能力等资源，但是它们也相互阻塞。例如，如果我们分离一个需要持续处理能力的线程，则只会阻塞另一个线程，如图 3.1 所示。

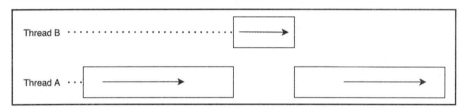

图 3.1 随时间推移的两个线程

原　　文	译　　文	原　　文	译　　文
Thread B	线程 B	Thread A	线程 A

在图 3.1 中可以看到，线程 B 运行时线程 A 只能停止运行。这在 Pan Wu 于 2020 年发表的关于通过对不同类型的任务进行计时的模拟来理解多线程的文章中得到了证明。该文章中的结果总结如图 3.2 所示。

在图 3.2 中可以看到，不同任务的处理时间大体上随着工作线程（worker）数量的增加而减少，但严重依赖 CPU 的多线程任务（cpu_heavy::multithread，图 3.2 中的第 2 项，显示为红色柱）除外。这是因为，如图 3.1 所示，CPU 密集型线程处于阻塞状态，因此一次只能有一个工作线程处理，添加多少个工作线程都无济于事。

🛈 注意：

彩色图像在黑白印刷的纸版图书上可能不容易辨识效果，本书提供了一个 PDF 文件，其中包含本书使用的屏幕截图/图表的彩色图像。可以通过以下地址下载。

https://static.packt-cdn.com/downloads/9781801811446__ColorImages.pdf

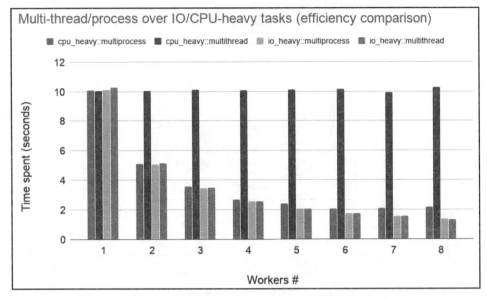

图 3.2　不同任务的处理时间

资料来源：https://towardsdatascience.com/understanding-python-multithreading-and-multiprocessing-via-simulation-3f600dbbfe31

必须指出的是，这是由 Python 的全局解释器锁（global interpreter lock，GIL）引起的，本书第 6 章"在 Rust 中使用 Python 对象"对此进行了介绍。在其他上下文环境（如 Rust）中，它们完全可以在不同的 CPU 核心上执行，并且通常不会相互阻塞。

在图 3.2 中还可以看到，当工作线程增加时，严重依赖输入/输出（I/O）的任务确实减少了所花费的时间。这是因为 I/O 繁重的任务有空闲（idle）时间，这正是我们可以真正利用线程的地方。假设我们的任务是调用服务器，在等待响应时有一些空闲时间，则利用线程对服务器进行多次调用将缩短时间。

还必须注意的是，进程同时适用于严重依赖 CPU 和输入/输出（I/O）的任务。因此，了解什么是进程对我们是有帮助的。

3.2.2　进程

与线程相比，进程（process）的生产成本更高。事实上，一个进程可以承载多个线程。在很多资料中都使用了一幅经典的多线程示意图（见图 3.3）来描述线程和进程之间的关系，包括维基媒体（Wikimedia）中关于 multiprocessing 的页面。

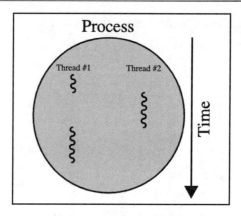

图 3.3　线程和进程之间的关系

原　文	译　文	原　文	译　文
Process	进程	Time	时间
Thread	线程		

资料来源：Cburnett (2007) (https://commons.wikimedia.org/wiki/File:Multithreaded_process.svg)，CC BY-SA 3.0

ⓘ 注意：

CC 许可协议是指知识共享（Creative Commons）许可协议，它规定了以下 4 项权利的选择。

❑ 署名（attribution，BY）：从 2.0 版本开始，所有的 CC 许可证都要求署名。其他权利的缩写都是取自对应英文的首字母，只有署名来自英文介词 by（由……创作）。

❑ 继承（share-alike，SA）：即"相同方式共享"，要求被许可人在对作品进行改编后，必须以相同的许可证发布改编后的作品。

❑ 非营利（non-commercial，NC）：即"非商业性使用"，被许可人可以任意使用作品，只要不用于商业用途即可。

❑ 禁止演绎（no derivative works，ND）：除了不能对作品进行改编或混合，被许可人可以任意使用作品。

图 3.3 以 CC BY-SA 3.0 许可表示共享时必须署名并以相同方式共享。

图 3.3 是一个经典的示意图，因为它很好地表达了进程和线程之间的关系。在该图中可以看到，线程是进程的子集。还可以看到，为什么线程能够共享内存。由此我们也必须注意，进程通常是独立的并且不共享内存。

需要指出的是，使用进程时上下文切换（context switch）的成本更高。所谓上下文切换，是指存储进程（或线程）的状态，以便可以在以后的状态下恢复和继续。这方面的一个示例是等待应用程序编程接口（application programming interface，API）响应。此时可以保存状态，并且在等待 API 响应时可以运行另一个进程/线程。

在理解了线程和进程相关的基本概念之后，接下来，让我们看看如何在程序中实际使用线程。

3.3 使用线程的基本异步编程

要利用线程，需要能够启动线程，允许它们运行，然后将它们连接在一起。在图 3.4 中可以看到实际管理线程的各个阶段。

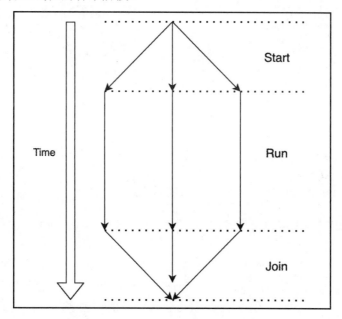

图 3.4 线程阶段

原 文	译 文	原 文	译 文
Time	时间	Run	运行
Start	启动	Join	连接

在图 3.4 中可以看到，我们需要先启动线程，然后让它们运行，一旦它们运行，即可将它们连接在一起。如果不连接它们，则程序将在线程完成之前继续运行。

3.3.1　在 Python 中使用线程

在 Python 中，可以通过继承 Thread 对象来创建线程，具体示例如下：

```python
from threading import Thread
from time import sleep
from typing import Optional

class ExampleThread(Thread):

    def __init__(self, seconds: int, name: str) -> None:
        super().__init__()
        self.seconds: int = seconds
        self.name: str = name
        self._return: Optional[int] = None

    def run(self) -> None:
        print(f"thread {self.name} is running")
        sleep(self.seconds)
        print(f"thread {self.name} has finished")
        self._return = self.seconds

    def join(self) -> int:
        Thread.join(self)
        return self._return
```

在上述示例中，可以看到我们覆盖了 Thread 类中的 run 函数。该函数在线程运行时运行。

join 方法也已经被覆盖。但需要注意的是，在 join 函数中，还有一些额外的功能在后台运行。因此，必须调用 Thread 类的 join 方法，然后在最后返回我们想要的任何结果。如果不需要返回任何结果，则不必使用 return 语句，但这种情况下，覆盖 join 函数就没有意义了。

现在可以通过运行以下代码来实现线程。

```python
one: ExampleThread = ExampleThread(seconds=5, name="one")
two: ExampleThread = ExampleThread(seconds=5, name="two")
three: ExampleThread = ExampleThread(seconds=5, name="three")
```

然后对启动、运行和连接结果的过程进行计时，如下所示。

```python
import time
```

```
start = time.time()
one.start()
two.start()
three.start()
print("we have started all of our threads")
one_result = one.join()
two_result = two.join()
three_result = three.join()
finish = time.time()
print(f"{finish - start} has elapsed")
print(one_result)
print(two_result)
print(three_result)
```

运行上述代码时，会得到以下输出结果。

```
thread one is running
thread two is running
thread three is running
we have started all of our threads
thread one has finished
thread three has finished
thread two has finished
5.005641937255859 has elapsed
5
5
5
```

可以看到执行整个过程只用了 5s 多。如果按顺序运行程序，则需要 15s。这表明我们的线程是正常有效的。

在上面的输出结果中还可以看到，线程 three 在线程 two 之前完成，即使线程 two 是先启动的。如果你在本机上运行得到的是不同的完成顺序（如 one，two，three），那也不必担心，因为线程本来就会以不确定的顺序完成。尽管调度是确定性的，但当程序运行时，仍有数以千计的事件和进程在 CPU 的后台运行。结果就是，每个线程获得的确切时间片（time slice）永远不会相同。这些微小的变化会随着时间的推移而累积起来，因此，如果执行很接近并且持续时间大致相同，那么我们无法保证线程将以确定的顺序完成。

3.3.2　在 Rust 中使用线程

在掌握了有关 Python 线程的基础知识之后，现在可以来看看 Rust 中的线程。当然，在此之前，还必须了解闭包（closure）的概念，它本质上是一种匿名存储函数及其所在环境的方法。考虑到这一点，我们可以在 main 函数的作用域内或包括其他函数在内的其他作用域内定义函数。

构建闭包的一个简单示例是打印输入，如下所示。

```
fn main() {
    let example_closure: fn(&str) = |string_input: &str| {
        println!("{}", string_input);
    };
    example_closure("this is a closure");
}
```

通过这种方法，即可利用作用域。需要注意的是，由于闭包对作用域敏感，因此还可以利用闭包周围的现有变量。为了证明这一点，我们可以创建一个闭包来计算为贷款支付的利息金额（采用外部基准利率）。我们将在内部作用域内定义它，如下所示。

```
fn main() {
    let base_rate: f32 = 0.03;
    let calculate_interest = |loan_amount: &f32| {
        return loan_amount * &base_rate
    };
    println!("the total interest to be paid is: {}",
      calculate_interest(&32567.6));
}
```

运行上述代码将产生以下输出结果。

```
the total interest to be paid is: 977.02795
```

在该示例中可以看到，闭包可以返回值，但是我们还没有定义闭包的类型，即使它返回了一个浮点数也是如此。事实上，如果将 calculate_interest 设置为 f32，则编译器会报错，指出类型不匹配。这是因为闭包是独特的匿名类型，不能输出。

闭包是由编译器生成的包含已捕获变量的结构体。如果尝试在内部作用域之外调用闭包，则应用程序将无法编译，因为在作用域之外无法访问该闭包。

现在我们已经理解了 Rust 闭包，可以复制在本节前面介绍的 Python 线程示例。首先必须通过运行以下代码来导入所需的标准模块 crate。

```
use std::{thread, time};
use std::thread::JoinHandle;
```

我们将使用 thread 来产生线程，使用 time 来跟踪进程需要的时间，使用 JoinHandle 结构体来连接线程。在导入这些 crate 之后，即可通过运行以下代码来构建线程。

```
fn simple_thread(seconds: i8, name: &str) -> i8 {
    println!("thread {} is running", name);
    let total_seconds = time::Duration::new(seconds as \
        u64, 0);
    thread::sleep(total_seconds);
    println!("thread {} has finished", name);
    return seconds
}
```

上述代码创建了一个 Duration 结构体，表示为 total_seconds。然后使用 sleep 线程和 total_seconds 使函数进入睡眠状态，并返回整个过程完成时的秒数。

目前这只是一个函数，单独运行它不会衍生出不同的线程。因此，还需要在 main 函数中运行以下代码，以启动计时器并生成 3 个线程。

```
let now = time::Instant::now();

let thread_one: JoinHandle<i8> = thread::spawn(|| {
    simple_thread(5, "one")});
let thread_two: JoinHandle<i8> = thread::spawn(|| {
    simple_thread(5, "two")});
let thread_three: JoinHandle<i8> = thread::spawn(|| {
    simple_thread(5, "three")});
```

上述代码将生成线程，并在闭包中为函数传入正确的参数。在闭包中可以放入任何代码。闭包中的最后一行将返回到 JoinHandle 结构体以解包。完成后，将连接所有线程，直到所有线程都完成，然后再继续执行以下代码。

```
let result_one = thread_one.join();
let result_two = thread_two.join();
let result_three = thread_three.join();
```

join 函数将返回 Result<i8, Box<dyn Any + Send>>类型的结果。

Rust 中的 Result 结构体要么返回 Ok，要么返回 Err 响应。如果线程运行没有任何问题，则将返回我们期望的 i8 值。如果并非如此，则会出现 Result<i8, Box<dyn Any + Send>> 作为错误输出。

这里有一些新概念需要详细解释。

❑ 第一个要解释的就是 Box 结构体。这是指针的基本形式之一，它允许将数据存储在堆上而不是栈上。栈上剩下的是指向堆中数据的指针。我们使用它是因为不知道从线程中出来的数据有多大。

❑ 接下来要解释的是表达式 dyn。此关键字用于指示该类型是一个 trait 对象。例如，我们可能希望将一系列 Box 结构体存储在一个数组中。这些 Box 结构体可能指向不同的结构体。但是，如果它们具有某种共同的 trait，则我们仍然可以确信它们能够组合在一起。例如，如果所有结构体都必须实现 TraitA，则可以使用 Box<dyn TraitA> 来表示。

❑ Any 关键字是动态类型的一个 trait。这意味着该数据类型可以是任何东西。Any trait 通过使用 Any + Send 表达式与 Send 结合。这意味着必须实现这两个 trait。

❑ Send trait 适用于可以跨线程边界传输的类型。如果认为合适，Send 将由编译器自动实现。

理解了上述概念之后，我们就可以确信，Rust 中线程的连接返回的结果要么是我们想要的整数，要么是指向可以跨线程传输的任何其他内容的指针。

要处理线程的结果，可以直接解包它们。但是，当多线程程序的需求增加时，这样做不是很有用。我们必须能够处理可能来自线程的内容，为此，我们将不得不向下转换结果。向下转换（downcast）是 Rust 将 trait 转换为具体类型的方法。在这种情况下，可以将表示 Python 类型的 PyO3 结构体转换为具体的 Rust 数据类型，如字符串或整数。

为了证明这一点，可以构建一个处理线程结果的函数，具体操作步骤如下。

（1）导入所有需要的模块，如以下代码所示。

```
use std::any::Any;
use std::marker::Send;
```

（2）导入完成之后，可以创建一个解包结果并打印它的函数。

```
fn process_thread(thread_result: Result<i8, Box<dyn \
   Any + Send>>, name: &str) {
      match thread_result {
         Ok(result) => {
            println!("the result for {} is {}", \
               result, name);
         }
         Err(result) => {
            if let Some(string) = result.downcast \
               _ref::<String>() {
                  println!("the error for {} is: {}", \
                     name, string);
            } else {
               println!("there error for {} does \
                  not have a message", name);
            }
         }
```

```
        }
    }
```

（3）上述代码是打印成功时的结果。如果出现错误，如前文所述，我们并不知道错误的数据类型。但是，我们仍然应该处理这个问题，这就需要进行向下转换。向下转换将返回一个选项，这就是上述代码中会出现以下条件的原因。

```
if let Some(string) = result.downcast_ref::<String>()
```

如果向下转换成功，即可将字符串移入作用域并打印出错误字符串。如果不成功，则可以继续并声明虽然有错误，但没有提供错误字符串。

如果有必要，可以使用多个条件语句来说明一系列的数据类型。我们可以编写很多Rust 代码而不必依赖向下转换，因为 Rust 有一个严格的类型部分。但是，当与 Python 交互时，这可能很有用，因为我们知道 Python 对象是动态的，并且本质上可以是任何东西。

（4）现在可以在线程完成后处理它们，可通过运行以下代码停止时钟并处理结果。

```
println!("time elapsed {:?}", now.elapsed());
process_thread(result_one, "one");
process_thread(result_two, "two");
process_thread(result_three, "three");
```

（5）其输出结果如下：

```
thread one is running
thread three is running
thread two is running
thread one has finished
thread three has finished
thread two has finished
time elapsed 5.00525725s
the result for 5 is one
the result for 5 is two
the result for 5 is three
```

至此，我们已经可以在 Python 和 Rust 中运行和处理线程。但是，请记住，如果尝试使用我们编写的代码运行 CPU 密集型任务，则无法加快速度。当然，在代码的 Rust 上下文中，可能会因为环境而加快速度。例如，如果有多个 CPU 核心可用，操作系统调度程序可以将线程放到这些核心上以并行方式执行。

为了编写能够在这种情况下加速的代码，开发人员必须学习如何实际启动多个进程，这也是下一节将要讨论的主题。

3.4　运行多个进程

从技术上讲，使用 Python 可以简单地将线程的继承从 Thread 切换到 Process，示例代码如下：

```python
from multiprocessing import Process
from typing import Optional


class ExampleProcess(Process):

    def __init__(self, seconds: int, name: str) -> None:
        super().__init__()
        self.seconds: int = seconds
        self.name: str = name
        self._return: Optional[int] = None

    def run(self) -> None:
        # do something demanding of the CPU
        pass

    def join(self) -> int:
        Process.join(self)
        return self._return
```

但是，这里也有一些可讨论之处。参考图 3.3，我们可以看到进程有自己的内存。这就是事情变得复杂的地方。

例如，如果进程不直接返回任何内容，而是写入数据库或文件，则上面定义的进程没有任何问题。但另一方面，join 函数也不会直接返回任何内容，而只会返回 None。这是因为 Process 没有与主进程共享相同的内存空间。

必须记住，分离进程的成本更高，因此必须谨慎行事。

3.4.1　在 Python 中使用多进程池

由于内存越来越复杂，资源也越来越昂贵，因此控制内存并保持其简单是有意义的。这是内存池（pool）可以派上用场的地方。在池中可以有若干个工作进程同时处理输入，然后将它们打包为数组，如图 3.5 所示。

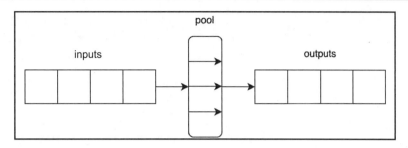

图 3.5　进程池

原　　文	译　　文	原　　文	译　　文
inputs	输入	outputs	输出
pool	进程池		

这种机制的优点是可以将昂贵的多进程（multiprocessing）上下文保留在程序的一小部分，还可以轻松控制愿意支持的工作进程的数量。对于 Python 来说，这意味着尽可能保持交互的轻量级。

如图 3.6 所示，我们将一个独立的函数封装在一个带有一组输入的元组中。这个元组由一个工作进程在内存池中处理，然后从池中返回结果。

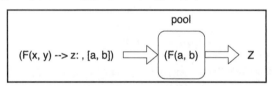

图 3.6　池数据流

原　　文	译　　文
pool	进程池

为了通过内存池演示多进程，可以利用斐波那契数列（Fibonacci sequence）。该数列中的下一个数字是数列中前一个数字与之前数字之和，列式如下：

$$F_n = F_{n-1} + F_{n-2}$$

要计算该数列中的数字，必须使用递归（recursion）。有一种封闭形式的斐波那契数列，但是这对讨论多进程没有帮助，因为封闭序列本质上不会随着 n 值的增加而在计算中扩展。要在 Python 中计算斐波那契数，可以编写一个独立的函数，示例如下：

```
def recur_fibo(n: int) -> int:
    if n <= 1:
        return n
```

```
  else:
      return (recur_fibo(n-1) + recur_fibo(n-2))
```

该函数将一直向后，直至到达树的底部的 1 或 0。该函数在缩放方面是很"恐怖"的。为了证明这一点，不妨来看看图 3.7 显示的递归树。

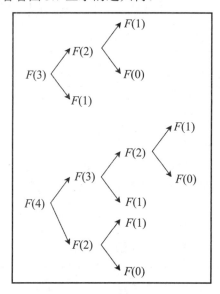

图 3.7　斐波那契递归树

可以看到这些并不是完美的树，如果上网搜索 big O notation of the Fibonacci sequence（斐波那契数列的大 O 表示法）关键字，就会看到很多争论，一些方程会将其比例因子等同于黄金比例。虽然这个问题很有趣，但它超出了本书的讨论范围，因为我们关注的是计算复杂度。因此，我们将简化该示例中的数学并将其视为完美对称的树。

本示例中的递归树以 2^n 的速率缩放，其中，n 是树的深度。参考图 3.7 可以看到，如果将树视为完美对称的，则 n 值为 3 时其深度也为 3，n 值为 4 时其深度也为 4。随着 n 的增加，计算量将呈指数增长，这就是我们说它"恐怖"的地方。

这里我们稍微绕开了计算复杂度的问题，但是，也不妨强调一下在进行多进程编程之前考虑到这一点的重要性。本书的意义不在于提供多进程代码片段，通过网络搜索也可以找寻到它们，我们真正希望的是能在这些概念上给予你一些指导，以帮助你进一步阅读和了解这些讨论的上下文背景。

需要指出的是，在斐波那契数列这个示例中，采用封闭的形式或缓存答案将大大减少计算时间。如果我们有一个有序的数字列表，获取该列表中的最大数字，然后创建一个直到该最大数字的完整序列，比为我们要计算的每个数字一次又一次地重复计算序列要快得多。完全避免递归是比采用多进程方式更好的选择。

为了实现和测试多进程池，首先需要对顺序计算一系列数字需要多长时间进行计时。示例代码如下：

```
import time

start = time.time()
recur_fibo(n=8)
recur_fibo(n=12)
recur_fibo(n=12)
recur_fibo(n=20)
recur_fibo(n=20)
recur_fibo(n=20)
recur_fibo(n=20)
recur_fibo(n=28)
recur_fibo(n=28)
recur_fibo(n=28)
recur_fibo(n=28)
recur_fibo(n=36)
finish = time.time()
print(f"{finish - start} has elapsed")
```

我们引入了一个很长的清单，这对于查看差异至关重要。如果只需要计算两个斐波那契数列，那么启动进程的成本可能会超过多进程的收益。

多进程池的实现示例如下：

```
if __name__ == '__main__':
    from multiprocessing import Pool

    start = time.time()
    with Pool(4) as p:
        print(p.starmap(recur_fibo, [(8,), (12,), (12,), \
            (20,), (20,), (20,), (20,), (28,), (28,), (28,), \
                (28,),(36,)]))
    finish = time.time()
    print(f"{finish - start} has elapsed")
```

请注意，我们已将此代码嵌套在 if __name__ == '__main__': 下，这是因为整个脚本将在启动另一个进程时再次运行，这会导致无限循环。但如果代码嵌套在 if __name__ == '__main__': 下，那么脚本就不会再次运行，因为只有一个主进程。

　　还必须注意的是，我们定义了一个由 4 个工作进程组成的池。你可以将它修改为认为合适的任何值，但是在增加工作进程时，收益会递减，下文将对此展开详细探讨。

　　列表中的元组是每次都要计算的参数。运行整个脚本会得到以下输出。

```
3.2531330585479736 has elapsed
[21, 144, 144, 6765, 6765, 6765, 6765, 317811,
317811, 317811, 317811, 14930352]
3.100019931793213 has elapsed
```

　　可以看到，该速度并不是顺序计算的四分之一，多进程池会稍微快一些。如果多次运行此操作，则在时间上会体现出更明显的差异。一般来说，多进程方法总是更快。

3.4.2　在 Rust 中使用多线程池

　　现在我们已经在 Python 中运行了一个多进程工具，接下来可以在 Rust 的不同上下文中实现斐波那契多线程计算。请按以下步骤操作。

　　（1）在新 Cargo 项目中，可以在 main.rs 文件中编写以下函数。

```
pub fn fibonacci_recursive(n: i32) -> u64 {
    if n < 0 {
        panic!("{} is negative!", n);
    }
    match n {
        0       =>  panic!(
        "zero is not a right argument to
        fibonacci_reccursive()!"),
        1 | 2   =>  1,
        _       =>  fibonacci_reccursive(n - 1) +
                    fibonacci_reccursive(n - 2)
    }
}
```

　　可以看到，Rust 函数并不比 Python 版本复杂。多出来的一些代码行只是为了解决意外输入的问题。

　　（2）要运行函数并计时，必须在 main.rs 顶部导入 time crate，代码如下所示。

```
use std::time;
```

　　（3）必须计算与 Python 实现中完全相同的斐波那契数，如下所示。

```
fn main() {
    let now = time::Instant::now();
```

```
    fibonacci_reccursive(8);
    fibonacci_reccursive(12);
    fibonacci_reccursive(12);
    fibonacci_reccursive(20);
    fibonacci_reccursive(20);
    fibonacci_reccursive(20);
    fibonacci_reccursive(20);
    fibonacci_reccursive(28);
    fibonacci_reccursive(28);
    fibonacci_reccursive(28);
    fibonacci_reccursive(28);
    fibonacci_reccursive(36);
    println!("time elapsed {:?}", now.elapsed());
}
```

（4）使用以下命令运行函数。

```
cargo run -release
```

之所以使用 release 版本，是因为这是我们将在生产环境中使用的版本。

（5）运行函数会得到以下输出结果。

```
time elapsed 40.754875ms
```

运行若干次之后，可以看到其平均时间为 40ms 左右。对比前面的 Python 多进程代码（运行大约需要 3.1s），简单计算可知，Rust 单线程实现的时间还不到 Python 多进程的 1.3%！Rust 单线程已经够快了，更何况它的代码并不复杂，还是内存安全的。

因此，将 Rust 与 Python 融合无疑是一个明智的选择。这虽然意味着更严格的类型规则与编译器，迫使开发人员考虑每一个输入和结果，但也使开发人员可以使用更安全、更快捷的代码来加速 Python 系统的运行。

总有一些人是喜欢追求极致的完美主义者，既然 Rust 单线程都已经这么快了，那么多线程呢？接下来就让我们探讨一下这个问题。请按以下步骤操作。

（1）我们需要使用 rayon crate，可以在 Cargo.toml 文件中定义该依赖项。

```
[dependencies]
rayon="1.5.0"
```

（2）完成后，将其导入 main.rs 文件中，如下所示。

```
use rayon::prelude::*;
```

（3）运行以下代码，在顺序计算下方的 main 函数中运行多线程池。

```
rayon::ThreadPoolBuilder::new().num_threads(4) \
```

```
    .build_global().unwrap();

let now = time::Instant::now();
let numbers: Vec<i32> = vec![8, 12, 12, 20, 20, 20, \
    20, 28, 28, 28, 28, 36];
let outcomes: Vec<u64> = numbers.into_par_iter() \
    .map(|n| fibonacci_reccursive(n)).collect();
println!("{:?}", outcomes);
println!("time elapsed {:?}", now.elapsed());
```

（4）可以看到，上述代码首先定义了池构建器拥有的线程数（4 个），然后在向量上执行 into_par_iter 函数。这是通过在向量上实现 IntoParallelIterator trait 来实现的，在导入 rayon crate 时完成。如果没有导入 rayon crate，则编译器会出错，指出向量没有与之关联的 into_par_iter 函数。

（5）将斐波那契函数映射到向量中的整数上，这利用了闭包并收集了数字。计算出的斐波那契数与 outcomes 变量相关联。

（6）步骤（3）中的代码最后打印了数字和运行的时间。现在可以使用以下命令运行它。

```
cargo run -release
```

其输出结果如下：

```
time elapsed 38.993791ms
[21, 144, 144, 6765, 6765, 6765, 6765, 317811,
317811, 317811, 317811, 14930352]
time elapsed 31.493291ms
```

运行若干次之后，可以看到其时间和上面的输出结果大致相当，即在 31.5ms 左右。简单计算可知，多线程可以使 Rust 的速度提高约 20%。考虑到 Python 多进程只提升了 5%，可以推断，当应用正确的上下文时，Rust 在多线程处理方面也将更有效率。

我们还可以走得更远一点，这样才能真正看到这些池的优势。如前文所述，我们的序列是呈指数级增长的，因此，在上述 Rust 程序中，可以将 n 为 46 的 3 个计算分别添加到顺序计算和池计算中，其输出如下：

```
time elapsed 12.5856675s
[21, 144, 144, 6765, 6765, 6765, 6765, 317811, 317811,
317811, 317811, 14930352, 1836311903, 1836311903, 1836311903]
time elapsed 4.0485755s
```

可以看到，顺序计算（单线程）的运行时间从约 40ms 变成了 12s 多。指数级缩放的算法确实很厉害，n 值只是增加了 10（从 36 到 46），运行时间就大大缩短。相应地，节约的时间也增加了。多线程池计算现在快了约 3.1 倍，而之前的测试仅为 1.2 倍。

（7）如果为前面的 Python 实现添加 3 个额外的 n 为 46 的计算，则会得到以下输出结果。

```
1105.5351197719574 has elapsed
[21, 144, 144, 6765, 6765, 6765, 6765, 317811, 317811,
317811, 317811, 14930352, 1836311903, 1836311903, 1836311903]
387.0687129497528 has elapsed
```

可以看到，Python 多进程池比 Python 顺序处理快 2.85 倍。还可以看到，Rust 顺序处理比 Python 顺序处理快大约 95 倍，Rust 多线程池的处理比 Python 多进程池处理快大约 96 倍。随着需要处理的点数的增加，该差异还会拉大。这凸显了将 Rust 融入 Python 的更大优势，也让开发人员有更大的动力实现这种融合。

3.4.3　在 Rust 中使用多进程池

必须指出的是，上述示例是通过多线程（multithreading）而不是多进程（multiprocessing）来提高 Rust 程序的速度的。Rust 中的多进程实现不像 Python 中那么简单，这主要是因为 Rust 是一种较新的语言。例如，有一个名为 mitosis 的 crate，它使我们能够在单独的进程中运行函数；但是，该 crate 只有 4 个贡献者，而在编写本书时，其最后一个贡献还是在 13 个月前，这意味着该 crate 基本上已经无人维护了。考虑到这一点，我们只能在没有任何第三方 crate 的情况下使用 Rust 编写多进程实现。

要实现这一目的，我们需要编写一个斐波那契计算程序和一个多进程程序，它们将在不同的进程中调用，如图 3.8 所示。

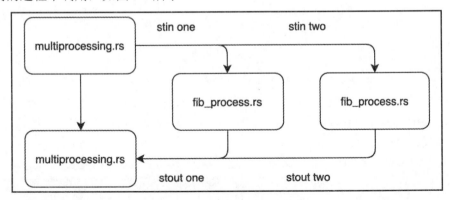

图 3.8　Rust 中的多进程

原　文	译　文	原　文	译　文
stin	标准输入	stout	标准输出

从图 3.8 可以看出，我们将数据传递到这些进程中，并在 multiprocessing.rs 文件中解析处理它们的输出。为了以最简单的方式执行此操作，可以将两个文件放在同一目录中。

首先来构建 fib_process.rs 文件。导入将要用到的模块，代码如下所示。

```
use std::env;
use std::vec::Vec;
```

我们希望进程接受一个整数列表来计算，所以可以定义 fibonacci_number 和 fibonacci_numbers 函数，具体如下所示。

```
pub fn fibonacci_number(n: i32) -> u64 {
    if n < 0 {
        panic!("{} is negative!", n);
    }
    match n {
        0       =>  panic!("zero is not a right argument \
                        to fibonacci_number!"),
        1 | 2   =>  1,
        _       =>  fibonacci_number(n - 1) +
                    fibonacci_number(n - 2)
    }
}

pub fn fibonacci_numbers(numbers: Vec<i32>) -> Vec<u64> {
    let mut vec: Vec<u64> = Vec::new();

    for n in numbers.iter() {
        vec.push(fibonacci_number(*n));
    }
    return vec
}
```

我们之前已经看到过这些函数了，因为它们已成为本书中计算斐波那契数的标准方法。现在必须从参数中获取整数列表，将它们解析为整数，然后将它们传递给计算函数，并返回结果，具体如下所示。

```
fn main() {
    let mut inputs: Vec<i32> = Vec::new();
    let args: Vec<String> = env::args().collect();
    for i in args {
```

```
    match i.parse::<i32>() {
        Ok(result) => inputs.push(result),
        Err(_) => (),
    }
}
let results = fibonacci_numbers(inputs);
for i in results {
    println!("{}", i);
}
}
```

在上述代码中可以看到，我们将从环境中收集输入。一旦输入整数被解析为 i32 整数并用于计算斐波那契数，则只需将它们打印出来。打印到控制台通常充当标准输出（stdout）。进程文件是完全编码的，因此可以使用以下命令对其进行编译。

rustc fib_process.rs

这将为该文件创建二进制文件。

在 fib_process.rs 文件构建完成之后，接下来可以编写 multiprocessing.rs 文件，该文件将产生多个进程。同样，先导入需要的模块。

```
use std::process::{Command, Stdio, Child};
use std::io::{BufReader, BufRead};
```

Command 结构体将用于生成一个新进程，Stdio 结构体将用于定义从该进程返回的数据管道，在生成该进程时将返回 Child 结构体。我们将使用它们来访问输出数据并让进程等待完成。BufReader 结构体用于从子进程读取数据。

现在我们已经导入了需要的所有模块，可以定义一个函数，让它接受一个整数的数组作为字符串并从进程中分离出来，返回 Child 结构，如下所示。

```
fn spawn_process(inputs: &[&str]) -> Child {
    return Command::new("./fib_process").args(inputs)
    .stdout(Stdio::piped())
    .spawn().expect("failed to execute process")
}
```

在上述代码中可以看到，我们只需要调用二进制文件并在 args 函数中传入字符串数组，然后定义标准输出（stdout）并生成进程，返回 Child 结构体。

完成之后，可以在 main 函数中启动 3 个进程并等待它们完成。

```
fn main() {
    let mut one = spawn_process(&["5", "6", "7", "8"]);
```

```
    let mut two = spawn_process(&["9", "10", "11", "12"]);
    let mut three = spawn_process(&["13", "14", "15", \
        "16"]);

    one.wait();
    two.wait();
    three.wait();
}
```

现在可以通过运行以下代码，开始从 main 函数的进程中提取数据。

```
let one_stdout = one.stdout.as_mut().expect(
    "unable to open stdout of child");
let two_stdout = two.stdout.as_mut().expect(
    "unable to open stdout of child");
let three_stdout = three.stdout.as_mut().expect(
    "unable to open stdout of child");

let one_data = BufReader::new(one_stdout);
let two_data = BufReader::new(two_stdout);
let three_data = BufReader::new(three_stdout);
```

在上述代码中可以看到，我们已经使用 stdout 字段访问了数据，然后使用 BufReader 结构体对其进行了处理，再遍历已经提取的数据，将其追加到一个空向量。

运行以下代码以输出结果。

```
let mut results = Vec::new();
for i in three_data.lines() {
    results.push(i.unwrap().parse::<i32>().unwrap());
}
for i in one_data.lines() {
    results.push(i.unwrap().parse::<i32>().unwrap());
}
for i in two_data.lines() {
    results.push(i.unwrap().parse::<i32>().unwrap());
}
println!("{:?}", results);
```

这段代码有点重复，但它说明了如何在 Rust 中生成和管理多个进程。

使用以下命令编译该文件。

```
rustc fib_multiprocessing.rs
```

再使用以下命令运行多进程代码。

```
./multiprocessing
```

其输出结果如下:

```
[233, 377, 610, 987, 5, 8, 13, 21, 34, 55, 89, 144] we have
it, our multiprocessing code in Rust works.
```

现在我们已经掌握了运行进程和线程以加速计算的相关知识。但是，需要注意的是，我们应该研究如何安全地自定义线程和进程以避免掉入陷阱。

3.5　安全地自定义线程和进程

本节将介绍一些在使用线程和进程时必须注意的陷阱。我们不会深入介绍这些概念，因为高级多进程和并发是一个很大的主题，并且有专门的书籍介绍。但是，如果想要增加对多进程/线程的了解，则了解需要注意什么以及阅读哪些主题非常重要。

回顾一下前面的斐波那契数列示例，在线程中分离出额外的线程以加速线程池中的单个计算可能很诱人。但是，要真正了解这是否为一个好主意，还需要了解阿姆达尔定律。

3.5.1　阿姆达尔定律

阿姆达尔定律（Amdahl's law）描述的是添加更多线程时的权衡。如果在线程内部分离出线程，使得线程出现指数级增长，你可能会认为这是一个好主意（一般人都是这样想的），但是，阿姆达尔定律指出，当增加核心时，其收益会递减。阿姆达尔定律的公式如下:

$$\text{Speed}_{\text{latency}}(s) = \frac{1}{(1-p) + \dfrac{p}{s}}$$

其中: Speed——整个任务执行的理论加速。

　　　s——从改进的系统资源中受益的部分任务的加速。

　　　p——受益于改进资源的部分最初占用的执行时间的比例（proportion）。

一般来说，增加核心确实会产生影响。但是，可以在图 3.9 中看到收益的递减。

考虑到这一点，有些开发人员可能想研究使用代理（broker）来管理多进程。但是，这可能会导致代理被阻塞，从而产生死锁。为了理解这种情况的严重性，接下来让我们详细讨论一下死锁。

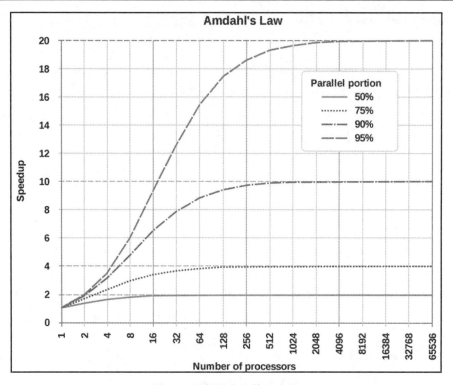

图 3.9　阿姆达尔定律示意图

原　　文	译　　文	原　　文	译　　文
Amdahl's Law	阿姆达尔定律	Parallel portion	并行比
Speedup	加速	Number of processors	处理器数量

3.5.2　死锁

当涉及更大型的应用程序时，如果通过任务代理管理多进程，就有可能会出现死锁（deadlock）。这通常是通过数据库或缓存机制（如 Redis）进行管理的。这包括一个添加任务的队列，如图 3.10 所示。

在图 3.10 中可以看到，我们可以将新任务添加到队列中。随着时间的推移，最早的任务会从队列中取出并传递到池中。在整个应用程序中，我们的代码可以将函数和参数发送到位于应用程序任何位置的队列。

在 Python 中，执行此操作的库称为 Celery。Rust 也有一个相应的 Celery crate。这种方法也可用于多个服务器设置。从这方面考虑，我们可能会想将任务发送到另一个任务的队列。但是，这种方法会导致队列被锁定，如图 3.11 所示。

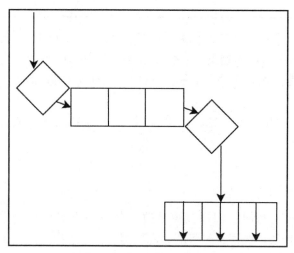

图 3.10　使用代理或队列进行多进程时的任务流

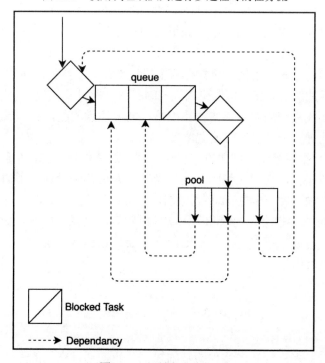

图 3.11　死锁与任务代理

原　　文	译　　文	原　　文	译　　文
queue	队列	Blocked Task	被阻塞的任务
pool	池	Dependancy	依存关系

在图 3.11 中可以看到，池中的任务已经将任务发送到队列中。但是，在执行其依赖任务之前，它们无法完成。问题是，它们永远不会执行，因为池中充满了等待依赖任务完成的任务，并且池已满，所以无法处理它们。这个问题致命的地方是它没有引发错误——池只会挂起。

死锁并不是唯一会出现的问题。让我们来讨论一下在发挥创造力之前应该注意的最后一个概念：竞争条件。

3.5.3　竞争条件

当两个或多个线程访问它们都试图更改的共享数据时，就会出现竞争条件（race condition）。如前文所述，线程有时可能会乱序运行。可以用一个简单的例子来证明这一点：如果让线程 1 计算价格并写入文件，线程 2 也计算价格，读取从线程 1 文件计算的价格，并将它们相加在一起，则在线程 2 读取文件之前，价格可能不会写入文件。更糟糕的是，文件中可能存在以前的价格。如果出现这种情况，我们将永远不会知道发生了错误。

由此可见，术语"竞争条件"建立在两个线程都在竞争数据的事实之上。

作为竞争条件的解决方案，可以引入锁（lock）。锁可用于阻止其他线程访问某些内容，如文件，直到线程使用它完成工作。但是，需要注意的是，这些锁只在进程内部起作用，因此，其他进程仍可以访问该文件。

Redis 和通用数据库等缓存解决方案已经实现了这些保护措施，并且锁并不能防范本小节中描述的竞争条件。根据我们的经验，当开发人员开始对锁之类的线程概念动脑筋时，通常意味着必须退后一步重新思考其设计。

SQLite 数据库文件也会在读取和写入文件时管理数据竞争问题，如果本小节开头描述的数据竞争条件看起来可能会发生，则最好不要让它们同时运行。在这种情况下，顺序编程更安全、更有用。

3.6　小　　结

本章阐释了有关多进程和多线程的基础知识。我们通过实用的方法利用了线程和进程。本章以斐波那契数列的计算为例，探索了如何通过线程和进程加快计算速度。

通过斐波那契数列示例可以看到，解决指数级扩展算法的计算问题是推动开发人员采用多线程和多进程编程的最大动力。因此，在进行多进程编程以提高速度之前，应尽量避免使用指数级扩展的算法。

必须注意的是，虽然可以尝试使用更复杂的多进程方法，但这也可能会导致死锁和数据竞争等问题。要让多进程保持简单有效，可以让它始终包含在进程池中。如果能牢记这些原则并将所有的多进程都包含在一个池中，则可以将出现难以诊断的问题的概率降到最低。

当然，这并不意味着开发人员永远不应该在多进程编程方面发挥创造力，只不过我们的建议是开发人员需要更多地熟悉该领域，毕竟本章只是进行了初步介绍，使开发人员能够在需要时在 Python 包中使用并发。

在下一章中，我们将构建自己的 Python 包，以便可以将 Python 代码分布在多个项目中并重用代码。

3.7 问　　题

（1）进程和线程有什么区别？

（2）为什么多线程不能加速 Python 斐波那契数列的计算？

（3）为什么要使用多进程池？

（4）Rust 中的线程返回 Result<i8, Box<dyn Any + Send>>，这是什么意思？

（5）为什么要尽量避免使用递归树？

（6）当需要更快运行时，是否应该启动更多进程？

（7）为什么要尽量避免复杂的多进程/多线程？

（8）在多线程中，join 的作用是什么？

（9）为什么 join 在进程中不返回任何东西？

3.8 答　　案

（1）进程和线程的区别如下：

❑　线程是轻量级的，支持多线程，多线程可以运行多个可能有空闲时间的任务；进程的成本更高，但它使用户能够同时运行多个 CPU 密集型任务。

❑　进程不共享内存；线程共享内存。

（2）多线程不会加速斐波那契数列的计算，因为计算斐波那契数是一项 CPU 密集型任务，没有任何空闲时间，所以线程将在 Python 中按顺序运行。当然，我们也证明了 Rust 确实可以同时运行多个线程，从而显著提高了速度。

（3）简而言之，使用多进程池有以下好处。

❑　多进程成本高昂且进程不共享内存，这使得其实现可能更加复杂。进程池可以将程序的多进程部分保持最小。

❑　多进程池使开发人员能够轻松控制所需的工作进程的数量，因为它们都在一个地方。

❑　开发人员可以按照从多进程池返回的相同顺序返回所有结果。

（4）Rust 线程可能会失败。如果没有失败，那么它将返回一个整数。如果失败，则它可以返回任何大小的任何东西，这就是它在堆上的原因。它还具有 Send trait，这意味着它可以跨线程发送。

（5）递归树呈指数级增长，即使采用多线程编程，计算时间也会迅速增加，一旦跨越某个边界，运行时间就会由毫秒变成数秒。

（6）不应该启动更多进程。正如阿姆达尔定律所证明的，增加工作进程可能会获得一些加速，但随着工作进程数量的增加，收益将递减。

（7）复杂的多进程/多线程可能会引入一系列难以诊断和解决的静默错误，如死锁和数据竞争。

（8）join 将阻塞程序，直到线程完成。如果覆盖 Python 的 join 函数，那么它也可以返回线程的结果。

（9）进程不共享相同的内存空间，因此它们不能被访问。当然，也可以通过将数据保存到文件中来访问其他进程的数据，以便主进程通过标准输入（stdin）和标准输出（stdout）访问或传输数据，就像我们在 Rust 多进程示例中所做的那样。

3.9　延 伸 阅 读

❑　Pan Wu (2020). Understanding Python Multithreading and Multiprocessing via Simulation:

　　https://towardsdatascience.com/understanding-python-multithreading-and-multiprocessing-via-simulation-3f600dbbfe31

❑ Brian Troutwine (2018). Hands-On Concurrency with Rust

❑ Gabriele Lanaro and Quan Nguyen (2019). Learning Path Advanced Python Programming: Chapter 8 (Advanced Introduction to Concurrent and Parallel Programming)

❑ Andrew Johnson (2018). Hands-On Functional Programming in Rust: Chapter 8 (Implementing Concurrency)

❑ Rahul Sharma and Vesa Kaihlavirta (2018). Mastering Rust: Chapter 8 (Concurrency)

第 2 篇

融合 Rust 和 Python

现在你已经熟悉了 Rust，可以开始使用它了。在使用 Rust 之前，还需要了解如何构建可以使用 pip 安装的 Python 包。完成之后，即可在 Rust 中构建 Python pip 模块。

开发人员可以将编译好的 Rust 代码导入 Python 代码中并运行，这样就可以在 Python 应用程序中利用 Rust 的所有优点。

此外，本篇还将进一步研究如何在 Rust 代码中处理 Python 对象和使用 Python 模块。

本篇包括以下章节：

第 4 章　在 Python 中构建 pip 模块

第 5 章　为 pip 模块创建 Rust 接口

第 6 章　在 Rust 中使用 Python 对象

第 7 章　在 Rust 中使用 Python 模块

第 8 章　在 Rust 中构建端到端 Python 模块

第 4 章　在 Python 中构建 pip 模块

通过编写代码来解决问题，这一方式很有用。但是，编写代码也可能会变得重复且耗时，尤其是在构建应用程序时。应用程序通常需要定义构建应用程序的步骤。打包代码可以帮助我们重用代码并与其他开发人员共享。

本章会将斐波那契代码打包成一个 Python pip 模块，该模块可以轻松安装并具有一个命令行工具。我们还将介绍在 main 分支实现合并后部署包的持续集成过程。

本章包含以下主题：

❑　为 Python pip 模块配置设置工具。

❑　在 pip 模块中打包 Python 代码。

❑　配置持续集成。

4.1　技　术　要　求

我们需要安装 Python 3。为了充分利用本章内容，还需要一个 GitHub 账户，因为本章将使用 GitHub 来打包代码，可以通过以下链接访问该代码。

https://github.com/maxwellflitton/flitton-fib-py

本章还需要一些 Git 命令行工具。这些工具可以按照以下页面的说明进行安装。

https://git-scm.com/book/en/v2/Getting-Started-Installing-Git

本章将使用 PyPI 账户。你需要拥有自己的 PyPI 账户，可以通过以下链接免费获取。

https://pypi.org/

本章的代码可以通过以下链接找到。

https://github.com/PacktPublishing/Speed-up-your-Python-with-Rust/tree/main/chapter_four

4.2 为 Python pip 模块配置设置工具

Python 中的设置工具用于模块中代码的打包和安装。它们可以为安装要处理的代码的系统提供一组命令和参数。为了探索如何做到这一点，我们将打包在第 3 章"理解并发性"中介绍的斐波那契数列示例。这些计算将被打包在一个 pip 模块中。

要配置设置工具，可执行以下步骤。

（1）为 Python pip 包创建一个 GitHub 存储库。

（2）定义基本参数。

（3）定义一个 README 自述文件。

（4）定义一个基本的模块结构。

接下来，让我们具体看看这些步骤。

4.2.1 创建 GitHub 存储库

经验丰富的开发人员应该可以自行创建 GitHub 存储库，但为了完整起见，本章还是将提供所有步骤说明。如果你可以自行创建或已经创建 GitHub 存储库，则请转到 4.2.2 节"定义基本参数"。

（1）登录 GitHub 的主页（GitHub.com），然后单击左侧的 New（新建）按钮来创建存储库，如图 4.1 所示。

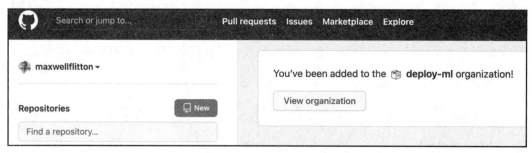

图 4.1　在 GitHub 上创建新存储库

（2）单击 New（新建）按钮后，即可使用图 4.2 所示的参数配置新存储库。

对于本示例，可以将 GitHub 存储库设置为 Public（公开）；当然，本章 pip 的打包方式也适用于 Private（私有）存储库。

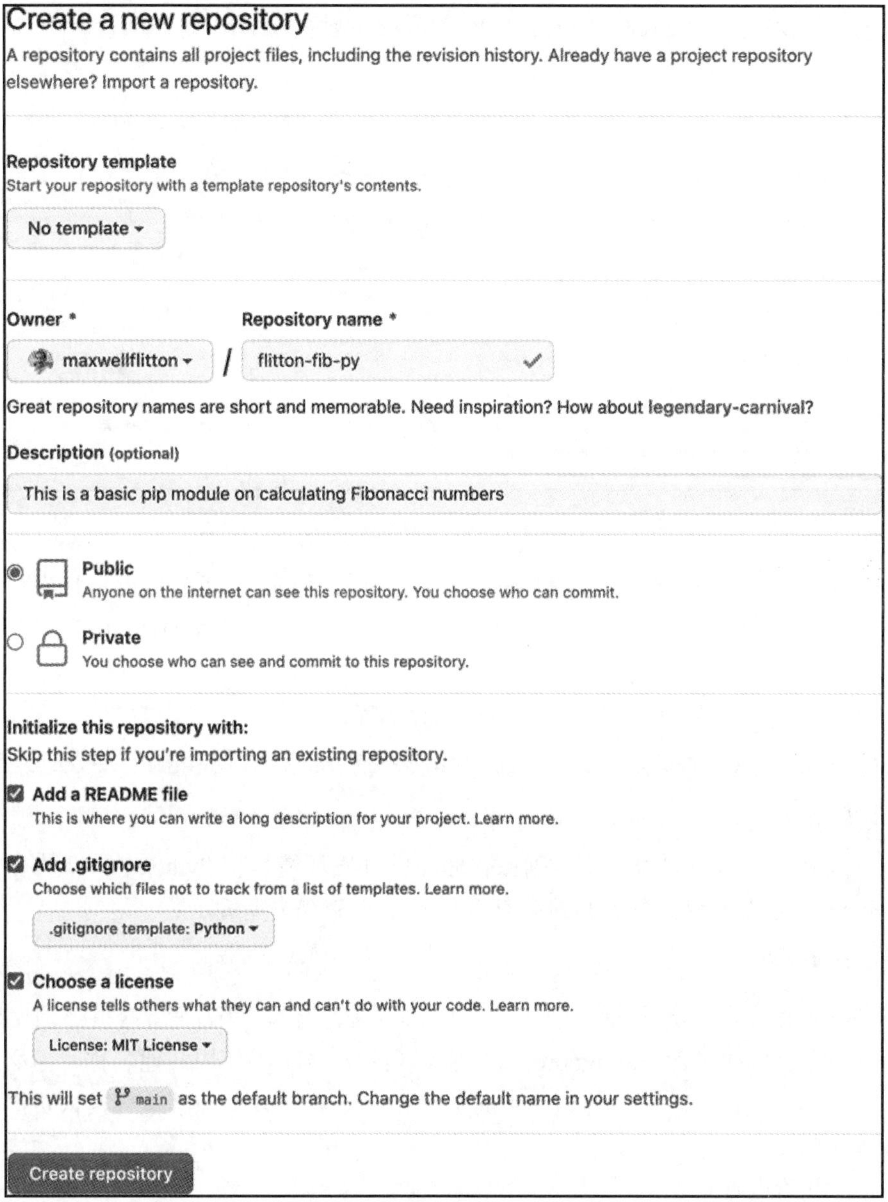

Create a new repository

A repository contains all project files, including the revision history. Already have a project repository elsewhere? Import a repository.

Repository template
Start your repository with a template repository's contents.

No template ▾

Owner *　　　　　　　**Repository name ***

🧑 maxwellflitton ▾　/　flitton-fib-py　　　　　　✓

Great repository names are short and memorable. Need inspiration? How about legendary-carnival?

Description (optional)

This is a basic pip module on calculating Fibonacci numbers

◉ 📖 **Public**
　　Anyone on the internet can see this repository. You choose who can commit.

○ 🔒 **Private**
　　You choose who can see and commit to this repository.

Initialize this repository with:
Skip this step if you're importing an existing repository.

☑ **Add a README file**
　　This is where you can write a long description for your project. Learn more.

☑ **Add .gitignore**
　　Choose which files not to track from a list of templates. Learn more.

　　.gitignore template: Python ▾

☑ **Choose a license**
　　A license tells others what they can and can't do with your code. Learn more.

　　License: MIT License ▾

This will set 🎋 main as the default branch. Change the default name in your settings.

Create repository

图 4.2　新 GitHub 存储库的参数

我们还包含了一个 .gitignore 文件并将其选择为 Python。这是为了停止 Python 缓存，并在我们将代码上传到存储库时让 GitHub 跟踪和上传虚拟环境文件。

完成参数设置后，进入 GitHub 存储库主页，如图 4.3 所示。

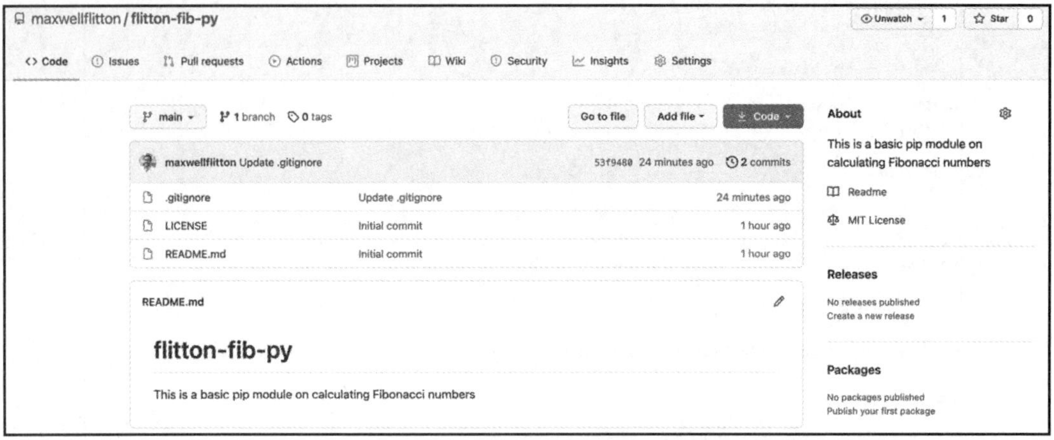

图 4.3　GitHub 存储库主页

可以看到有关描述写在 README.md 文件中。还必须注意 README.md 文件已显示。这发生在存储库的任何目录中。如果需要，可以使用一系列 README.md 文件记录在整个存储库中要做什么以及如何使用代码。

（3）完成后，可以使用以下命令下载该存储库。

```
git clone https://github.com/maxwellflitton/flitton-fib-py.git
```

注意，其中的 URL 会有所不同，因为每个人的存储库不同。

（4）现在唯一剩下要做的就是确保存储库的开发环境具有 Python 虚拟环境，这可以通过导航到 GitHub 存储库的根目录，然后运行以下命令来完成。

```
python3 -m venv venv
```

这将在根目录的 venv 目录下创建一个 Python 虚拟环境。请注意，这里必须使用 venv 目录，因为它会自动包含在.gitignore 文件中。当然，也可以使用其他名称，但必须将它包含在.gitignore 文件中。一般约定使用的是 venv，这样可以避免其他开发人员产生不必要的误会。

至此，环境设置完成。

（5）要在终端中使用虚拟环境，可使用以下命令激活它。

```
source venv/bin/activate
```

现在可以看到命令以(venv)为前缀，表示它处于活动状态。

4.2.2 定义基本参数

现在我们的环境功能齐全，可以在安装 Python pip 模块时定义基本参数。

（1）在存储库的根目录中创建一个 setup.py 文件。该文件将在另一个 Python 系统安装我们的 pip 模块时运行。在 setup.py 文件中，可以使用以下代码导入设置工具。

```
from setuptools import find_packages, setup
```

上述代码中的 setup 将用来定义参数，而 find_packages 则可用于排除测试。

（2）导入设置工具后，可使用以下代码在同一个文件中定义参数。

```
setup(
    name="flitton_fib_py",
    version="0.0.1",
    author="Maxwell Flitton",
    author_email="maxwell@gmail.com",
    description="Calculates a Fibonacci number",
    long_description="A basic library that \
        calculates Fibonacci numbers",
    long_description_content_type="text/markdown",
    url="https://github.com/maxwellflitton/flitton- \
        fib-py",
    install_requires=[],
    packages=find_packages(exclude=("tests",)),
    classifiers=[
        "Development Status :: 4 - Beta",
        "Programming Language :: Python :: 3",
        "Operating System :: OS Independent",
    ],
    python_requires='>=3',
    tests_require=['pytest'],
)
```

可以看到这里有很多参数。从 name 字段到 url 所做的基本上是围绕我们的 pip 模块定义元数据。classifiers 字段也是围绕模块的元数据。其余字段具有以下作用。

❑ install_requires 字段：表示当前是一个空列表。这是因为我们的模块现在不需要任何第三方模块。在 4.4.2 节"管理依赖项"中将详细介绍依赖项。

❑ packages 字段：确保在开始为我们的模块构建测试时排除 test 目录。虽然我们将使用测试来检查模块并确保标准，但当我们将模块用作第三方依赖项时，则不

　　需要安装它们。

❑　python_requires 字段：确保安装我们模块的系统安装了正确版本的 Python。

❑　tests_require 字段：测试运行时的需求列表。

　　（3）现在我们已经定义了基本设置，可使用以下命令上传代码。

```
git add -A
git commit -m "adding setup to module"
git push origin main
```

　　上述命令所执行的操作是将所有新的和更改的文件添加到 Git 分支（也就是 main 分支）。然后，通过 adding setup to module（将设置添加到模块）消息来提交我们的文件。代码将被推送到 main 分支，这意味着将我们的更改上传到在线 Git 存储库。

　　需要指出的是，这并不是管理代码迭代的最佳方式。在 4.4 节"配置持续集成"中将详细介绍不同的分支以及如何管理它们。

　　你可能已经注意到，long_description 是一个 Markdown；但是，尝试将整个 Markdown 放入此字段最终会主导 setup.py 文件。它本质上是一个跨越多行的长字符串，其中散布着若干 Python 代码行。我们希望 setup.py 文件指示在安装模块时设置模块的逻辑，还希望当我们直接在线访问 GitHub 存储库时，由 GitHub 显示我们对模块的详细描述（long_description），因此，接下来不妨看看如何围绕长描述添加一些额外的逻辑。

4.2.3　定义自述文件

　　长描述本质上是 README.md 文件。如果将它与 setup.py 融合，则 README.md 文件也将在我们在 PyPI 上访问它并上传到 PyPI 服务器时显示。这可以通过将 README.md 文件读入 setup.py 文件的字符串，然后使用 setup.py 文件中的以下代码将该字符串插入 long_description 字段来完成。

```
with open("README.md", "r") as fh:
    long_description = fh.read()

setup(
    name="flitton_fib_py",
    version="0.0.1",
    author="Maxwell Flitton",
    author_email="maxwell@gmail.com",
    description="Calculates a Fibonacci number",
    long_description=long_description,
    ...
```

上述代码有删减，省略的其余代码与之前相同。

至此，我们的基本模块设置就完成了。接下来，我们需要做的是定义一个基本模块来安装和使用。

4.2.4　定义基本模块

定义基本模块可采用以下结构。

```
├──── LICENSE
├──── README.md
├──── flitton_fib_py
│     └──── __init__.py
├──── setup.py
└──── venv
```

我们将用户拥有的实际代码存放在 flitton_fib_py 目录中。目前只需要一个用于打印的基本函数，就可以查看我们的 pip 包是否有效。

请按以下步骤操作。

（1）在 flitton_fib_py/__init__.py 文件中添加一个基本的 print 函数，其代码如下：

```
def say_hello() -> None:
    print("the Flitton Fibonacci module is saying hello")
```

完成后，可以使用 4.3 节"在 pip 模块中打包 Python 代码"中介绍的 git 命令将代码上传到 GitHub 存储库。

现在应该可以在 main 分支中看到模块的所有代码。考虑到这一点，我们需要导航到另一个与我们的 git 存储库无关的目录。

（2）输入以下命令取消链接接我们的虚拟环境。

```
deactivate
```

然后，使用 4.2.1 节"创建 GitHub 存储库"中介绍的步骤创建一个新的虚拟环境并激活它。

现在，我们可以使用 pip install 命令在新的虚拟环境中安装我们的包并检查它是否有效。

（3）要使用 pip install，可以指向存储 pip 模块的 GitHub 存储库的 URL，并定义它是哪个分支。可通过在一行中输入以下命令来做到这一点。

```
pip install git+https://github.com/maxwellflitton/flitton-fib-py@main
```

请注意，你的 GitHub 存储库将具有不同的 URL，并且可能具有不同的目录。运行此命令将会出现一系列的输出结果，说明它正在克隆存储库并安装它。

（4）输入以下命令打开一个 Python 终端。

```
python
```

（5）现在我们有一个交互式终端。可以通过输入以下命令来检查模块是否工作。

```
>>> from flitton_fib_py import say_hello
>>> say_hello()
```

输入最后一条命令后，可在终端中获得以下输出结果。

```
the Flitton Fibonacci module is saying hello
```

出现该结果意味着我们的 Python 包可以正常工作了。上述方法同时适用于私有和公共 GitHub 存储库，因此，我们现在可以打包私有 Python 代码以在其他私有 Python 项目中重用它。

ⓘ 注意：

虽然这是一个有用的工具，可以通过最少的设置在其他计算机上打包和安装代码，但我们仍必须谨慎行事。因为运行 setup.py 文件时，我们是以 root 用户身份运行代码的。因此，必须确保信任我们正在安装的内容。将恶意代码放入 setup.py 文件也是一种常见的攻击手段。

可以使用标准 Python 库中的 SubProcess 对象在计算机上运行直接命令。确保你信任使用 pip install 安装的代码的作者。

这也凸显了在仅运行 pip install 时必须保持警惕。有些开发人员会对包名称稍做修改从而达到鱼目混珠的目的。例如，一个著名的案例是 requests 包。这是一个常见的、很好用的包，但是一段时间以来，出现了一个名为 request 的仿包。人们往往因为输入了错误的 pip install 命令（request 和 requests 只差了一个 s）而下载了错误的包。这种攻击手段被称为误植域名（typosquatting）或 URL 劫持。

现在我们已经将 Python 代码打包成一个模块。但是，它还不是一个非常有用的模块。因此，接下来我们需要在其中打包斐波那契数列的计算代码。

4.3　在 pip 模块中打包 Python 代码

现在我们已经配置了 GitHub 存储库，可以开始为模块构建斐波那契数列的计算代码了。为此必须执行以下步骤。

（1）构建斐波那契计算代码。

（2）创建命令行接口。

（3）通过单元测试对斐波那契计算代码进行测试。

现在让我们来详细讨论一下这些步骤。

4.3.1　构建斐波那契计算代码

构建斐波那契计算代码时，需要两个函数。其中一个函数将计算斐波那契数，而另一个函数则将采用数字列表并依靠计算函数返回计算出的斐波那契数列表。

对于该模块，可以采用函数式编程方法，但是这并不意味着每次构建 pip 模块时都应该采用函数式编程方法。本示例之所以使用函数式编程方法，是因为斐波那契数列计算自然而然地适合函数式编程风格。

Python 是一种面向对象的语言，像斐波那契数列计算这样具有多个相互关联的移动部分的问题适合使用面向对象的方法。我们的模块结构将采用以下形式。

```
├── LICENSE
├── README.md
├── flitton_fib_py
│   ├── __init__.py
│   └── fib_calcs
│       ├── __init__.py
│       ├── fib_number.py
│       └── fib_numbers.py
├── setup.py
```

本示例将维护一个简单的接口，以便我们可以专注于 pip 模块中代码的打包。请按以下步骤操作。

（1）在 **fib_number.py** 文件中构建斐波那契数计算器，示例代码如下：

```python
from typing import Optional

def recurring_fibonacci_number(number: int) -> \
Optional[int]:
    if number < 0:
        return None
    elif number <= 1:
        return number
    else:
```

```
    return  recurring_fibonacci_number(number - 1) + \
            recurring_fibonacci_number(number - 2)
```

在上述代码中，必须注意的是，当输入数字小于零时将返回 None。从技术上讲，这种情况应该抛出一个错误，但上述代码未做处理，这是为了在 4.4 节"配置持续集成"中留作证明检查工具的有效性。从第 3 章"理解并发性"中我们已经知道，上述代码会根据输入的数字正确计算出斐波那契数。

（2）有了这个函数之后，即可依赖它来创建一个函数，以在 fib_numbers.py 文件中创建一个斐波那契数列，其代码如下：

```
from typing import List
from .fib_number import recurring_fibonacci_number

def calculate_numbers(numbers: List[int]) -> List[int]:
    return [recurring_fibonacci_number(number=i) \
        for i in numbers]
```

现在可以再次测试我们的 pip 模块了。此时必须再次将代码推送到存储库的 main 分支，在另一个虚拟环境中卸载我们的 pip 包，然后使用 pip install 再次安装。

（3）在新安装了包的 Python 终端中，可以使用以下控制台命令测试 recurring_fibonacci_number 函数。

```
>>> from flitton_fib_py.fib_calcs.fib_number
    import recurring_fibonacci_number
>>> recurring_fibonacci_number(5)
5
>>> recurring_fibonacci_number(8)
21
```

可以看到，我们的斐波那契函数可以被导入，并且它可以计算正确的斐波那契数。

（4）使用以下命令测试 calculate_numbers 函数。

```
>>> from flitton_fib_py.fib_calcs.fib_numbers
    import calculate_numbers
>>> calculate_numbers([1, 2, 3, 4, 5, 6, 7])
[1, 1, 2, 3, 5, 8, 13]
```

可以看到，calculate_numbers 函数也可以正常工作。这意味着我们已经有了一个功能齐全的斐波那契 pip 模块。但是，如果我们只想计算斐波那契数而不编写 Python 脚本，则不必进入 Python 终端。这个问题可以通过创建命令行接口来解决。

4.3.2　创建命令行接口

为了构建命令行功能，我们的模块可以采用以下结构。

```
├── LICENSE
├── README.md
├── flitton_fib_py
│       ├── __init__.py
│       ├── cmd
│       │       ├── __init__.py
│       │       └── fib_numb.py
│       └── fib_calcs
· · ·
```

要构建命令行接口，请按以下步骤操作。

（1）在 fib_numb.py 文件中构建命令行接口，其代码如下：

```python
import argparse
from flitton_fib_py.fib_calcs.fib_number \
    import recurring_fibonacci_number

def fib_numb() -> None:
    parser = argparse.ArgumentParser(
        description='Calculate Fibonacci numbers')
    parser.add_argument('--number', action='store',
                        type=int, required=True,
                        help="Fibonacci number to be \
                              calculated")
    args = parser.parse_args()
    print(f"Your Fibonacci number is: " \
        f"{recurring_fibonacci_number \
            (number=args.number)}")
```

上述代码使用 argparse 模块获取了从命令行传入的参数。获得参数后，将计算斐波那契数字并打印出来。

现在要通过终端访问它，必须在 setup 对象初始化中添加以下参数来指向 pip 包根目录下的 setup.py 文件。

```
entry_points={
    'console_scripts': [
        'fib-number = \
```

```
                    flitton_fib_py.cmd.fib_numb:fib_numb',
    ],
},
```

上述代码所做的就是将 fib-number 控制台命令与我们刚刚定义的函数链接起来。

现在可以在另一个虚拟环境中卸载我们的 pip 模块，将更改上传到存储库的 main 分支，并使用 pip install 安装新模块，这样即可拥有已构建命令行工具的新模块。

（2）安装完成后，可输入以下命令。

```
fib-number
```

此时将得到以下输出。

```
usage: fib-number [-h] --number NUMBER
fib-number: error: the following arguments are
required: --number
```

可以看到，argparse 模块可确保提供所需的参数。如果需要帮助，则可输入以下命令。

```
fib-number -h
```

帮助信息的输出结果如下所示。

```
usage: fib-number [-h] --number NUMBER

Calculate Fibonacci numbers

optional arguments:
    -h, --help           show this help message and exit
    --number NUMBER      Fibonacci number to be calculated
```

上述帮助信息描述了其用法和可选参数等。

（3）要计算斐波那契数，可使用以下命令。

```
fib-number --number 20
```

其输出结果如下：

```
Your Fibonacci number is: 6765
```

如果在输入命令时为参数提供的是一个字符串而不是一个数字，则程序会拒绝它，并抛出一个错误。

至此，我们已经有了一个完整的命令行工具。这当然不是结束，我们还可以更进一步——使用标准库中的 subprocess 与其他库（如 Docker）来构建自己的开发运维（DevOps）工具，甚至可以为自己和所开发的应用程序自动化整个工作流程。但是，如果我们越来越依赖 pip 模块来完成重复的繁重工作，那么当程序出现一些需要立即响应的错误时，就会遇到严重的问题。因此，最好还是要为模块构建单元测试，这也是接下来我们要讨论的主题。

4.3.3　构建单元测试

单元测试（unit test）有助于开发人员检查和维护代码的质量控制。要构建单元测试，可采用以下模块结构。

```
├── LICENSE
├── README.md
├── flitton_fib_py
  . . .
├── scripts
│     └── run_tests.sh
├── setup.py
├── tests
│     ├── __init__.py
│     └── flitton_fib_py
│            ├── __init__.py
│            └── fib_calcs
│                   ├── __init__.py
│                   ├── test_fib_number.py
│                   └── test_fib_numbers.py
```

可以看到，我们模仿的是模块中的代码结构。这对于跟踪我们的测试很重要。如果模块不断增长，我们也不会失去测试目标。如果需要删除一个目录或将其移动到另一个模块，则只要简单地删除或移动相应的目录即可。

还必须注意的是，我们已经构建了一个 Bash 脚本来运行测试。

在编写测试时，最好基于依赖链编写代码。例如，本示例的文件具有如图 4.4 所示的依赖链。

考虑到本示例的依赖链，理想情况下，应该首先为 fib_number.py 文件编写测试，并确保 recurring_fibonacci_number 函数在编写依赖于 recurring_fibonacci_number 函数的测试之前可以正常工作。

以下是编写测试的步骤。

（1）在 test_fib_number.py 文件中导入测试代码所需的模块。

```
from unittest import main, TestCase
```

```
from flitton_fib_py.fib_calcs.fib_number \
    import recurring_fibonacci_number
```

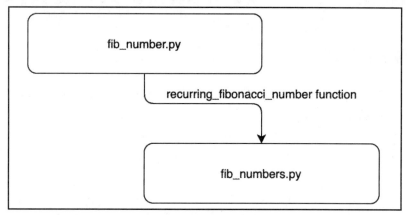

图 4.4　依赖链

原　　文	译　　文
recurring_fibonacci_number function	recurring_fibonacci_number 函数

在上述导入项中，main 函数将运行所有测试。另外，还需要导入 TestCase，这是因为需要通过它来编写继承 TestCase 的测试类。这可以为我们的类提供额外的类函数，以帮助测试结果。

（2）使用以下代码为一系列输入编写自己的测试。

```
class RecurringFibNumberTest(TestCase):

    def test_zero(self):
        self.assertEqual(0,
            recurring_fibonacci_number(number=0)
        )

    def test_negative(self):
        self.assertEqual(
            None, recurring_fibonacci_number \
                (number=-1)
        )

    def test_one(self):
        self.assertEqual(1, \
            recurring_fibonacci_number(number=1))
```

```
def test_two(self):
    self.assertEqual(1, \
        recurring_fibonacci_number(number=2))

def test_twenty(self):
    self.assertEqual( \
        6765, recurring_fibonacci_number(number=20)
    )
```

需要注意的是，上述代码中的每一个函数都有 test_前缀，这会将函数标记为测试函数。文件名也是如此，所有测试文件都有 test_前缀，表示该文件包含测试。

在上述测试代码中可以看到，我们只是将一系列输入传递给正在测试的函数，并断言结果是我们所期望的。如果断言不成立，则会得到一个错误和一个失败的结果。鉴于我们只是重复测试同一个函数，因此可将所有断言放入一个测试函数中。如果要测试整个对象，这种方法通常是首选。对于要测试的每个函数，基本上都会有一个相应的测试函数。

（3）现在我们所有的测试都已经运行了，可以在 test_fib_number.py 文件的底部运行 unittest main 函数，其代码如下：

```
if __name__ == "__main__":
    main()
```

（4）注意，必须将 PYTHONPATH 变量设置为 flitton_fib_py 目录。完成后，可以运行 test_fib_number.py 文件并获得控制台输出结果，如下所示。

```
.....
----------------------------------------------------
Ran 5 tests in 0.002s

OK
```

可以看到，每个测试函数都是一个测试。顶部的小点就代表每个测试。如果在第二个测试中将 None 更改为 1，则将得到以下打印输出结果。

```
F....
====================================================
FAIL: test_negative (tests.flitton_fib_py.fib_calcs.
test_fib_number.RecurringFibNumberTest)
----------------------------------------------------
Traceback (most recent call last):
```

```
    File "/Users/maxwellflitton/Documents/github/
    flitton-fib-py/tests/flitton_fib_py/fib_calcs/
    test_fib_number.py", line 15, in test_negative
        self.assertEqual(
AssertionError: 1 != None
----------------------------------------------------
Ran 5 tests in 0.003s
```

可以看到现在的测试点中有一个 F，它突出显示了哪些测试失败以及失败的地方。

（5）基础测试构建完毕，接下来可以为函数构建测试，该函数接收整数列表并返回一个斐波那契数列。在 test_fib_numbers.py 文件中，使用以下代码导入需要的模块。

```
from unittest import main, TestCase
from unittest.mock import patch

from flitton_fib_py.fib_calcs.fib_numbers \
    import calculate_numbers
```

在上述代码中可以看到，我们导入了要测试的函数，至于 main 和 TestCase 则和之前一样。但是，值得一提的是，我们还导入了一个 patch 函数，这是因为我们已经测试过 recurring_fibonacci_number 函数，patch 函数使我们能够插入一个 MagicMock 对象来代替 recurring_fibonacci_number 函数。

本示例并不需要修补任何东西，但重要的是要了解 patch 函数的意义（patch 的中文释义就是修补）。patch 使我们能够绕过成本很高的流程。例如，如果我们依赖一个必须进行 API 调用的函数，那么在测试时就不应该进行这些 API 调用。相反，我们可以只修补该函数。这样做实际上也隔离了测试。如果特定测试失败，则我们知道这与直接测试的代码有关，而与它所依赖的外部代码无关。它还加快了测试速度，因为我们可以多次进行不同的测试，而不必完全运行我们所依赖的代码。我们还获得了更好的细粒度，因为使用了 MagicMock 对象；我们可以在测试期间将返回值定义为想要的任何内容，并记录对 MagicMock 对象的所有调用。

使用 patch 还有一个好处：我们可能会因为某种原因不小心调用了两次所依赖的函数，结果函数两次返回相同的值。如果不对其进行修补，那么我们将对此一无所知。但是，通过使用 patch，我们就可以检查调用并在行为不符合预期时抛出错误。我们还可以通过仅更改 patch 的返回值并重新运行测试来非常快速地测试一系列边缘情况。

了解了这一切，相信你会对 patch 的使用感兴趣。但是，使用 patch 也有一些缺点。例如，如果不更新 patch 的返回值，则依赖代码不会得到更改，而且测试也可能不再准确。这就是有些人喜欢混合使用多种方法并且在整个运行过程中不进行任何修补的原因。

考虑到所有因素，我们在 tests/flitton_fib_by/fib_calcs/test_fib_numbers.py 文件中的修补单元测试可由以下代码执行。

```
class Test(TestCase):

    @patch("flitton_fib_py.fib_calcs.fib_numbers."
            "recurring_fibonacci_number")
    def test_calculate_numbers(self, mock_fib_calc):
        expected_outcome = [mock_fib_calc.return_value,
                            mock_fib_calc.return_value]
        self.assertEqual(expected_outcome,
                        calculate_numbers(numbers=[3, 4]))

        self.assertEqual(2,
            len(mock_fib_calc.call_args_list))
        self.assertEqual({'number': 3},
            mock_fib_calc.call_args_list[0][1])
        self.assertEqual({'number': 4},
            mock_fib_calc.call_args_list[1][1])
```

在上述代码中可以看到，我们已将 patch 用作装饰器，并带有一个字符串，该字符串定义了我们正在修补的函数的路径。然后通过 mock_fib_calc 参数下的测试函数传递修补函数。

我们声明希望直接测试的函数（calculate_numbers）的结果是修补函数的两个返回值的列表。然后，将包装在列表中的两个整数传递给 calculate_numbers 函数，并断言这将与我们的预期结果相同。

完成此操作后，我们断言 mock_fib_calc 只被调用了两次，并且检查每个调用，断言它们是我们传入的数字（顺序要正确）。这给了我们很大的权力来真正检查代码。

当然，这还没完，因为我们还必须定义功能性测试以便使用以下代码运行测试。

```
def test_functional(self):
    self.assertEqual([2, 3, 5],
        calculate_numbers(numbers=[3, 4, 5]))

if __name__ == "__main__":
    main()
```

对于我们的模块，所有的单元测试都已完成。但是，我们不想通过手动运行每个文件来查看测试结果。有时我们只想查看测试的所有结果以了解是否有任何失败的情况。为了实现自动化，可以在 run_tests.sh 文件中构建一个 Bash 脚本，代码如下：

```
#!/usr/bin/env bash

SCRIPTPATH="$( cd "$(dirname "$0")" ; pwd -P )"
cd $SCRIPTPATH
cd ..

source venv/bin/activate
export PYTHONPATH="./flitton_fib_py"

python -m unittest discover
```

上述代码的第一行声明了该文件是一个 Bash 脚本。第一行是 shebang 行，告诉运行它的计算机它是什么类型的语言。然后获取此脚本所在的目录路径并将其分配给 SCRIPTPATH 变量。接着，我们导航到这个目录，移动到模块的根目录，激活虚拟环境，再定义包含斐波那契数字计算代码的模块的 PYTHONPATH 变量。

💡 提示：shebang 的含义

shebang 是 sharp 和 bang 的组合。在 UNIX 术语中，井号通常称为 sharp，而感叹号则常称为 bang。因此，shebang 指的其实就是#!。

shebang 通常出现在类 UNIX 系统的脚本的第一行，作为前两个字符。在 shebang 之后，则是解释器的绝对路径，用于指明执行这个脚本文件的解释器。

现在一切都定义完毕，为了运行测试，可以使用 unittest 命令行工具来运行所有的单元测试。请记住，我们所有的测试文件名都以 test_为前缀。

运行之后的输出结果如下：

```
.......
---------------------------------------------
Ran 7 tests in 0.003s

OK
```

可以看到，我们运行了 7 个测试，并且它们都通过了。现在如果有用户访问我们的 GitHub 存储库，则可以通过 pip 安装代码并使用。

至此，我们已经开始了自动化测试运行过程，但这并不是我们应该停下来的地方。随着后续还可能不断打包和分发 pip 模块，我们应该研究通过持续集成来自动化流程，而这正是接下来我们要探讨的内容。

4.4　配置持续集成

现在我们的 Python pip 包功能齐全，但工作还没有结束。当我们将新功能推送到模块并重构现有代码时，将需要保持代码的质量并使其能够不断升级。

持续集成（continuous integration，CI）使开发人员能够确保测试通过并保持质量标准。它还可以加快部署过程，使开发人员能够在几分钟内推送新的迭代，更好地将精力放在手头的任务上而不是这些琐碎的事务上。此外，它还降低了犯错的风险。

众所周知，最琐碎的、重复性最多的任务往往是最有可能发生错误的任务。这是生活中的普遍事实。例如，大多数车祸发生在距离司机家 5min 以内车程的地方。这是因为司机此时的注意力不集中，他们的大脑会转为关注其他的事情，开车仅依赖肌肉记忆，从而导致车祸发生。

部署过程也是一样的。它们是重复性的劳动，不需要太多的精神集中。结果，若干次之后，我们就会开始依赖肌肉记忆而忘记检查某些事情，并在部署 pip 包时犯一些小错误。

持续集成完全可以避免此类错误，它不仅可以节省部署时间，还可以节省纠正错误的时间。要设置持续集成，必须执行以下步骤。

（1）手动部署到 PyPI。

（2）管理依赖项。

（3）为 Python 设置类型检查。

（4）使用 GitHub Actions 设置和运行测试及类型检查。

（5）为 pip 包创建自动版本控制。

（6）使用 GitHub Actions 部署到 PyPI。

接下来，让我们详细了解这些步骤。

4.4.1　手动部署到 PyPI

现在让我们开始将 GitHub 存储库手动部署到 PyPI 的第一步。前面我们已经通过直接指向 GitHub 存储库来安装 pip 包。但是，如果允许每个人都可以访问我们的模块——因为它是开源的，那么将我们的包上传到 PyPI 上会更容易。这将使其他人能够使用简单的命令进行安装。

请按以下步骤操作。

（1）在上传之前需要打包我们的 pip 模块，这可以使用以下命令完成。

```
python setup.py sdist
```

这样做是为了将我们的 pip 模块打包到一个 tar.gz 文件中，它为我们提供了以下形式的文件大纲。

```
├──    LICENSE
├──    README.md
├──    dist
│      └──    flitton_fib_py-0.0.1.tar.gz
├──    flitton_fib_py
    . . .
```

（2）从上述文件大纲可以看到，版本包含在文件名中。现在可以上传到 PyPI 服务器，为此必须使用以下命令安装 twine。

```
pip install twine
```

（3）使用以下命令上传 tar.gz 文件。

```
twine upload dist/*
```

这会上传我们创建的所有包。在这个过程中，终端会要求输入 PyPI 用户名和密码，然后上传包并告诉我们在哪里可以找到 PyPI 上的模块。如果访问其地址，应该会得到图 4.5 所示的视图。

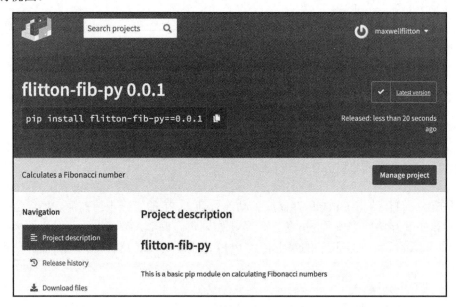

图 4.5　模块的 PyPI 视图

可以看到，README.md 文件直接显示在图 4.5 所示的视图中。

现在可以使用 PyPI 视图中提供的 pip install 命令直接进行安装。值得一提的是，现在有一个依赖项，我们需要管理这些依赖关系。

4.4.2　管理依赖项

当涉及依赖关系时，必须管理两种类型。例如，twine 依赖项可以帮助我们将其上传到 PyPI。但是，pip 包不需要这样做。因此，我们需要两个不同的依赖项列表，其中一个用于开发，另一个用于实际使用。

可以使用以下简单标准命令定义开发所需的依赖项。

```
pip freeze > requirements.txt
```

pip freeze 命令给出的是一个特定的要求列表，我们当前的 Python 环境需要安装这些要求才能运行。> requirements.txt 可将这个特定的要求列表写入 requirements.txt 文件。刚开始开发模块的新开发人员可以使用以下命令安装所需的所有要求。

```
pip install -r requirements.txt
```

在这里我们可以严格一点，因为除了直接开发我们的模块，没有任何东西取决于开发要求。但是，当涉及模块时，我们知道它将被安装到具有多种需求的多个系统中。因此，我们希望允许有一些灵活性。例如，如果我们的模块要将斐波那契数写入 yml 和pickle 文件，则需要使用 pyYAML 和 dill 模块，以使我们能够将斐波那契数写入 yml 和pickle 文件。为此，我们可以在 setup.py 文件的 setup 初始化中更改 install_requires 参数，具体代码如下：

```
install_requires=[
    "PyYAML>=4.1.2",
    "dill>=0.2.8"
],
```

必须注意，这些都不是最新的软件包。因此，我们必须删除一些版本并允许我们的依赖项等于或高于该版本。这将给予用户在其系统中使用我们的 pip 包时的自由。

我们还必须将这些需求复制并粘贴到 requirements.txt 文件中，以确保我们的开发与pip 模块的用户体验一致。

假设我们将添加一个可选功能，即启动一个小型 Flask 服务器，该服务器在本地提供计算斐波那契数的 API。在这种情况下，我们可以在 setup.py 文件的 setup 初始化中添加一个 install_requires 参数，其代码如下：

```
extras_require={
    'server': ["Flask>=1.0.0"]
},
```

现在，如果我们将新代码上传到 PyPI 或我们的个人 GitHub 存储库，则在安装包时将获得不同的体验。

如果采用的是正常安装方式，则在运行以下 install 命令时会看到 pickle 和 yml 需求将自动安装。

```
pip install flitton-fib-py[server]
```

这将实际安装服务器要求的依赖项。我们可以根据需要对 server 配置文件有尽可能多的要求，并且它们都将被安装。

请记住，extras_require 参数是一个字典，因此可以根据需要定义任意数量的额外需求配置文件。

现在我们已经有了开发需求、基本的 pip 模块需求和可选的 pip 模块需求。接下来，让我们看看如何依赖新的开发需求来检查类型。

4.4.3　为 Python 设置类型检查

到目前为止，我们已经体验过 Rust 引入的安全性。当类型不匹配时，Rust 编译器会拒绝编译。但是，Python 没有该功能，因为 Python 是一种解释型语言。不过，我们可以使用 mypy 模块来模拟这一点。

请按以下步骤操作。

（1）使用以下命令安装 mypy 模块。

```
pip install mypy
```

（2）使用 mypy 入口点和以下代码进行类型检查。

```
mypy flitton_fib_py
```

在这里，我们指向的是 Python 模块的主要代码。其输出结果如下：

```
flitton_fib_py/fib_calcs/fib_number.py:16:
error: Unsupported operand types for + ("int" and "None")
flitton_fib_py/fib_calcs/fib_number.py:16:
error: Unsupported operand types for + ("None" and "int")
flitton_fib_py/fib_calcs/fib_number.py:16:
error: Unsupported left operand type for + ("None")
flitton_fib_py/fib_calcs/fib_number.py:16:
```

```
note: Both left and right operands are unions
flitton_fib_py/fib_calcs/fib_numbers.py:13:
error: List comprehension has incompatible
type List[Optional[int]]; expected List[int]
```

mypy 所执行的操作正是检查所有 Python 代码的一致性。它就像一个 Rust 编译器一样，发现了一个不一致的地方。但是，因为这是 Python，所以代码仍然可以运行。

虽然 Python 是内存安全的，但 Rust 强制执行的强类型检查将降低在运行时将错误变量传递给函数的风险。

现在我们已经知道存在不一致。该不一致之处在于 recurring_fibonacci_number 函数返回 None 或 int。但是，calculate_numbers 函数依赖于 recurring_fibonacci_number 函数的返回值，它返回的应该是一个整数列表，而不是 None 值。

（3）可以使用 recurring_fibonacci_number 函数将返回值限制为一个整数。

```python
def recurring_fibonacci_number(number: int) -> int:
    if number < 0:
        raise ValueError(
        "Fibonacci has to be equal or above zero"
        )
    elif number <= 1:
        return number
    else:
        return  recurring_fibonacci_number(number - 1) + \
                recurring_fibonacci_number(number - 2)
```

在上述代码中可以看到，如果输入数字小于零，则会引发错误。它无论如何都不会计算，因此不妨抛出一个错误，通知用户出现了一个错误，而不是默默地产生一个 None 值。

现在如果再次运行 mypy 检查，则会得到以下控制台输出结果。

```
Success: no issues found in 6 source files
```

可以看到，所有文件都检查通过并且它们具有类型一致性。

但是，每次将新代码上传到 GitHub 存储库时，开发人员可能会忘记运行这种类型的检查。因此，接下来让我们看看如何定义 GitHub Actions 来自动化这种检查。

4.4.4 使用 GitHub Actions 设置和运行测试及类型检查

GitHub Actions 可以运行在 yml 文件中定义的一系列计算，因此，通常可以使用 GitHub Actions 来自动化每次都需要运行的流程。

工作流 yml 文件由 GitHub 自动检测并根据开发人员提供的标签类型运行。可以按照以下步骤设置 GitHub 操作。

（1）对于测试和类型检查标签，可以在.github/workflows/run-tests.yml 文件中定义。在该文件中，最初可以给定一个工作流名称，并声明它在从一个分支推送到另一个分支时触发。当一个分支被推送到另一个分支，完成拉取请求时，即可触发运行。如果在合并拉取请求之前将更多更改推送到分支，则也会重新运行。

我们的定义将插入文件顶部，代码如下：

```
name: Run tests
on: push
```

在上述代码中可以看到，工作流被称为 Run tests。

（2）接下来必须定义工作（job），还必须声明工作是一个 shell 命令。然后定义操作系统。完成此操作后，再定义工作的步骤。在 steps（步骤）部分，可以定义 uses（用途），即声明它们是 actions。具体代码如下：

```
jobs:
    run-shell-command:
        runs-on: ubuntu-latest
        steps:
            - uses: actions/checkout@v2
```

如果没有定义 uses 步骤，则无法访问需求之类的文件。

（3）现在可以在 steps 标签下定义其余步骤。这些步骤通常具有 name 和 run 标记。对本示例而言，将定义以下 3 个步骤。

❏ 安装依赖项。

❏ 运行所有的单元测试。

❏ 运行类型检查。

具体代码如下：

```
-   name: Install dependencies
    run: |
        python -m pip install -upgrade pip
        pip install -r requirements.txt
-   name: run tests
    run: python -m unittest discover ./tests
-   name: run type checking
    run: mypy flitton_fib_py
```

需要注意的是，run 只是一行终端命令。在上述代码中，Install dependencies 的 run

标记旁边有一个 |（管道）值，该值允许开发人员在一个步骤中编写多行命令。

我们还必须确保 requirements.txt 文件使用 mypy 模块进行了更新。

完成后，可以将此代码推送到我们的 GitHub 存储库，当执行拉取请求时，此 GitHub 操作将运行。

如果你熟悉 GitHub 提出拉取请求的操作，那么可以跳过接下来的介绍。但是，如果你不熟悉，则现在就可以和我们一起操作一次。

（4）使用以下命令从 main 分支中拉出一个新分支。

```
git checkout -b test
```

现在我们就有了一个名为 test 的分支，可以对代码进行更改。

（5）要通过拉取请求触发 GitHub 操作，可以简单地在任何文件中添加注释来标记代码，示例如下：

```
# trigger build (14-6-2021)
```

你可以编写任何内容，因为如果代码已更改，那么它就只是一个注释。然后，将更改添加并提交到 test（测试）分支，并将其推送到 GitHub 存储库。

完成后，可以通过单击 Pull requests（拉取请求）选项卡并选择 test（测试）分支来触发拉取请求，如图 4.6 所示。

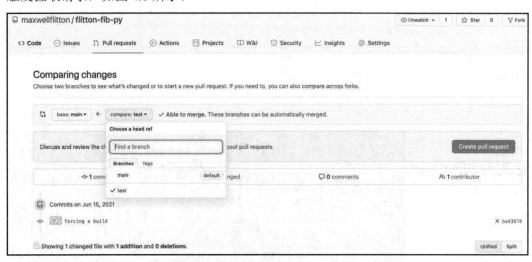

图 4.6　设置 GitHub 拉取请求

（6）单击 Create pull request（创建拉取请求）按钮可进行查看。在本示例中，将看到所有被触发的 GitHub Actions 及其状态，如图 4.7 所示。

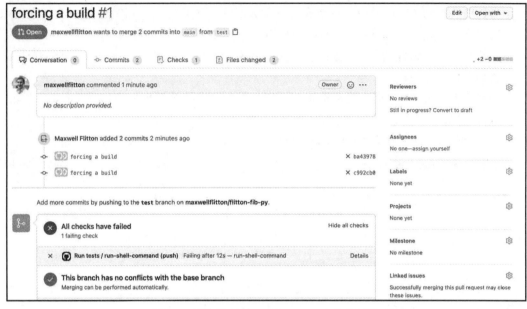

图 4.7　拉取请求的 GitHub Actions 状态视图

在图 4.7 的底部可以看到，我们的测试失败了。如果单击 Details（详细信息），则可以看到一切正常，只是忘记更新测试。你应该还记得，在更改了代码之后，如果将负值传递给斐波那契计算函数，则会引发错误，如图 4.8 所示。

图 4.8　GitHub Actions 执行的详细信息视图

（7）现在可以修改测试代码，断言 tests/flitton_fib_py/fib_calcs/test_fib_number.py 文件中的测试代码将引发错误，代码如下：

```
def test_negative(self):
    with self.assertRaises(ValueError) as \
raised_error:
        recurring_fibonacci_number(number=-1)
    self.assertEqual(
        "Fibonacci has to be equal or above zero",
        str(raised_error.exception)
    )
```

在上述代码中可以看到，我们断言引发了值错误，因为我们正在运行期望引发错误的代码，并且该异常正是我们所期望的。将其推送到我们的 GitHub 存储库将确保所有测试都已通过。如果希望将该代码合并到 main 分支中，则可以合并拉取请求。

从这个例子中可以看到，持续集成很有用，它可以发现我们在手动执行所有操作时很可能不会注意到的代码更改。

现在我们的测试是自动运行的，接下来还需要自动跟踪模块的版本，以避免犯下与不更新测试相同的错误。

4.4.5　为 pip 包创建自动版本控制

为了自动化更新版本号的过程，可以将 get_latest_version.py 文件中的若干个函数放在 pip 模块的根目录中。

请按以下步骤操作。

（1）可使用以下代码导入我们需要的所有模块。

```
import os
import pathlib
from typing import Tuple, List, Union
import requests
```

通过 os 和 pathlib 可以管理将最新版本写入文件的操作，而使用 requests 模块则可以调用 PyPI 以获取当前可供公众使用的最新版本。

（2）现在可以创建一个函数，该函数将从 PyPI 中获取模块的元数据，并返回版本信息。示例代码如下：

```
def get_latest_version_number() -> str:
    req = requests.get(
```

```
    "https://pypi.org/pypi/flitton-fib-py/json")
    return req.json()["info"]["version"]
```

（3）这只是一个简单的网络请求。完成此操作后，可以将获得的字符串解包为整数元组，该操作是在另一个函数中定义的。

```
def unpack_version_number(version_string: str) \
    -> Tuple[int, int, int]:
    version_buffer: List[str] = \
        version_string.split(".")
    return int(version_buffer[0]),\
        int(version_buffer[1]),int(version_buffer[2])
```

在上述代码中可以看到，这其实就是进行了一项简单的拆分操作，然后将它们转换为整数并打包成一个要返回的元组。

（4）在获得了版本号之后，可以使用下面定义的函数将其加 1。

```
def increase_version_number(version_buffer: \
Union[Tuple[int, int, int], List[int]]) -> List[int]:
    first: int = version_buffer[0]
    second: int = version_buffer[1]
    third: int = version_buffer[2]

    third += 1
    if third >= 10:
        third = 0
        second += 1
        if second >= 10:
            second = 0
            first += 1

    return [first, second, third]
```

在上述代码中可以看到，如果其中一个整数等于或大于 10，则将其设置回为 0，并将下一个数字加 1。唯一没有设置回 0 的整数是最左边的数字，该数字只会继续增大。

（5）在将数字加 1 之后，还需要将整数打包成一个字符串，这可以在以下函数中定义。

```
def pack_version_number(
    version_buffer: Union[Tuple[int, int, int], List[int]]) -> str:
    return f"{version_buffer[0]}.{version_buffer[1]} \
        .{version_buffer[2]}"
```

（6）在打包成一个字符串之后，即可将版本写入一个文件。这可以在以下函数中定义。

```
def write_version_to_file(version_number: str) -> \
None:
    version_file_path: str = str( \
        pathlib.Path(__file__).parent.absolute()) + \
        "/flitton_fib_py/version.py"

    if os.path.exists(version_file_path):
        os.remove(version_file_path)

    with open(version_file_path, "w") as f:
        f.write(f"VERSION='{version_number}'")
```

在上述代码中可以看到，我们将确保路径位于模块的根目录。如果版本文件已经存在，则将其删除，因为它已经过时了。

（7）使用以下代码将更新后的版本号写入文件。

```
if __name__ == "__main__":
    write_version_to_file(
        version_number=pack_version_number(
            version_buffer=increase_version_number(
                version_buffer=unpack_version_number(
                    version_string=get_latest_version_number()
                )
            )
        )
    )
```

这确保了如果直接运行文件，则将获得写入文件更新之后的版本。

（8）现在，在模块根目录的 setup.py 文件中，必须读取版本文件，并在 setup 初始化中将 version 参数定义为读取到的信息。为此，需要先将 pathlib 导入文件并使用以下代码读取版本文件。

```
import pathlib

with open(str(pathlib.Path(__file__).parent.absolute()) +
        "/flitton_fib_py/version.py", "r") as fh:
    version = fh.read().split("=")[1].replace("'", "")
```

（9）使用以下代码将 version 参数设置为读取值。

```
setup(
    name="flitton_fib_py",
    version=version,
    ...
```

现在，我们的版本更新过程已经实现完全自动化，但是必须将其插入 GitHub Actions 中，这样在与 main 分支合并时，即可自动运行更新过程并推送到 PyPI。

4.4.6　使用 GitHub Actions 部署到 PyPI

要使 GitHub 操作能够推送到 PyPI，需要执行以下步骤。

（1）将 PyPI 账户的用户名和密码存储在 GitHub 存储库的 Secrets（秘密）部分。这可以通过单击 Settings（设置）选项卡，然后选择左侧边栏上的 Secrets（秘密）选项来完成，如图 4.9 所示。

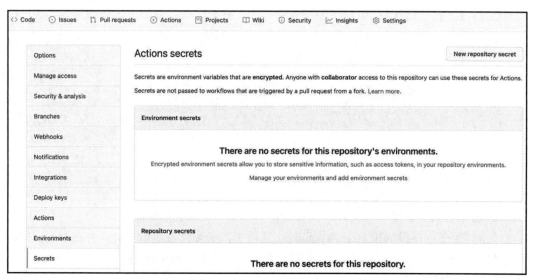

图 4.9　GitHub Secrets（秘密）部分的视图

（2）单击图 4.9 所示视图右上角的 New repository secret（新建存储库秘密）按钮，此时将出现如图 4.10 所示的视图。

在该视图中，可以为我们的 PyPI 密码创建一个秘密，并为我们的 PyPI 用户名创建另一个秘密。

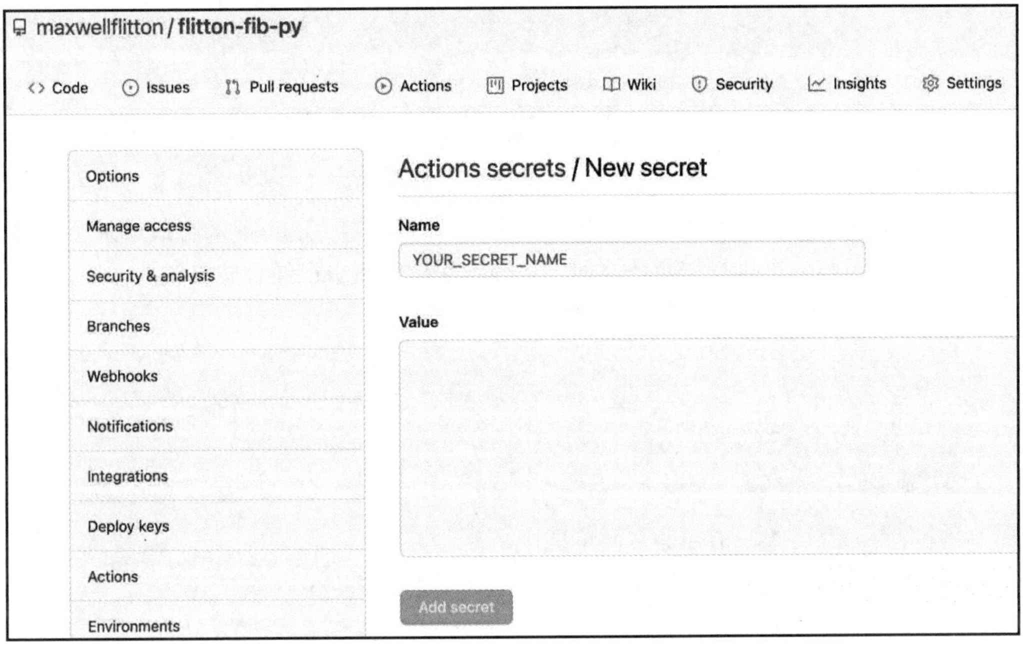

图 4.10　GitHub 秘密创建部分的视图

在定义了秘密之后，即可在.github/workflows/publish-package.yml 文件中构建我们的 GitHub Actions。请按以下步骤操作。

（1）确保只有在将一个分支与 main 分支合并时才发布我们的包。为此，需要确保我们的操作仅在有拉取请求时才执行，并且分支的指向应该是 main 分支，代码如下：

```
name: Publish Python distributions to PyPI

on:
    pull_request:
        types: [closed]
        branches:
            - main
```

（2）完成后，即可使用 jobs 定义安装依赖项和更新包版本的基础作业。具体定义代码如下：

```
jobs:
    run-shell-command:
        runs-on: ubuntu-latest
        steps:
            -   uses: actions/checkout@v2
```

```
        -   name: Install dependencies
            run: |
                python -m pip install --upgrade pip
                pip install -r requirements.txt
        -   name: update version
            run: python get_latest_version.py
```

到目前为止，我们所做的一切都很好。但是，当任何指向 main 的拉取请求关闭时，它都将运行。因此，在执行该步骤之前，必须确保拉取请求已经合并。

（3）对于下一部分，可使用以下代码安装依赖项。

```
-   name: install deployment dependancies
    if: github.event.pull_request.merged == true
    run: |
        pip install twine
        pip install pexpect
```

可以看到，上述条件语句非常简单直接。

（4）现在运行 setup.py 文件，通过以下代码生成发行版。

```
-   name: package module
    if: github.event.pull_request.merged == true
    run: python setup.py sdist
```

（5）现在我们已经定义了准备包所需的所有步骤，可以使用 twine 上传包了，代码如下：

```
-   name: deploy to pypi
    if: github.event.pull_request.merged == true
    env:
        TWINE_USERNAME: ${{ secrets.TWINE_USERNAME
            }}
        TWINE_PASSWORD: ${{ secrets.TWINE_PASSWORD
            }}
    run: |
        twine upload dist/*
```

至此，我们已经可以使用 GitHub Actions 自动将模块部署到 PyPI。

4.5　小　　结

本章演示了如何构建一个完全成熟的、具有持续集成功能的 pip Python 模块。我们最初设置了一个 GitHub 存储库并创建了一个虚拟环境，这是大多数 Python 项目开发的基本技能，即使你的项目不是 pip 模块，也应该使用 GitHub 存储库和虚拟环境，这样你将能够分享你的项目并与其他团队成员一起工作。

我们还定义了 setup.py 文件，这样我们的代码就可以通过 pip 安装了。即使我们的 GitHub 存储库是私有的，有权访问 GitHub 存储库的人也可以自由安装我们的代码。在分发代码时，这样做会带来更多的好处。

在开发人员定义了接口之后，用户即不需要了解其具体代码，而只需要知道如何使用该接口。这也使开发人员能够防止代码重复。例如，如果我们使用数据库驱动程序构建用户数据模型，即可将其打包为 pip 模块并在多个 Web 应用程序中使用。我们需要做的是更改 pip 模块中的数据模型并发布新版本，然后所有 Web 应用程序都可以根据需要使用更新之后的版本。

在介绍了打包代码的操作之后，我们还在 pip 模块中重建了斐波那契代码，它是正常有效的。然后，我们更进一步，构建了使我们能够定义自己的命令行工具的入口点。这使得我们的代码打包功能更加强大，因为用户甚至不必导入和编码模块，只要调用命令行参数即可。

以此为基础，我们可以构建开发工具，通过使用这些入口点自动化任务来加快开发速度。然后，我们还构建了基本的单元测试，以确保代码质量得到维护。

本章还介绍了如何使用 GitHub Actions 通过自动化管道锁定这些良好的质量标准。我们讨论了管理依赖项以及使用 mypy 进行类型检查的操作，演示了如何编写脚本，为 pip 包创建自动版本控制，并使用 GitHub Actions 自动将模块部署到 PyPI。这些自动化的持续集成操作能够为开发人员节约大量的重复劳动时间，并且可以减少出错的机会，是所有开发人员都应该熟练掌握的强大技能。

在下一章中，我们将介绍与本章相同的操作，只不过环境变成了 Rust。我们将充分利用 Rust 的安全性和速度，以及 pip 打包的灵活性。掌握了相关操作，将提升你作为 Python 工具制作者的技能，使你在团队中不可或缺。

4.6　问　　题

（1）如何使用 pip install 对我们的 GitHub 存储库的 test 分支执行安装？

（2）如果将 pip 包上传到 PyPI，那么无权访问你的 GitHub 存储库的开发人员也可以安装你的 pip 包，对吗？

（3）开发依赖项和包依赖项有什么区别？

（4）当涉及 Python 代码时，mypy 可以确保类型的一致性。这与 Rust 中的类型检查有何不同？

（5）为什么我们应该自动化无聊的重复性任务？

4.7　答　　案

（1）可使用以下命令：

```
pip install git+https://github.com/maxwellflitton/flitton-fib-py@test
```

（2）对。尽管他们无法访问我们的 GitHub 存储库，但他们可以下载包。考虑到这一点，我们可以将 pip 模块打包到一个文件中，然后将其上传到 PyPI 服务器。从 PyPI 服务器下载包并不需要连接到 GitHub 存储库。

（3）开发依赖项是在 requirements.txt 文件中定义的特定依赖项，这确保了开发人员可以在 pip 包上工作。

包依赖项的需求稍微宽松一些，并且是在 setup.py 文件中定义的。这些依赖项会在用户安装我们的包时安装。包依赖项的需求是使 pip 包能够被使用。

（4）Rust 在编译时会进行类型检查，如果类型不一致则编译失败。因此，我们无法运行 Rust 代码。但是，Python 是一种解释型语言，因此，在存在潜在错误的情况下，我们仍然可以运行 Python 代码。

（5）重复性的任务很容易自动化，所以为实现自动化而投入一些精力并不过分。此外，人工执行重复性任务时产生错误的风险更高，因此，将这些任务自动化可以减少开发人员犯错误的机会。

4.8　延 伸 阅 读

❑　Python Organisation (2021) Packaging code:

　　https://packaging.python.org/guides/distributing-packages-using-setuptools/

❑　GitHub Organisation (2021) GitHub Actions:

　　https://docs.github.com/en/actions

第 5 章　为 pip 模块创建 Rust 接口

在第 4 章 "在 Python 中构建 pip 模块"中，使用 Python 构建了一个 pip 模块，本章将在 Rust 中构建相同的 pip 模块并管理接口。

有些人可能更喜欢使用 Python 来完成某些任务，而另外一些人则会说 Rust 更好。本章的想法很简单，就是在需要时两者皆可为我所用。为此，我们将在 Rust 中构建一个 pip 模块，它可以安装并直接导入 Python 代码中。

本章还将构建直接与我们编译的 Rust 代码对话的 Python 入口点，以及 Python 适配器/接口，以使模块的用户体验变得简单、安全，并通过具有我们想要的所有功能的用户界面（user interface，UI）锁定用户使用。

本章包含以下主题：

❑　使用 pip 打包 Rust 代码。

❑　使用 PyO3 crate 构建 Rust 接口。

❑　为 Rust 包构建测试。

❑　比较 Python、Rust 和 Numba 的速度。

讨论这些主题将使我们能够构建 Rust 模块并在 Python 系统中使用。这是作为 Python + Rust 开发人员的独特优势：可以在 Python 程序中无缝地使用更快、更安全且消耗资源更少的 Rust 代码。

5.1　技　术　要　求

我们需要安装 Python 3。为了充分利用本章内容，还需要一个 GitHub 账户，因为我们将使用 GitHub 来打包代码，这可以通过以下链接访问。

https://github.com/maxwellflitton/flitton-fib-rs

本章代码可在以下网址找到。

https://github.com/PacktPublishing/Speed-up-your-Python-with-Rust/tree/main/chapter_five

5.2　使用 pip 打包 Rust 代码

本节将设置 pip 包，以便它可以使用 Rust 代码。这将使我们能够使用 Python 设置工具来导入 Rust pip 包，为系统编译它，并在 Python 代码中使用它。

本章将构建与第 4 章"在 Python 中构建 pip 模块"相同的斐波那契数列计算模块。建议为 Rust 模块创建另一个 GitHub 存储库；当然，也重构现有的 Python pip 模块。

要构建 Rust pip 模块，必须执行以下步骤。

（1）为包定义 gitignore 和 Cargo。

（2）为包配置 Python 设置过程。

（3）为包创建一个 Rust 库。

5.2.1　定义 gitignore 和 Cargo

定义 gitignore 和 Cargo 涉及两个目的，一是确保 Git 不会跟踪我们不想上传的文件，二是确保 Cargo 具有正确的依赖项。

请按以下步骤操作。

（1）让我们先从 gitignore 开始。

❑ 如果选择使用与第 4 章"在 Python 中构建 pip 模块"相同的 GitHub 存储库，则 Python 的所有文件都已在 GitHub 存储库根目录的.gitignore 文件中定义。

❑ 如果选择创建新的 GitHub 存储库，则必须在 Add .gitignore 部分中选择 Python 模板。

无论采用哪种方式，一旦在.gitignore 文件中有 Python gitignore 模板，即必须为包的 Rust 部分添加 gitignore 需求。为此，可在.gitignore 文件中添加以下代码。

```
/target/
```

是的，这就是 Rust 代码，比我们需要忽略的 Python 代码要少得多。

现在我们已经定义了 gitignore，接下来可以继续定义 Cargo。

（2）Cargo.toml 文件在包的根目录中，最初使用以下代码定义包的元数据。

```
[package]
name = "flitton_fib_rs"
version = "0.1.0"
authors = ["Maxwell Flitton
    <maxwellflitton@gmail.com>"]
edition = "2018"
```

这并不是新内容。我们在这里所做的只是定义包的名称和通用信息。

（3）使用以下代码定义依赖项。

```
[dependencies]

[dependencies.pyo3]
version = "0.13.2"
features = ["extension-module"]
```

可以看到，我们并没有在 dependencies 部分定义任何依赖项。我们将依赖 pyo3 crate 使 Rust 代码能够与 Python 代码交互。上述代码声明了最新版本的 crate，并且启用了 extension-module 功能，因为我们将使用 pyo3 来制作 Rust 模块。

（4）使用以下代码定义库数据。

```
[lib]
name = "flitton_fib_rs"
crate-type = ["cdylib"]
```

必须注意的是，我们已经定义了一个 crate-type 变量。crate-type 变量将向编译器提供有关如何将 Rust crate 链接在一起的信息。这既可以是静态的，也可以是动态的。

例如，如果将 crate-type 变量定义为 bin，则会将 Rust 代码编译为可运行的可执行文件。主文件必须存在于模块中，因为这将是入口点。还可以将 crate-type 变量定义为 lib，这会将 Rust 代码编译为可供其他 Rust 程序使用的库。我们可以更进一步，定义静态或动态库。将 crate-type 变量定义为 cdylib 会告诉编译器，我们希望动态系统库由另一种语言加载。如果不把它放进去，则无法在通过 pip 安装我们的库时编译我们的代码。

（5）我们的库应该能够为 Linux 和 Windows 编译。但是，还需要一些链接参数来确保我们的库也适用于 macOS。为此，需要在 .cargo/config 文件中定义以下配置。

```
[target.x86_64-apple-darwin]
rustflags = [
    "-C", "link-arg=-undefined",
    "-C", "link-arg=dynamic_lookup",
]
[target.aarch64-apple-darwin]
rustflags = [
    "-C", "link-arg=-undefined",
    "-C", "link-arg=dynamic_lookup",
]
```

至此，我们已经为 Rust 库定义了所有需要的内容。接下来，让我们看看如何配置模块的 Python 部分。

5.2.2　配置 Python 设置过程

Python 设置部分将在模块根目录的 setup.py 文件中定义。最初可以使用以下代码导入所有需求项。

```
#!/usr/bin/env python
from setuptools import dist
dist.Distribution().fetch_build_eggs(['setuptools_rust'])
from setuptools import setup
from setuptools_rust import Binding, RustExtension
```

我们将使用 setuptools_rust 模块来管理 Rust 代码。但是，此时并不能确定用户是否已经安装了 setuptools_rust，并且我们需要它来运行设置代码。因此，我们不能依赖需求列表，因为安装需求是在导入 setuptools_rust 之后发生的。

为了解决这个问题，可以使用 dist 模块来获取此脚本所需的 setuptools_rust 模块。用户不会永久安装 setuptools_rust，而是将其用于脚本。

在完成之后，可以使用以下代码定义我们的设置。

```
setup(
    name="flitton-fib-rs",
    version="0.1",
    rust_extensions=[RustExtension(
        ".flitton_fib_rs.flitton_fib_rs",
        path="Cargo.toml", binding=Binding.PyO3)],
    packages=["flitton_fib_rs"],
    classifiers=[
            "License :: OSI Approved :: MIT License",
            "Development Status :: 3 - Alpha",
            "Intended Audience :: Developers",
            "Programming Language :: Python",
            "Programming Language :: Rust",
            "Operating System :: POSIX",
            "Operating System :: MacOS :: MacOS X",
        ],
    zip_safe=False,
)
```

在上述代码中可以看到，我们定义了模块的元数据，这和第 4 章"在 Python 中构建pip 模块"中的操作是一样的。另外，我们还定义了一个 rust_extensions 参数，指向将在

Rust 文件中定义的实际 Rust 模块，它们之间的关系如图 5.1 所示。

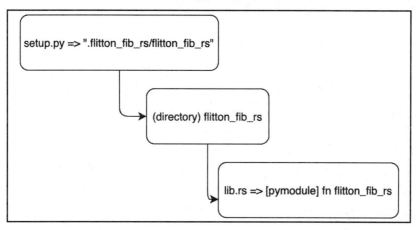

图 5.1 　模块设置流程

还有一个路径指向了 Cargo.toml 文件，因为在安装 Rust 模块时，必须编译依赖项中的其他 Rust crate。此外，还必须声明我们的模块没有安全压缩（zip_safe=False），这也是 C 模块的标准。

现在我们已经完成了所有的设置配置，可以转向构建基本 Rust 模块的下一步，也就是使用 pip install 安装 Rust 代码。

（1）对于 Rust 代码，必须首先在 src/lib.rs 文件中导入所有 pyo3 需求，代码如下：

```
use pyo3::prelude::*;
use pyo3::wrap_pyfunction;
```

这样做是为了让 Rust 代码能够利用 pyo3 crate 拥有的所有宏。我们还将把 Rust 函数包装到模块中。

（2）使用下面的代码定义一个基本的 hello world 函数。

```
#[pyfunction]
fn say_hello() {
    println!("saying hello from Rust!");
}
```

可以看到，我们已经将一个来自 pyo3 的 Python 函数宏应用到 say_hello 函数。

（3）有了函数之后，即可在同一个文件中定义模块，代码如下：

```
#[pymodule]
fn flitton_fib_rs(_py: Python, m: &PyModule) -> \
```

```
PyResult<()> {
    m.add_wrapped(wrap_pyfunction!(say_hello));
    Ok(())
}
```

在上述代码中可以看到，我们已经将模块定义为 flitton_fib_rs。使用时必须将其作为 flitton_fib_rs 导入。然后我们使用了 pymodule 宏。该函数正在加载模块。最后还必须定义一个结果。鉴于本示例没有任何复杂的逻辑，因此可将最终结果定义为 Ok。我们不需要对 Python 做任何事情；但是，需要将包装好的 say_hello 函数添加到模块中。wrap_pyfunction 宏实际上是接受一个 Python 实例并返回一个 Python 函数。

现在我们已经定义了 Rust 代码，接下来要做的就是构建 Python 入口点。

（4）构建 Python 入口点很简单，只要在 flitton_fib_rs/__init__.py 文件中导入来自 Rust 模块的函数即可。代码如下：

```
from .flitton_fib_rs import *
```

下文将介绍它是如何工作的，因为我们将安装并运行这个包。

5.2.3　安装 Rust 库

现在我们拥有了部署包并通过 pip 安装它所需的一切，因此，可以将包上传到 GitHub 存储库。如果你不熟悉该操作，则可以返回阅读 4.2 节"为 Python pip 模块配置设置工具"，该节对此操作进行了详细介绍，兹不赘述。

完成此操作后，可以使用以下命令安装 pip 包。

```
pip install git+https://github.com/maxwellflitton/flitton-fib-rs@main
```

请注意，你自己的 GitHub 存储库的 URL 可能不同。安装此程序时，该过程将挂起一段时间。最终应给出以下输出结果。

```
Collecting git+https://github.com/maxwellflitton
/flitton-fib-rs@main
Cloning https://github.com/maxwellflitton/
flitton-fib-rs (to revision main) to /private
/var/folders/8n/
7295fgp11dncqv9n0sk6j_cw0000gn/T/pip-req-build-kcmv4ldt
Running command git clone -q https:
//github.com/maxwellflitton/flitton-fib-rs
/private/var/folders/8n
/7295fgp11dncqv9n0sk6j_cw0000gn/T/pip-req-build-kcmv4ldt
```

```
Installing collected packages: flitton-fib-rs
    Running setup.py install for flitton-fib-rs ... done
Successfully installed flitton-fib-rs-0.1
```

这是因为我们正在根据系统编译包。在上面的输出结果中可以看到，我们将从存储库的 main 分支收集代码并运行 setup.py 文件。这里所做的基本上是将 Rust 代码编译成二进制文件，并将其放在 __init__.py 入口点文件旁边，此时文件的布局如下：

```
├── flitton_fib_rs
│       ├── __init__.py
│       └── flitton_fib_rs.cpython-38-darwin.so
```

这就是 from .flitton_fib_rs import *代码在入口点起作用的原因。

现在所有 Rust 代码都安装在 Python 包中，可以运行 Python 控制台并输入以下命令。

```
>>> from flitton_fib_rs import say_hello
>>> say_hello()
saying hello from Rust!
```

模块正常有效。我们已经让 Rust 与 Python 一起工作，并且成功地将 Rust 代码打包为 pip 模块。这是一个真正的游戏规则改变者，因为它意味着我们现在可以使用 Rust 代码而无须重写 Python 系统。当然，目前在 Rust 代码中只有一个文件，如果想要充分利用将 Rust 与 Python 融合的能力，还需要学习如何构建更大的 Rust 系统。

5.3　使用 PyO3 crate 构建 Rust 接口

构建一个 Rust 接口不仅仅意味着在 Rust 中为模块添加更多功能并包装它们，虽然从某种意义上说，这也是我们确实需要做的事情，但是探索如何从其他 Rust 文件中导入它们才更重要。在构建模块时，我们还必须探索和理解 Rust 和 Python 之间的关系。为此，本节将执行以下步骤。

（1）在 Rust 包中构建斐波那契数列计算模块。

（2）为包创建命令行工具。

（3）为包创建适配器。

步骤（1）可以使用 Rust 代码构建模块；步骤（2）和（3）则更侧重于 Python，将我们的 Rust 代码包装在 Python 代码中，以简化 Rust 模块与外部 Python 代码的交互。鉴于在第 6 章"在 Rust 中使用 Python 对象"中将介绍如何在 Rust 代码中直接与 Python 对象进行交互，因此，接下来让我们先看一下如何完成步骤（1），即在 Rust 中构建斐波那契数列计算的代码，为构建 Python 接口打下基础。

5.3.1　构建计算斐波那契数列的 Rust 代码

本节将跨越多个 Rust 文件构建斐波那契数列计算模块。为此，模块的文件结构将采用以下形式。

```
├── Cargo.toml
├── README.md
├── flitton_fib_rs
│     ├── __init__.py
├── setup.py
├── src
│     ├── fib_calcs
│     │     ├── fib_number.rs
│     │     ├── fib_numbers.rs
│     │     └── mod.rs
│     ├── lib.rs
```

在上述结构中，可以看到在 src/fib_calcs 目录下添加了斐波那契数列计算代码。你应该还记得，fib_numbers.rs 依赖于 fib_number.rs。

请按以下步骤操作。

（1）在 fib_number.rs 文件中初步定义斐波那契数计算函数，代码如下：

```
use pyo3::prelude::pyfunction;

#[pyfunction]
pub fn fibonacci_number(n: i32) -> u64 {
    if n < 0 {
        panic!("{} is negative!", n);
    }
    match n {
        0       => panic!("zero is not a right \
                  argument to fibonacci_number!"),
        1 | 2   => 1,
        _       => fibonacci_number(n - 1) +
                  fibonacci_number(n - 2)
    }
}
```

在上述代码中可以看到，我们已经导入了 pyfunction 宏以应用于函数。

到目前为止，你应该对斐波那契数的计算非常熟悉了，必须注意的是，与前面的示例不同，本示例删除了 if the input Fibonacci number to be calculated is 3（要计算的输入斐波那契数是 3）匹配（match）语句。这是因为 match 语句显著加快了代码速度，而我们希望在 5.5 节 "比较 Python、Rust 和 Numba 的速度" 中进行公平的速度比较。

（2）在定义了斐波那契数计算函数之后，即可定义 fib_numbers.rs 文件中的 fibonacci_numbers 函数，代码如下：

```
use std::vec::Vec;
use pyo3::prelude::pyfunction;
use super::fib_number::fibonacci_number;

#[pyfunction]
pub fn fibonacci_numbers(numbers: Vec<i32>) -> \
    Vec<u64> {
        let mut vec: Vec<u64> = Vec::new();

        for n in numbers.iter() {
            vec.push(fibonacci_number(*n));
        }
        return vec
    }
```

在上述代码中可以看到，我们接受了一个整数向量，遍历它们，并将它们追加到一个空向量，返回包含所有已计算出的斐波那契数的向量。在该代码中，导入了 fibonacci_number 函数。

（3）你应该还记得，如果不在 src/mod.rs 文件中使用以下代码定义，则将无法导入这些函数，并且它们在直接目录之外都将不可用。

```
pub mod fib_number;
pub mod fib_numbers;
```

（4）现在我们已经定义了 fib_number 和 fib_numbers 两个函数并在 src/mod.rs 文件中声明了它们，可以将它们导入 lib.rs 文件中。为此，可以首先声明 fib_calcs 模块，然后使用以下代码导入函数。

```
mod fib_calcs;

use fib_calcs::fib_number::__pyo3_get_function \
    _fibonacci_number;
use fib_calcs::fib_numbers::__pyo3_get_function \
    _fibonacci_numbers;
pub mod fib_numbers;
```

这里需要注意的是，我们的函数有__pyo3_get_function_前缀，这使我们能够保留应用于函数的宏。如果只是直接导入函数，则无法将它们添加到模块中，而这会导致在安装包时出现编译错误。

（5）现在函数已经导入并准备就绪，可以进行包装并使用以下代码将它们添加到模块中。

```
#[pymodule]
fn flitton_fib_rs(_py: Python, m: &PyModule) -> \
    PyResult<()> {
        m.add_wrapped(wrap_pyfunction!(say_hello));
        m.add_wrapped(wrap_pyfunction!(fibonacci_number));
        m.add_wrapped(wrap_pyfunction!(fibonacci_numbers));
        Ok(())
    }
```

（6）现在已经构建了模块，可以测试它们了。为此，我们需要将更改上传到 GitHub 存储库，并使用 pip uninstall 卸载 pip 模块，然后使用 pip install 安装新包。

一旦安装了新包，即可在 Python 终端中导入和使用新函数，如下所示。

```
>>> from flitton_fib_rs import fibonacci_number,
fibonacci_numbers
>>> fibonacci_number(20)
6765
>>> fibonacci_numbers([20, 21, 22])
[6765, 10946, 17711]
>>>
```

在上述输出命令和结果中可以看到，我们可以导入和使用跨越多个文件、以 Rust 编写的斐波那契数列计算函数。这意味着我们现在完全可以构建自己的 Rust Python pip 包。如果你有特定的问题需要在 Rust 中解决（如 Python 程序解决不了的昂贵计算问题），那么通过这种方式，问题就可以迎刃而解了。

现在我们已经解决了打包以 Rust 语言编写的 Python 包的麻烦，接下来还可以进一步利用包和命令行功能。使用 pip 安装的软件包是用于命令行功能的方便、强大的工具。因此，在下一小节中，让我们看看如何直接从命令行访问包中的 Rust 代码。

5.3.2　创建命令行工具

你可能已经注意到，要使用我们的斐波那契数列计算函数，必须启动 Python 控制台，导入函数并使用它们。如果只想在控制台中计算斐波那契数，那么这种方式不是很有效。

通过定义入口点，可以删除在终端中计算斐波那契数所需的这些不必要的流程。

考虑到在 setup.py 文件中定义了命令行入口点，在 Python 文件中定义我们的入口点是有意义的，该文件可以充当 Rust 函数的包装器（因为我们仍然想要获得 Rust 的速度优势），如图 5.2 所示。

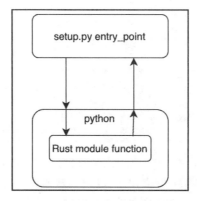

图 5.2　模块入口点的工作流

原　　文	译　　文
Rust module function	Rust 模块函数

这个包装器可以通过导入 argparse 和我们在 Rust 模块中创建的 fibonacci_number 函数来完成。我们可以创建一个简单的 Python 函数，该函数将获取用户输入，然后将其传递给 Rust 函数，最后打印出结果。

可以通过执行以下步骤来实现这一点。

（1）将以下代码添加到我们创建的 flitton_fib_rs/fib_number_command.py 文件中，以此来构建收集参数并调用 Rust 代码的 Python 函数。

```python
import argparse
from .flitton_fib_rs import fibonacci_number

def fib_number_command() -> None:
    parser = argparse.ArgumentParser(
        description='Calculate Fibonacci numbers')
    parser.add_argument('--number', action='store', \
        type=int, required=True,help="Fibonacci \
            number to becalculated")
    args = parser.parse_args()
    print(f"Your Fibonacci number is: "
            f"{fibonacci_number(n=args.number)}")
}
```

必须记住，当我们的 Rust 二进制文件被编译时，它会在 flitton_fib_rs 目录中，就在我们刚刚创建的文件旁边。

（2）在 setup.py 文件中定义入口点。

有了函数之后，即可在 setup.py 文件中通过声明该文件的路径和 entry_points 参数的函数来指向它，代码如下：

```
entry_points={
    'console_scripts': [
        'fib-number = flitton_fib_rs.'
        'fib_number_command:'
        'fib_number_command',
    ],
},
```

完成此操作后，就已经在我们的包中完全探测到了 Python 入口点。

（3）现在可以通过将参数传递给入口点来测试该命令行工具。

具体测试步骤是：首先更新我们的 GitHub 存储库并在 Python 环境中重新安装我们的包，然后通过输入以下命令来测试命令行。

```
fib-number --number 20
```

其输出结果如下：

```
Your Fibonacci number is: 6765
```

可以看到命令行工具是有效的。

至此，我们已经复制了与第 4 章"在 Python 中构建 pip 模块"中的 Python pip 包相同的功能。但是，现在我们必须走得更远，因为在我们的包中融合了两种不同的语言。为了完全掌握我们的 pip 包，需要探索如何控制和细化 Rust 与 Python 之间的交互。接下来，让我们看看如何构建能够实现这一点的适配器。

5.3.3　创建适配器

在尝试构建适配器接口之前，需要先了解什么是适配器（adapter）。适配器是一种设计模式，用于管理两个不同模块、应用程序或语言等之间的接口。"设计模式"这一称呼实际上已经揭示了我们要做的是什么。例如，如果你购买一台新的笔记本电脑，你可能会发现它现在只有 USB-C 端口而没有读卡器，那么你以前的老旧设备（如相机上使用的存储卡）是不是就没法用了呢？也不是，你可以购买一个适配器。适配器具有多种优势，它可以将 U 盘、SD 卡和 TF 卡等全部连接到笔记本电脑上。

在模块化软件工程方面，适配器也有类似的优势。例如，假设模块 A 依赖于模块 B，则可以创建管理两个模块之间接口的适配器，而不是在整个模块 A 中导入模块 B 的各个方面。这反过来又给了开发人员很大的灵活性。例如，在构建了模块 C 作为对模块 B 的改进之后，模块 A 不必到处寻找与模块 B 有关的内容并删除，改为使用模块 C，因为我们知道适配器会处理好这一切。我们甚至可以创建第二个适配器，及时转移到模块 C 上来。如果想要删除一个模块或将其移出，则与另一个模块的连接可以通过删除适配器立即切断。总之，适配器很简单，却可以为我们提供最大的灵活性。

在理解了适配器的原理之后，你应该明白，在 Rust 代码和 Python 之间创建适配器是有意义的。鉴于 Python 和 Rust 融合常见的做法是在 Python 系统中使用 Rust 代码，因此在 Python 中构建适配器是有意义的。

为了演示如何做到这一点，我们将创建一个接受列表或整数的适配器，然后它将选择正确的 Rust 函数并实现。为了演示该适配器的用法，我们可以制造出一个应用场景，其中有很多不正确的数据被输入模块中。事实上，用户输入错误数据是很正常的事情，我们不能让程序在每次用户输入错误数据时就出现问题，但我们确实想对计算是否失败进行分类，并且还想统计执行了正确计算的数量。这些要求似乎很具体，但我们必须记住，就像笔记本电脑一样，我们可以有多个适配器。如果需要，也可以随时切断、更改和删除适配器。

当然，在开始编写代码之前，最好还是了解一下适配器所涉及的层，如图 5.3 所示。

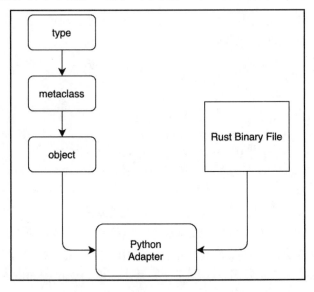

图 5.3　Rust 模块的 Python 适配器层

原　　文	译　　文
type	类型
metaclass	元类
object	对象
Rust Binary File	Rust 二进制文件
Python Adapter	Python 适配器

　　在图 5.3 中可以看到，Python 对象来自于类型。我们可以插入的对象其类型称为元类（metaclass）。在涉及元类时，必须构建一个元类来定义计数器（counter）的调用方式。这个计数器将是通用的，因为我们并不知道用户将如何使用我们的接口。用户可能会遍历一个数据点列表，为每个数据点调用我们的适配器。因此，我们需要确保无论调用多少个适配器，它们都指向相同的计数器。这样的解释你可能听不太明白，没关系，在具体构建适配器时，你就会完全清楚了。

5.3.4　使用单例设计模式构建适配器接口

　　单例（singleton）设计模式非常简单。顾名思义。它就是指一个类只能有一个实例，并提供对该实例的全局访问点。

　　请按以下步骤操作。

　　（1）在本示例中，必须先定义 Singleton 元类，这可以通过在新创建的 flitton_fib_rs/singleton.py 文件中编写以下代码来完成。

```python
class Singleton(type):
    _instances = {}

    def __call__(cls, *args, **kwargs):
        if cls not in cls._instances:
            cls._instances[cls] = super(Singleton, \
                cls).__call__(*args, **kwargs)
        return cls._instances[cls]
```

　　（2）在上述代码中可以看到，Singleton 类直接继承自 type。我们有一个名为 _instances 的字典，该字典中的键是 class 类型。当调用以 Singleton 作为元类的类时，会在字典中检查该类的类型。如果该类型不在字典中，则构造它并放入字典中，然后返回字典中的实例。这实际上意味着一个类不能有两个实例。该过程如图 5.4 所示。

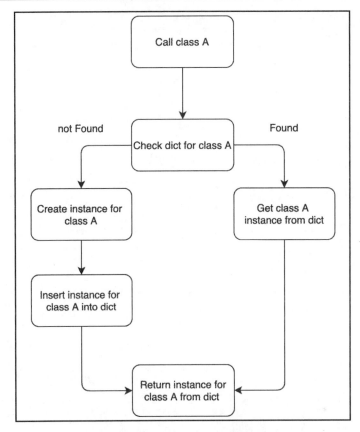

图 5.4　Singleton 元类的逻辑流程

原　　　文	译　　　文
Call class A	调用 A 类
Check dict for class A	检查字典，看看是否有 A 类
Found	发现 A 类
Get class A instance from dict	从字典获取 A 类的实例
not Found	未发现 A 类
Create instance for class A	创建 A 类的实例
Insert instance for class A into dict	将 A 类的实例插入字典中
Return instance for class A from dict	从字典返回 A 类的实例

（3）现在可以使用 Singleton 类来构造计数器。这可以通过在新创建的 flitton_fib_rs/counter.py 文件中编写以下代码来完成。

```
from .singleton import Singleton

class Counter(metaclass=Singleton):

    def __init__(self, initial_value: int = 0) -> \
      None:
        self._value: int = initial_value

    def increase_count(self) -> None:
        self._value += 1

    @property
    def value(self) -> int:
        return self._value
```

由于 Counter 类不能在同一个程序中构造两次，因此，无论调用多少次，都可以确保只有一个 Counter 类。

（4）现在可以在主适配器上使用它。我们将把主适配器存放在新创建的 flitton_fib_rs/fib_number_adapter.py 文件中。首先，使用以下代码导入我们需要的所有函数和对象。

```
from typing import Union, List, Optional

from .flitton_fib_rs import fibonacci_number, \
    fibonacci_numbers
from .counter import Counter
```

可以看到，我们导入了需要的类型，还导入了将要使用的 Rust 斐波那契数列计算函数和计数器。现在可以开始构建接口构造函数了。

（5）对于本示例中的适配器，需要有一个数字输入，一个过程是否成功的状态，以及实际结果（也就是计算出的斐波那契数）。另外，如果失败，还应该显示错误消息。

我们还将有一个计数器，并且必须在对象的构造过程中处理输入。示例代码如下：

```
class FlittonFibNumberAdapter:

    def __init__(self,
        number_input: Union[int, List[int]]) -> None:
        self.input: Union[int, List[int]] = \
            number_input
        self.success: bool = False
        self.result: Optional[Union[int, List[int]]] \
            = None
        self.error_message: Optional[str] = None
```

```
    self._counter: Counter = Counter()
    self._process_input()
```

请记住，即使调用计数器，它也是单例模式。因此，计数器在适配器的所有实例中都是相同的实例。

现在我们已经定义了所有正确的特性，接下来还必须定义什么是真正的成功。

（6）当 success（成功）为 true 时，计数器需要加 1。这可以通过 FlittonFibNumberAdapter 实例函数来表示，如下所示。

```
def _define_success(self) -> None:
    self.success = True
    self._counter.increase_count()
```

一切都很顺利。因为我们已经为计数器定义了一个非常简洁清晰的接口，所以几乎不需要解释。

现在我们已经定义了成功，还需要处理输入，因为有两个不同的函数，一个函数接受一个列表，另一个函数接受一个整数。

（7）可以使用 FlittonFibNumberAdapter 实例函数将正确的输入传递给正确的函数，示例代码如下：

```
def _process_input(self) -> None:
    if isinstance(self.input, int):
        self.result = fibonacci_number( \
            n=self.input)
        self._define_success()

    elif isinstance(self.input, list):
        self.result = fibonacci_numbers( \
            numbers=self.input)
        self._define_success()
    else:
        self.error_message = "input needs to be \
            a list of ints or an int"
```

在上述代码中可以看到，如果没有传入整数列表，则会显示我们定义的一条错误消息。如果确实传入了正确的输入，则会将结果定义为函数的结果并调用_define_success 函数。

（8）现在唯一剩下的就是向外部用户公开计数了。这可以通过以下 FlittonFibNumberAdapter 属性来完成。

```
@property
def count(self) -> int:
    return self._counter.value
```

同样，这里的计数器接口是非常简洁清晰的，所以不需要解释。

（9）适配器接口已经完成。现在需要做的就是将其导入 src/__init__.py 文件中，以公开给用户。代码如下：

```
from .fib_number_adapter import \
    FlittonFibNumberAdapter
```

至此，构建适配器接口的操作已经完成，接下来要做的就是更新 GitHub 存储库并在 Python 环境中重新安装我们的包以测试该适配器接口。

5.3.5　在 Python 控制台中测试适配器接口

现在可以使用 Python 控制台命令测试我们的适配器，如下所示。

```
>>> from flitton_fib_rs import FlittonFibNumberAdapter
>>> test = FlittonFibNumberAdapter(10)
>>> test_two = FlittonFibNumberAdapter(15)
>>> test_two.count
2
>>> test.count
2
>>> test_two.success
True
>>> test_two.result
610
```

可以看到，我们可以从模块中导入适配器，还可以定义两个不同的适配器。但是两个适配器的计数是一致的，这意味着我们的单例模式有效，两个适配器都指向同一个 Counter 实例。事实上，所有的适配器都将指向同一个 Counter 实例。还可以看到，success 为 True，并且可以访问计算的结果。

请继续执行以下测试。

（1）在同一个 Python 控制台中，使用下面的 Python 控制台命令来测试错误输入是否会导致失败并且不会增加计数。

```
>>> test_three = FlittonFibNumberAdapter(
                                "should fail"
                                )
>>> test_three.count
2
>>> test_three.result
>>> test_three.success
```

```
False
>>> test_three.error_message
'input needs to be a list of ints or an int'
>>>
```

在上述结果中可以看到，计数没有增加，success（成功）为 False，并且显示了一条错误信息。

（2）使用下面的 Python 控制台命令，输入一个整数列表来进行测试。

```
>>> test_four = FlittonFibNumberAdapter(
                    [5, 6, 7, 8, 9]
                    )
>>> test_four.result
[5, 8, 13, 21, 34]
```

可以看到，适配器接口正常有效。

（3）现在来看一下单例模式所发生的事情。如果我们调用 4 个适配器的所有计数，那么应该都是 3，因为它们都指向同一个 Counter 实例，并且 4 个适配器中有一个失败。在同一个 Python 控制台命令中调用它们会显示这是否为真，如下所示。

```
>>> test.count
3
>>> test_two.count
3
>>> test_three.count
3
>>> test_four.count
3
```

上述测试结果证明了我们的结论。我们已经完全配置了模块的 Python 接口。

本节构建了一个包含 Python 接口的 Rust pip 包。你可能很想在 flitton_fib_rs 目录中添加额外的目录并充实整个 Python 模块。但是，在安装包时并不会复制 flitton_fib_rs 目录中的额外目录。这倒也不错。我们实际上是在构建 Rust pip 包。Rust 快速且安全，开发人员应该尽可能多地依赖它。

flitton_fib_rs 目录中的 Python 适配器和命令应该让接口的使用更加平顺。例如，如果我们希望以特定方式管理接口的内存，那么在 Python 的接口中作为包装器这样做是有意义的，因为 Python 将是导入和使用 pip 包的系统。

如果你发现自己在 flitton_fib_rs 模块中放置了适配器和命令行函数以外的任何东西，那么这是一个警告信号，你应该尝试考虑将其放入 Rust 模块。

虽然我们已经手动测试了包，但是仍然需要确保 Rust 斐波那契数列计算函数按预期执行。因此，接下来我们将为 Rust 代码创建单元测试。

5.4　为 Rust 包构建测试

在第 4 章"在 Python 中构建 pip 模块"中，为 Python 代码构建了单元测试。本节也将做同样的事情，为斐波那契数列计算函数构建单元测试。不同的是，在 Rust 环境中，这些测试不需要任何额外的包或依赖项。使用 Cargo 即可管理测试。

可以通过在 src/fib_calcs/fib_number.rs 文件中添加测试代码来构建测试，其具体操作步骤如下。

（1）在 src/fib_calcs/fib_number.rs 文件中使用以下代码创建一个模块。

```
#[cfg(test)]
mod fibonacci_number_tests {
    use super::fibonacci_number;
}
```

在上述代码中可以看到，我们在同一个文件中定义了一个模块，并用 #[cfg(test)] 宏修饰了这个模块。另外还可以看到，我们必须导入该函数，因为它对模块来说是 super。

（2）在该模块中，可以运行标准测试来检查我们传入的整数是否计算出期望的斐波那契数，示例代码如下：

```
#[test]
fn test_one() {
    assert_eq!(fibonacci_number(1), 1);
}
#[test]
fn test_two() {
    assert_eq!(fibonacci_number(2), 1);
}
#[test]
fn test_three() {
    assert_eq!(fibonacci_number(3), 2);
}
#[test]
fn test_twenty() {
    assert_eq!(fibonacci_number(20), 6765);
}
```

在上述代码中可以看到，我们已经用#[test]宏修饰了测试函数。如果它们没有产生我们期望的结果，则 assert_eq! 并且测试将失败。

（3）如果传入零或负值，则函数将会恐慌（panic）。这可以用测试函数进行测试，示例如下：

```
#[test]
#[should_panic]
fn test_0() {
    fibonacci_number(0);
}
#[test]
#[should_panic]
fn test_negative() {
    fibonacci_number(-20);
}
```

在上述示例中，传入了失败的输入。如果函数不恐慌，那么测试将失败，因为我们用#[should_panic]宏修饰了函数。

（4）现在我们已经为 fibonacci_number 函数创建了测试，可以使用以下代码在 src/fib_calcs/fib_numbers.rs 文件中为 fibonacci_numbers 函数构建测试。

```
#[cfg(test)]
mod fibonacci_numbers_tests {

    use super::fibonacci_numbers;

    #[test]
    fn test_run() {
    let outcome = fibonacci_numbers([1, 2, 3, \
        4].to_vec());
        assert_eq!(outcome, [1, 1, 2, 3]);
    }
}
```

（5）在上述代码中可以看到，这与其他测试具有相同的布局。如果要运行测试，则可以使用以下命令。

```
cargo test
```

其输出如下所示。

```
running 7 tests
test fib_calcs::fib_number::fibonacci_number_tests::test_th
```

```
ree ... ok
test fib_calcs::fib_numbers::fibonacci_numbers_tests::test_
run ... ok
test fib_calcs::fib_number::fibonacci_number_tests::
test_two ... ok
test fib_calcs::fib_number::fibonacci_number_tests::test_on
e ... ok
test fib_calcs::fib_number::fibonacci_number_tests::
test_twenty ... ok
test fib_calcs::fib_number::fibonacci_number_tests::
test_negative ... ok
test fib_calcs::fib_number::fibonacci_number_tests::
test_0 ... ok
test result: ok. 7 passed; 0 failed; 0 ignored; 0
measured; 0
filtered out; finished in 0.00s
    Running target/debug/deps/flitton_fib_rs-
07e3ba4b0bc8cc1e
running 0 tests
test result: ok. 0 passed; 0 failed; 0 ignored; 0
measured; 0
filtered out; finished in 0.00s
    Doc-tests flitton_fib_rs
running 0 tests
test result: ok. 0 passed; 0 failed; 0 ignored; 0
measured; 0
filtered out; finished in 0.00s
```

可以看到，所有测试都已经运行并通过。

在第 4 章 "在 Python 中构建 pip 模块"中，曾经使用了模拟（mock）功能。Rust 也开发了 mock crate。有一个名为 mockall 的 crate 即支持模拟，其网址如下：

https://docs.rs/mockall/0.10.0/mockall/

还有另一个可用于模拟的更简洁的 crate，其网址如下：

https://docs.rs/mocktopus/0.7.11/mocktopus/

至此，我们已经掌握了如何构建模块并对其进行测试。我们成功构建了一个带有测试功能和 Python 接口的 Rust pip 模块。接下来，可以测试一下 Rust 模块的速度，看看作为一个工具的 Rust 模块究竟有多强大。

5.5　比较 Python、Rust 和 Numba 的速度

现在我们已经在 Rust 中构建了一个带有命令行工具、Python 接口和单元测试的 pip 模块。这是一个让人眼前一亮的新工具，所以有必要测试一下。我们知道 Rust 本身比 Python 快，但是，pyo3 绑定是否会拖后腿？

此外，还有另一种方法可以加速 Python 代码，那就是使用 Numba。Numba 是一个 Python 包，可以编译 Python 代码以加速它。如果 Numba 能达到与 Rust 同样的速度，那岂不是就不必创建 Rust 包了？

本节将在 Python、Numba 和 Rust 模块中多次运行斐波那契数列计算函数。必须指出的是，安装 Numba 很麻烦。例如，笔者在 MacBook Pro M1 机器上就无法安装 Numba，必须在 Linux 笔记本电脑上安装 Numba 才能运行本节的代码。所以，如果你嫌麻烦，则不必运行本节中的代码，因为它们更多地是出于一种演示目的。如果你确实想尝试运行测试脚本，则请按以下步骤操作。

（1）首先必须安装已经构建好的 Rust pip 模块。然后使用以下命令安装 Numba。

```
pip install numba
```

（2）安装完成之后，即拥有了所需的一切。在任意 Python 脚本中，使用以下代码导入所需的包。

```
from time import time

from flitton_fib_rs.flitton_fib_rs import \
    fibonacci_number
from numba import jit
```

从上述代码可以看出，我们将使用 time 模块来计算每次运行需要多长时间。还使用了 Rust pip 模块中的斐波那契数列计算函数，另外还需要 Numba 中的 jit 装饰器。jit 是及时（just in time）的首字母缩写，这是因为 Numba 在加载函数时即会对其进行编译。

（3）现在使用以下代码定义我们的标准 Python 函数。

```
def python_fib_number(number: int) -> int:
    if number < 0:
        raise ValueError(
            "Fibonacci has to be equal or above zero"
        )
    elif number in [1, 2]:
```

```
        return  1
    else:
        return  numba_fib_number(number - 1) + \
                numba_fib_number(number - 2)
```

可以看到，这与构建 Rust 代码的逻辑是一样的。这样做是因为我们希望确保该测试是一种可信的比较。

（4）使用以下代码定义使用 jit 编译的 Python 函数。

```
@jit(nopython=True)
def numba_fib_number(number: int) -> int:
    if number < 0:
        raise ValueError("Fibonacci has to be equal \
            or above zero")
    elif number in [1, 2]:
        return  1
    else:
        return  numba_fib_number(number - 1) + \
                numba_fib_number(number - 2)
```

可以看到，该代码和步骤（3）中的代码几乎是一样的。唯一的区别是用 jit 进行装饰并将 nopython 设置为 True 以获得最佳性能。

（5）使用以下代码运行所有测试。

```
t0 = time()
for i in range(0, 30):
    numba_fib_number(35)
t1 = time()
print(f"the time taken for numba is: {t1-t0}")
t0 = time()
for i in range(0, 30):
    numba_fib_number(35)
t1 = time()
print(f"the time taken for numba is: {t1 - t0}")
```

在这里可以看到，我们循环遍历了从 0 到 30 的范围，并使用数字 35 命中了函数 30 次。然后输出了发生这种情况所经过的时间。请注意，上述操作进行了两次，这是因为第一次运行将涉及编译函数。

该运行获得的结果如下：

```
the time taken for numba is: 2.6187334060668945
the time taken for numba is: 2.4959869384765625
```

在上述结果中可以看到，第二次运行节省了一些时间，因为它没有编译。再运行若干次，表明这种减少是标准的。

（6）现在使用以下代码设置标准 Python 测试。

```
t0 = time()
for i in range(0, 30):
    python_fib_number(35)
t1 = time()
print(f"the time taken for python is: {t1 - t0}")
```

运行此测试将获得以下控制台输出结果。

```
the time taken for python is: 2.889884853363037
```

从上述结果中可以看到，与 Numba 函数相比，运行纯 Python 代码的速度明显下降。

（7）现在继续进行最后的测试，也就是 Rust 测试。代码如下：

```
t0 = time()
for i in range(0, 30):
    fibonacci_number(35)
t1 = time()
print(f"the time taken for rust is: {t1 - t0}")
```

其输出结果如下：

```
the time taken for rust is: 0.9373788833618164
```

可以看到，Rust 函数比前两者要快得多。当然，这并不意味着 Numba 是多余的。对于 Python 优化来说，Numba 在某些情况下表现良好，而在另外一些情况下则根本发挥不出作用。不过，有一点是肯定的，那就是 Rust 总是比纯 Python 代码要快得多。

5.6　小　　结

本章使用命令行工具、接口和 Rust 代码构建了一个完整的 Python pip 模块。我们为 Rust 和 Python 开发定义了 gitignore 和 Cargo，配置了 Python 设置工具，以打包 Python 代码和模块，并编译具有 Python 绑定的 Rust 代码。在定义了这些之后，还介绍了如何构建跨越多个 Rust 文件的 Rust 函数，并将它们包装在 pyo3 绑定中。

本章的开发示例不仅仅停留在 Rust 环境。我们还探索了 Python 的单例设计和适配器设计模式，以为用户构建更高级的 Python 接口。此外，我们还通过单元测试和速度检查对代码进行了测试。

　　需要指出的是，本章没有介绍 GitHub 操作，因为本章 GitHub 操作的定义方式与上一章是一样的。我们也没有使用 Python 单元测试运行测试，而是使用了 Cargo 等运行测试。当然，上传到 PyPI 有点复杂。为了涵盖这一点，5.9 节"延伸阅读"提供了有关如何预编译和上传 Rust pip 模块的示例。

　　现在我们拥有一项强大的技能，那就是构建使用 Rust 的 Python pip 模块。当然，还依靠 Python 来构建接口。

　　在下一章中，我们将在 Rust 代码中使用 Python 对象，这样就能够将更高级的 Python 数据对象传递到 Rust 代码中。此外，我们还将使 Rust 代码能够返回完全成熟的 Python 对象。

5.7　问　　题

　　（1）如何为 pyo3 Rust Python pip 模块定义 setup.py 文件？

　　（2）本章示例中的 pip 模块在 Python 环境安装后的布局是怎样的？另外，为什么不能构建跨越多个目录的 Python 模块？

　　（3）什么是单例设计模式？

　　（4）什么是适配器设计模式？使用该设计模式有哪些优势？

　　（5）什么是元类？如何使用它？

5.8　答　　案

　　（1）首先使用 dist 包安装 setuptools_rust，然后对 setup.py 文件进行操作。我们需要为设置定义参数并使用 setuptools_rust 中的 RustExtension 对象，指向编译后的 Rust 模块将被安装的位置。

　　（2）安装 pip 模块时，二进制 Rust 文件位于为模块定义 Python 文件的同一目录中。但是，该目录中的目录不会被复制，因此，它们将在安装过程中丢失。

　　（3）单例设计模式确保对特定类的所有引用都指向该类的一个实例。

　　（4）适配器模式是管理两个模块之间交互的接口。其优点是模块之间的灵活性。开发人员知道所有交互在哪里，如果想要切断模块，则需要做的就是删除适配器。这使开发人员能够在需要时切换模块。

　　（5）元类是介于类型和对象之间的类。因此，开发人员可以使用它来查看管理调用对象的方式。

5.9　延　伸　阅　读

❑ Mre – an example of GitHub actions for deploying Rust packages on PyPI (2021):

https://github.com/mre/hyperjson/blob/master/.github/workflows/ci.yml

❑ Mastering Object-Oriented Python, Steven F. Lott, Packt Publishing (2019)
❑ The PyO3 user guide:

https://pyo3.rs/v0.13.2/

第 6 章　在 Rust 中使用 Python 对象

到目前为止，我们已经成功地将 Rust 与 Python 融合以加快代码的运行速度。但是，用 Rust 编写的软件程序可能会变得很复杂。虽然我们可以将整数和字符串从 Python 代码传递给 Rust 函数，但是在 Rust 中处理来自 Python 和对象的更复杂的数据结构同样很有用。因此，本章将介绍如何接受和处理 Python 数据结构，如字典（dictionary）。本章还将讨论如何进一步处理自定义 Python 对象，甚至在 Rust 代码中创建 Python 对象。

本章包含以下主题：

❑　将复杂的 Python 对象传递到 Rust 中。

❑　检查和使用自定义 Python 对象。

❑　在 Rust 中构建自定义 Python 对象。

6.1　技 术 要 求

本章代码可通过以下 GitHub 链接找到。

https://github.com/PacktPublishing/Speed-up-your-Python-with-Rust/tree/main/chapter_six

6.2　将复杂的 Python 对象传递到 Rust 中

开发人员能够将 Rust pip 模块开发提升到一个新水平的一项关键技能是接受复杂的 Python 数据结构/对象并使用它们。在第 5 章 "为 pip 模块创建 Rust 接口" 中，我们接受了整数。但值得一提的是，这些原始整数只是直接转移到了 Rust 函数。对于 Python 对象来说，则要更复杂一些。

为了探索这一功能及其应用，我们将创建一个新的命令行函数，它会读取.yml 文件并将 Python 字典传递给我们的 Rust 函数。该字典中的数据将具有触发 fibonacci_numbers 和 fibonacci_number 函数所需的参数，然后将这些函数的结果添加到 Python 字典并将其传递回 Python 系统。

为此，我们将执行以下步骤。

（1）更新 setup.py 文件以支持.yml 加载和读取它的命令行函数。

（2）定义一个命令行函数，读取.yml 文件并将其输入 Rust。

（3）为 Rust 中的 fibonacci_numbers 处理来自 Python 字典的数据。

（4）从配置文件中提取数据。

（5）将 Python 字典返回到 Python 系统。

这种方法需要先编写整个过程，然后才能运行。这对新人可能不是很友好，因为要到最后才能看到它起作用。但是，本书将以这种方式进行布局，以便我们可以看到数据流。

本节是首次探索将复杂数据结构传递到 Rust 的概念。一旦了解了其工作原理，即可开发为个人工作的 pip 模块。

6.2.1　更新 setup.py 文件以支持.yml 加载

现在让我们通过更新 setup.py 文件来开始这个旅程，请按以下步骤操作。

（1）使用新命令行函数，读取一个 .yml 文件并将该数据传递给 Rust 函数。这需要 Python pip 模块具有 pyyaml Python 模块。这可以通过将 requirements 参数添加到 setup 初始化来完成，如下所示。

```
requirements=[
    "pyyaml>=3.13"
]
```

你应该还记得，开发人员可以向模块添加很多依赖项，只要将它们添加到 requirements 列表中即可。如果希望模块对于不同系统的多次安装更加灵活，则建议降低 pyyaml 模块要求的版本号。

（2）在定义了需求之后，可以定义一个新的控制台脚本，在 setup 初始化中产生 entry_points 参数，如下所示。

```
entry_points={
    'console_scripts': [
        'fib-number = flitton_fib_rs.'
        'fib_number_command:'
        'fib_number_command',
        'config-fib = flitton_fib_rs.'
        'config_number_command:'
        'config_number_command',
    ],
},
```

由上述代码可以看出，新的控制台脚本将位于 flitton_fib_rs/config_number_command.py 目录中。

（3）在 flitton_fib_rs/config_number_command.py 目录中，需要构建一个名为 config_number_command 的函数。首先导入需要的模块，如下所示。

```
import argparse
import yaml
import os

from pprint import pprint

from .flitton_fib_rs import run_config
```

os 将帮助定义 .yml 文件的路径。pprint 函数可以帮助在控制台上以易于阅读的格式打印数据。另外，我们还将导入一个 Rust 函数 run_config，它将帮助处理字典。

6.2.2　定义.yml 加载命令

导入完成之后，即可定义函数并收集命令行参数。

请按以下步骤操作。

（1）先从以下代码开始。

```
def config_number_command() -> None:
    parser = argparse.ArgumentParser(
        description='Calculate Fibonacci numbers '
                    'using a config file')
    parser.add_argument('--path', action='store',
                        type=str, required=True,
                        help="path to config file")
    args = parser.parse_args()
```

在上述代码中可以看到，我们接受了一个字符串，它是.yml 文件的路径，带有--path 标签，这是需要解析的内容。

（2）在解析了路径之后，即可运行以下代码打开 .yml 文件。

```
with open(str(os.getcwd()) + "/" + args.path) as \
    f:
        config_data: dict = yaml.safe_load(f)
```

在上述代码中可以看到，我们使用了 os.getcwd()函数附加路径。这是因为我们必须知道用户是在哪里调用命令的。例如，如果是在 x/y/目录中并且想要指向 x/y/z.yml 文件，则必须运行 config-fib --path z.yml 命令。如果文件的目录是 x/y/test/z.yml，则必须运行 config-fib --path test/z.yml 命令。

（3）现在已经从 .yml 文件中加载了数据，可以通过运行以下代码将其打印出来并输出 Rust 函数的结果。

```
print("Here is the config data: ")
pprint(config_data)
print(f"Here is the result:")
pprint(run_config(config_data))
```

至此，所有 Python 代码已经编写完毕。

6.2.3　处理来自 Python 字典的数据

现在需要构建处理 Python 字典的 Rust 函数。请按以下步骤操作。

（1）在处理输入的字典时，必须就可接受的格式达成一致。为了简单起见，本示例中的 Python 字典将有两个键。number 键用于可以单独调用斐波那契数计算的整数列表，而 numbers 键则用于整数列表的列表。为了确保 Rust 代码不会变得杂乱无章，可以在我们的 interface 目录中定义接口。

本示例中的 Rust 代码具有以下结构。

```
├── fib_calcs
│   ├── fib_number.rs
│   ├── fib_numbers.rs
│   └── mod.rs
├── interface
│   ├── config.rs
│   └── mod.rs
├── lib.rs
└── main.rs
```

（2）可以在 src/interface/config.rs 文件中构建配置接口。首先导入需要的所有函数和宏，如下所示。

```
use pyo3::prelude::{pyfunction, PyResult};
use pyo3::types::{PyDict, PyList};
use pyo3::exceptions::PyTypeError;

use crate::fib_calcs::fib_number::fibonacci_number;
use crate::fib_calcs::fib_numbers::fibonacci_numbers;
```

我们将使用 pyfunction 来包装接受 Python 字典的接口。字典将包装在 pyResult 结构体中返回给 Python 程序。在看到接受了 Python 字典之后，即可使用 PyDict 结构体来描述传入和返回的字典。

我们还将使用 PyList 结构体访问字典中的列表。如果字典有问题，其中不包括列表，则抛出一个 Python 系统可以理解的错误。为此，需要使用 PyTypeError 结构体。

最后，我们还将使用斐波那契数函数来计算斐波那契数。可以看到，我们只是使用了 use crate:: 从 Rust 代码中的另一个模块导入。尽管斐波那契数计算函数应用了 pyfunction 宏，但这并不妨碍我们在 Rust 代码的其他地方将它们用作普通的 Rust 函数。

（3）在编写接口函数之前，还需要构建一个私有函数，它将接受列表的列表，计算斐波那契数，并将它们返回到列表的列表中，如以下代码片段所示。

```
fn process_numbers(input_numbers: Vec<Vec<i32>>) \
    -> Vec<Vec<u64>> {
    let mut buffer: Vec<Vec<u64>> = Vec::new();
    for i in input_numbers {
        buffer.push(fibonacci_numbers(i));
    }
    return buffer
}
```

至此，我们已经拥有了构建接口所需的一切。

（4）通过运行以下代码来定义一个接受和返回相同数据的 pyfunction 函数。

```
#[pyfunction]
pub fn run_config<'a>(config: &'a PyDict) \
    -> PyResult<&'a PyDict> {
```

上述代码告诉 Rust 编译器，我们接受的 Python 字典必须与返回的 Python 字典具有相同的生命周期。这样做是有意义的，因为我们将在添加结果之后返回相同的字典。

（5）通过运行以下代码来查看字典中是否存在 number 键。

```
match config.get_item("number") {
    Some(data) => {
        ...
    },
    None => println!(
        "parameter number is not in the config"
    )
}
```

在上述代码中可以看到，如果不存在 number 键，则打印 parameter number is not in the config（config 中不存在 number 参数）的消息。你也可以更改规则以抛出一个错误，但本示例接受了一个更宽泛的 config 文件。如果用户没有任何单独的斐波那契数字要计算，只有斐波那契数字的列表，则不应该抛出错误，而是让用户添加该字段。步骤（6）中显示的代码片段中的 3 个小点就是在存在 number 键时将执行代码的位置。

（6）替换以下代码片段中的 3 个小点。

```
match data.downcast::<PyList>() {
    Ok(raw_data) => {
        . . .
    },
    Err(_) => Err(PyTypeError::new_err(
        "parameter number is not a list
        of integers")).unwrap()
}
```

在上述代码中可以看到，我们将已经提取的属于 number 键的数据向下转换为 PyList 结构体。如果失败，则主动抛出一个类型错误，因为用户试图配置 number 键但失败了。如果通过，则可以通过将上述代码片段中的 3 个小点替换为以下代码来运行斐波那契数列计算函数。

```
let processed_results: Vec<i32> =
    raw_data.extract::<Vec<i32>>().unwrap();
let fib_numbers: Vec<u64> =
    processed_results.iter().map(
        |x| fibonacci_number(*x)
    ).collect();
config.set_item(
    "NUMBER RESULT", fib_numbers);
```

上述代码所做的就是通过在 PyList 结构体上运行 extract 函数来创建 Vec<i32>。我们直接解开它，这样如果有错误，则立即扔掉。

然后，通过使用 iter() 函数遍历向量来创建 Vec<u64>，它将包含已计算的斐波那契数。我们用 map 函数映射该向量的每个 i32 整数。在 map 函数内部，定义了一个闭包映射到向量中的每个 i32 整数。

必须注意的是，我们在取消引用传入的 i32 整数时应用了斐波那契计算函数，因为它现在是借用的引用。

我们使用 .collect() 函数收集此映射的结果，这导致 processes_results 变量是 i32 计算的斐波那契数的集合。

最后，我们将计算出的斐波那契数字添加到 NUMBER RESULT 键下的字典中。

图 6.1 显示了上述流程。

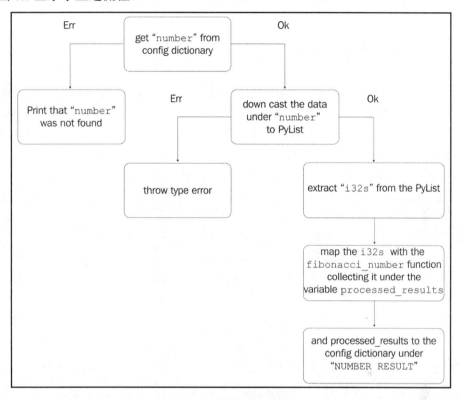

图 6.1　数据提取流程

原　　文	译　　文
get "number" from config dictionary	从 config 字典获取 number 键的数据
Err	错误
Print that "number" was not found	打印未找到 number 的消息
Ok	确定
down cast the data under "number" to PyList	将 number 键的数据向下转换到 PyList 结构体
throw type error	抛出类型错误
extract "i32s" from the PyList	从 PyList 结构体提出 i32 数字
map the i32s with the fibonacci_number function collecting it under the variable processed_results	使用斐波那契数计算函数（fibonacci_number）映射 i32 数字，将其收集到 processed_results 变量中
and processed_results to the config dictionary under "NUMBER RESULT"	将计算出的斐波那契数字（processed_results）添加到 NUMBER RESULT 键下的字典中

接下来，我们将执行与图 6.1 中显示的流程类似的过程来处理 numbers 键下的列表的列表。

6.2.4　从配置文件中提取数据

到目前阶段，尝试自己实现 numbers 键的过程是一个好主意。为了让事情变得更简单，可以使用在 6.2.3 节"处理来自 Python 字典的数据"步骤（3）中定义的 process_numbers 函数。接下来就让我们看看这一解决方案。

请按以下步骤操作。

（1）numbers 键可以由 run_config 函数处理，其代码定义如下：

```rust
match config.get_item("numbers") {
    Some(data) => {
        match data.downcast::<PyList>() {
            Ok(raw_data) => {
                let processed_results_two: \
                    Vec<Vec<i32>> =
                    raw_data.extract::<Vec<Vec<i32>>>(
                ).unwrap();
                config.set_item("NUMBERS RESULT",
                    process_numbers(processed \
                        _results_two));
            },
            Err(_) => Err(PyTypeError::new_err(
            "parameter numbers is not a list of \
                lists of integers")).unwrap()
        }

    },
    None => println!(
    "parameter numbers is not in the config")
}
return Ok(config)
```

在上述代码中可以看到，process_numbers 函数实际上使这个实现比 numbers 键处理更简单。如果复杂性开始增加，则将逻辑分解为更小的函数总是值得的。还必须注意，我们返回了一个包装 config 字典的结果。

现在我们已经完成了处理字典背后的逻辑，接下来需要返回该字典。

（2）在这里，我们必须通过运行以下代码在 src/interface/mod.rs 文件中公开定义 src/

interface/config.rs 文件。

```
pub mod config;
```

（3）通过运行以下代码将上述文件导入 src/lib.rs 文件中。

```
mod interface;

use interface::config::__pyo3_get_function_run_config;
```

（4）通过运行以下代码将函数添加到 src/lib.rs 文件的模块中。

```
m.add_wrapped(wrap_pyfunction!(run_config));
```

现在我们已经完成了在 Rust 中处理数据的所有步骤。接下来，可以将 Rust 字典返回到 Python 系统。

6.2.5　将 Python 字典返回到 Python 系统

我们的 pip 模块现在可以接收一个配置文件，将其转换为 Python 字典，然后将 Python 字典传递给计算斐波那契数的 Rust 函数，并将结果以字典的形式返回给 Python。这可以通过执行以下步骤来实现。

（1）定义一个要被我们的程序提取的 .yml 文件。可通过以下代码定义一个示例 .yml 文件。

```
number:
    - 4
    - 7
    - 2
numbers:
    -
        - 12
        - 15
        - 20
    -
        - 15
        - 19
        - 18
```

将上述 .yml 代码保存在桌面上（仅用于演示目的，所以不必太在意保存的位置），文件名为 example.yml。请记住更新你的 GitHub 存储库并在 Python 环境中卸载当前模块，然后安装新模块。

（2）使用以下命令将 .yml 文件传入模块入口点。

```
config-fib --path example.yml
```

（3）笔者从存储了 example.yml 文件的桌面运行了上述命令。其输出结果如下：

```
Here is the config data:
{'number': [4, 7, 2, 10, 15],
 'numbers': [[5, 8, 12, 15, 20], [12, 15, 19, 18, 8]]}
Here is the result:
{'NUMBER RESULT': [3, 13, 1, 55, 610],
 'NUMBERS RESULT': [[5, 21, 144, 610, 6765],
                    [144, 610, 4181, 2584, 21]],
 'number': [4, 7, 2, 10, 15],
 'numbers': [[5, 8, 12, 15, 20], [12, 15, 19, 18, 8]]}
```

在上述结果中可以看到，Python 接口会将 Python 字典输入 Rust 接口中。然后我们得到了在同一个字典中传回的斐波那契函数的结果。

（4）现在我们在 .yml 文件中引入一个重大更改。可以运行以下代码将 number 键更改为字典而不是 example.yml 文件中的整数列表，以此来测试错误处理情况。

```
number:
    one: 1
```

（5）再次运行我们的命令时，给出了以下错误信息。

```
pyo3_runtime.PanicException: called 'Result::unwrap()'
on an 'Err' value: PyErr { type: <class 'TypeError'>,
value: TypeError('parameter number is not a list of integers'),
traceback: None }
```

在上述结果中可以看到，我们果然引发了 TypeError 异常。这真的不简单，要知道，这意味着如果需要，开发人员可以在使用 Rust 模块时尝试接受 Python 代码中的类型错误。从这方面考虑，如果用户不知道我们的模块的构建方式，他们还会认为我们的模块是在纯 Python 环境中构建的。

我们还可以考虑另外一项测试：仅在向下转换为 PyList 时手动抛出错误，强调我们需要一个整数列表。当然，我们只是解开了在 PyList 上执行的 extract 函数。

（6）想要查看 extract 函数处理放入的字符串的方式，可以运行以下代码，将 number 键更改为字符串列表，而不是 example.yml 文件中的整数列表。

```
number:
    - "test"
```

（7）再次运行命令会给出以下输出结果。

```
pyo3_runtime.PanicException: called 'Result:: \
    unwrap()' on an
'Err' value: PyErr { type: <class 'TypeError'>,
value: TypeError(
"'str' object cannot be interpreted as an integer"),
traceback: None }
```

在上述结果中可以看到，这里的错误是 str 对象不能解释为整数，因为我们没有直接编写错误代码告诉用户想要什么；但是，它仍然是 TypeError。这也从侧面说明，作用于 Python 对象的函数引发的错误是 Python 友好的。

现在我们已经知道了如何与复杂的 Python 数据结构进行交互，这意味着可以在 Rust 中构建与 Python 程序无缝融合的 Python pip 模块。

接下来，让我们看看如何检查和使用自定义 Python 对象，以便将我们的 Rust pip 模块提升到一个新的水平。

6.3　检查和使用自定义 Python 对象

从技术上讲，Python 中的一切都是对象。我们在上一节中处理的 Python 字典就是一个对象，因此我们实际上已经能够在 Rust 中使用和处理 Python 对象。但是，众所周知，Python 是能够构建自定义对象的。因此，本节将让 Rust 函数接受一个具有 number 和 numbers 特性（attribute）的自定义 Python 类。为此，我们将执行以下步骤。

（1）创建一个将自身传递到 Rust 接口的对象。

（2）在 Rust 代码中获取 Python 全局解释器锁（global interpreter lock，GIL），以创建 PyDict 结构体。

（3）将自定义对象的特性添加到新创建的 PyDict 结构体中。

（4）将自定义对象的特性设置为 run_config 函数的结果。

6.3.1　为 Rust 接口创建一个对象

让我们从设置接口对象开始。

请按以下步骤操作。

（1）将对象放入 flitton_fib_rs/object_interface.py 文件中，它会将自己传入 Rust 代码。最初，可通过运行以下代码导入需要的内容。

```python
from typing import List, Optional

from .flitton_fib_rs import object_interface
```

（2）通过运行以下代码定义对象的 __init__ 方法。

```python
class ObjectInterface:

    def __init__(self, number: List[int], \
        numbers: List[List[int]]) -> None:
            self.number: List[int] = number
            self.numbers: List[List[int]] = numbers
            self.number_results: Optional[List[int]] = \
                None
            self.numbers_results:Optional[List[List \
                [int]]] = None
```

在上述代码中可以看到，我们可以在参数中传入想要计算的斐波那契数，然后将特性设置为传入的参数。这里定义的结果参数是 None 值。但是，当我们将此对象传递到 Rust 对象接口时，它们将由 Rust 代码填充。

（3）现在可以定义一个函数，将对象传递给 Rust 代码。

```python
def process(self) -> None:
    object_interface(self)
```

可以看到，这是通过将 self 引用传递给函数来完成的。

现在我们已经定义了对象，接下来可以构建接口并与 Python GIL 交互。

6.3.2　在 Rust 中获取 Python GIL

对于本示例中的接口，可以将函数存放在 src/interface/object.rs 文件中。

请按以下步骤操作。

（1）通过运行以下代码导入需要的所有内容。

```rust
use pyo3::prelude::{pyfunction, PyResult, Python};
use pyo3::types::{PyAny, PyDict};
use pyo3::exceptions::PyLookupError;

use super::config::run_config;
```

到目前阶段，这些导入项目中的大部分你应该已经熟悉了。值得一提的是 Python 的导入。这里的 Python 是一个结构体，本质上是我们将要执行的 Python 操作所需的标记。

现在我们已经导入了需要的所有内容，接下来可以为接口构建参数。

（2）通过运行以下代码创建一个 PyDict 结构体。

```
#[pyfunction]
pub fn object_interface<'a>(input_object: &'a PyAny) \
    -> PyResult<&'a PyAny> {
    let gil = Python::acquire_gil();
    let py = gil.python();

    let config_dict: &PyDict = PyDict::new(py);
```

上述代码所做的实际上就是获取 Python GIL 锁，然后使用它创建一个 PyDict 结构体。

要完全理解我们在做什么，最好先探索一下 Python GIL 是什么。在第 3 章"理解并发性"中介绍了线程阻塞的概念。这意味着如果某个线程正在执行，那么所有其他线程都将被锁定。GIL 确保发生这种情况，如图 6.2 所示。

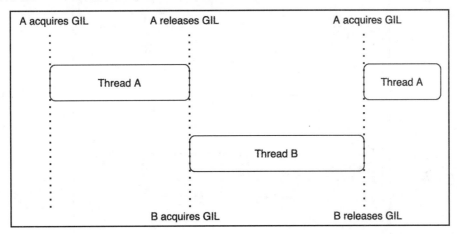

图 6.2　GIL 流程

原　　文	译　　文	原　　文	译　　文
A acquires GIL	A 获取 GIL 锁	B acquires GIL	B 获取 GIL 锁
Thread A	线程 A	Thread B	线程 B
A releases GIL	A 释放 GIL 锁	B releases GIL	B 释放 GIL 锁

这是因为 Python 没有任何所有权的概念。一个 Python 对象可以被引用任意多次，并且可以从任何这些引用中改变变量。获取 gil 变量即可确保只有一个线程可以同时使用 Python 解释器和 Python 应用程序编程接口（application programming interface，API）。

你应该还记得，进程的行为是不一样的，并且有自己的内存。gil 变量是一个 GILGuard

结构体，可以确保在对 Python 对象执行任何操作之前获取 GIL 锁。

6.3.3　向新创建的 PyDict 结构体添加数据

在可以使用 GIL 控制 Python 对象之后，即可继续进行下一步，将输入对象中的数据添加到新创建的 PyDict 结构体中。

图 6.3 显示了本小节将要执行的操作。

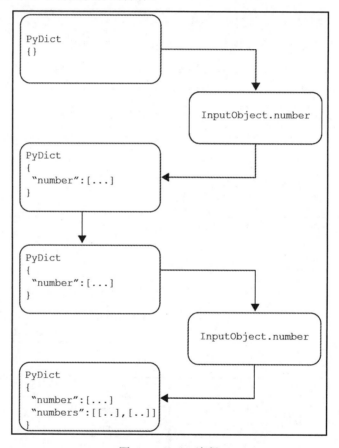

图 6.3　PyDict 流程

（1）通过运行以下代码实现图 6.3 中描述的第一个循环。

```
match input_object.getattr("number") {
    Ok(data) => {
        config_dict.set_item("number", data) \
```

```
        .unwrap();
    },
    Err(_) => Err(PyLookupError::new_err(
        "attribute number is missing")).unwrap()
}
```

在上述代码中可以看到，我们匹配了 getattr 函数，如果 input_object 没有 number 特性，则抛出错误。如果确实有该特性，则将其分配给 config_dict。

（2）通过运行以下代码实现图 6.3 中描述的第二个循环。

```
match input_object.getattr("numbers") {
    Ok(data) => {
        config_dict.set_item("numbers", data) \
            .unwrap();
    }
    Err(_) => Err(PyLookupError::new_err(
        "attribute numbers is missing")).unwrap()
}
```

可以看到，上述代码与步骤（1）中代码几乎相同，只是特性由 number 变成了 numbers。

（3）通过运行以下代码将 getattr 函数重构为带有 attribute 参数的单个函数。

```
fn extract_data<'a>(input_object: &'a PyAny, \
    attribute: &'a str, config_dict: &'a PyDict) \
        -> &'a PyDict {
    match input_object.getattr(attribute) {
        Ok(data) => {
            config_dict.set_item(attribute, \
                data).unwrap();
        },
        Err(_) => Err(PyLookupError::new_err(
            "attribute number is missing")).unwrap()
    }
    return config_dict
}
```

可以看到，我们的 Python 对象具有很大的灵活性。该函数可以与 object_interface 函数中的重构代码一起多次使用，如下所示。

```
let mut config_dict: &PyDict = PyDict::new(py);
config_dict = extract_data(input_object, \
    "number", config_dict);
config_dict = extract_data(input_object,
    "numbers", config_dict);
```

可以看到，上述代码已将 config_dict 更改为可变的。

现在我们已经加载了包含全部所需数据的 **PyDict** 结构体，接下来要做的就是运行 run_config 函数，将其添加到输入对象的特性中，然后将其返回到 Python 接口。

6.3.4　设置自定义对象的特性

现在我们已经处于接口模块的最后阶段。请按以下步骤操作。

（1）通过运行以下代码将 run_config 函数的输出传递给 Python 对象接口。

```
let output_dict: &PyDict = run_config( \
    config_dict).unwrap();

input_object.setattr(
    "number_results",
    output_dict.get_item(
        "NUMBER RESULT").unwrap()).unwrap();

input_object.setattr(
    "numbers_results",
    output_dict.get_item(
        "NUMBERS RESULT").unwrap()).unwrap();

return Ok(input_object)
```

可以看到，我们从 run_config 函数中获取了 output_dict Python 字典。在获取之后，即可根据 output_dict 中的项目设置 input_object 特性。

现在我们已经完成了接口，随后可以将它插入 Rust 模块中。

（2）运行以下代码，在 src/interface/mod.rs 文件中公开定义接口文件。

```
pub mod object;
```

（3）在 Rust 模块中定义接口函数，方法是将其导入 src/lib.rs 文件中。代码如下：

```
use interface::object::__pyo3_get_function_object_ \
    interface;
```

（4）将函数添加到模块中，如下所示。

```
m.add_wrapped(wrap_pyfunction!(object_interface));
```

我们的模块现在可以正常运行了。与以前一样，必须记住先更新 GitHub 存储库，在 Python 环境中卸载旧模块，然后重新安装模块。完成后，即可通过运行 Python shell 对其进行测试。

（5）在 Python shell 中，可以通过运行以下代码来测试对象。

```
>>> from flitton_fib_rs.object_interface import
ObjectInterface
>>> test = ObjectInterface([5, 6, 7, 8], [])
>>> test.process()
>>> test.number_results
[5, 8, 13, 21]
```

可以看到，我们导入了将要使用的对象，然后对其进行初始化并运行 process 函数。一旦完成，即可看到 Rust 代码接受了对象并与之交互，因为 number_results 特性得到了正确的结果。

在掌握了与 Python 自定义对象进行交互的能力之后，开发人员可以做的事情就很多了，因为与 Python 系统进行交互能够实现的功能是强大的，而自定义 Python 对象也不再是问题。当然，在 Rust 代码中，也不要让 Python 对象做太多事情。虽然可以在接口中使用它们，但不应该依赖它们来构建整个程序。记住这一点很重要。在本节示例中，我们确实使用 Python 对象做了很多，但这是因为我们仅仅是一个简单的演示，重用了前面构建的一个函数来避免编写过多的代码。在你的项目中，应该仅将 Python 对象用作接口，其余的事情交给 Rust 处理。

反过来讲，如果你发现自己在整个 Rust 代码中使用的都是 Python 对象，那么你必须反躬自省一下，使用纯 Python 即可，何必还要再套一个 Rust 的壳呢？诚然，用 Python 编码会比用 Rust 编码慢，但元类、动态特性和许多其他 Python 功能将使在 Python 中编码比试图将 Python 风格的编码强制套用到 Rust 中更容易和更愉快。因此，既然要将 Python 和 Rust 融合，那么我们就需要充分利用 Rust 的优点，例如，Rust 可提供结构体、trait、枚举和强类型，其变量在生命周期超出作用域之后会立即被删除以保持很低的资源占用等。

总之，我们建议你勇敢地走出 Python 编码风格的舒适区，熟悉和掌握 Rust 的编码风格，以充分获得在 Rust 中构建 pip 模块的好处。

接下来，让我们看看如何在 Rust 代码中构建自定义 Python 对象。

6.4　在 Rust 中构建自定义 Python 对象

本节将在 Rust 中构建一个 Python 模块，该模块可以在 Python 系统中进行交互，就好像它是一个原生 Python 对象一样。为此需要执行以下操作。

（1）定义一个包含所需特性的 Python 类。
（2）定义类静态方法处理输入的数字。
（3）定义类构造函数。
（4）包装并测试模块。

6.4.1　定义具有所需特性的 Python 类

可以在 src/class_module/fib_processor.rs 文件中定义类，请按以下步骤操作。
（1）要构建类，需通过运行以下代码导入所需的宏。

```
use pyo3::prelude::{pyclass, pymethods, staticmethod};

use crate::fib_calcs::fib_number::fibonacci_number;
use crate::fib_calcs::fib_numbers::fibonacci_numbers;
```

在上面导入的项目中，pyclass 宏可用于定义 Rust Python 类，pymethods 和 staticmethod 可用于定义附加到类的方法，而 fibonacci_number 和 fibonacci_numbers 则用于斐波那契数列的计算。
（2）在导入了所需的内容之后，即可定义类和特性，具体如下所示。

```
#[pyclass]
pub struct FibProcessor {
    #[pyo3(get, set)]
    pub number: Vec<i32>,
    #[pyo3(get, set)]
    pub numbers: Vec<Vec<i32>>,
    #[pyo3(get)]
    pub number_results: Vec<u64>,
    #[pyo3(get)]
    pub numbers_results: Vec<Vec<u64>>
}
```

在上述代码中可以看到，特性使用了 Rust 类型。我们还使用宏来说明可以通过这些特性做什么。对于 number 和 numbers 特性，可以获取和设置属于这些特性的数据。但是，对于 results 特性，则只能获取数据，因为其设置是由计算决定的。

6.4.2　定义类静态方法处理输入

现在可以使用特性来实现类方法。
就像使用标准结构体一样，我们可以通过 impl 块实现附加到类的方法，如以下代码片段所示。

```
#[pymethods]
impl FibProcessor {

    #[staticmethod]
    fn process_numbers(input_numbers: Vec<Vec<i32>>) \
        -> Vec<Vec<u64>> {
        let mut buffer: Vec<Vec<u64>> = Vec::new();
        for i in input_numbers {
            buffer.push(fibonacci_numbers(i));
        }
        return buffer
    }
}
```

在上述代码中可以看到，已经将 pymethods 宏应用于 impl 块，将 staticmethod 宏应用于 process_numbers 静态方法。在前面的示例中，该函数用于处理列表的列表。

在定义了静态方法之后，即可在构造函数方法中使用它。

6.4.3　定义类构造函数

请按以下步骤操作。

（1）通过运行以下代码在 impl 块中定义构造函数方法。

```
#[new]
fn new(number: Vec<i32>, numbers: Vec<Vec<i32>>) \
    -> Self {
    let input_numbers: Vec<Vec<i32>> = \
        numbers.clone();
    let input_number: Vec<i32> = number.clone();

    let number_results: Vec<u64> =
        input_number.iter(
                            ).map(
            |x| fibonacci_number(*x)
    ).collect();

    let numbers_results: Vec<Vec<u64>> = Self::
            process_numbers(input_numbers);
    return FibProcessor {number, numbers,
        number_results, numbers_results}
}
```

在上述代码中，接受了用于计算斐波那契数的输入，然后克隆它们，因为我们将通过斐波那契数函数遍历它们。完成后，通过映射输入并收集结果应用 fibonacci_number 函数。我们还从静态方法中收集结果。计算完所有数据后，构建类并返回。

（2）上述操作完成之后，接下来要做的就是将类连接到模块。这可以通过在 src/class_module/mod.rs 文件中公开声明类文件来实现，如下所示。

```
pub mod fib_processor;
```

（3）通过运行以下代码将模块导入 src/lib.rs 文件中。

```
mod class_module;

use class_module::fib_processor::FibProcessor;
```

（4）完成后，可以在同一个文件中将类添加到模块中，如下所示。

```
m.add_class::<FibProcessor>()?;
```

至此，我们已经将类完全集成到 pip 模块中。

6.4.4　包装并测试模块

和以前一样，当我们要测试模块时，需执行以下操作。
- ❑　更新 GitHub 存储库。
- ❑　卸载当前的 pip 模块。
- ❑　在 Python 环境中重新安装要测试的模块。

现在我们已经完成了模块的构建并更新了安装的版本，可以按照以下步骤在 Python 系统中手动测试模块。

（1）打开 Python shell 并通过运行以下代码测试类。

```
>>> from flitton_fib_rs.flitton_fib_rs import
FibProcessor
>>> test = FibProcessor([11, 12, 13, 14], [[11, 12],
                        [13, 14], [15, 16]])
>>> test.numbers_results
[[89, 144], [233, 377], [610, 987]]
```

可以看到，Rust 对象可在 Python 系统中无缝地工作并计算出结果。你应该还记得，我们已经围绕特性设定了规则（详见 6.4.1 节"定义具有所需特性的 Python 类"）。要验证这一点，可以尝试给 results 特性赋值，这将给出以下输出结果。

```
>>> test.numbers_results = "test"
Traceback (most recent call last):
    File "<stdin>", line 1, in <module>
AttributeError: attribute 'numbers_results' of
'builtins.FibProcessor' objects is not writable
```

上述提示信息表示，results 特性是不可写的。

（2）还可以测试一下类型。虽然 number 特性是可写的，但它应该是一个整数向量。如果尝试为该特性分配一个字符串，则会得到以下输出结果。

```
>>> test.number = "test"
Traceback (most recent call last):
    File "<stdin>", line 1, in <module>
TypeError: 'str' object cannot be interpreted as an
integer
```

上述提示信息表示，str 对象不能被解释为整数。可见这里的类型也是强制的，尽管它看起来和行为上都像是一个原生 Python 对象。

（3）最后，通过运行以下代码测试是否可以将新值写入 number 特性。

```
>>> test.number = [1, 2, 3, 4, 5]
>>> test.number
[1, 2, 3, 4, 5]
```

似乎当类型和权限正确时我们是可以写入的。

现在我们来考虑一下，创建这些类的意义何在？它们也许可以使模块的接口更流畅，但是这个类究竟快多少呢？为了量化这一点，可以在 Python 环境中创建一个简单的测试 Python 脚本。请按以下步骤操作。

（1）在 Python 脚本中，通过运行以下代码导入 Rust 类和 time 模块。

```
from flitton_fib_rs.flitton_fib_rs import FibProcessor
import time
```

（2）在该脚本中创建一个具有相同功能的纯 Python 对象，示例如下：

```python
class PythonFibProcessor:

    def __init__(self, number, numbers):
        self.number = number
        self.numbers = numbers
        self.numbers_results = None
        self.number_results = None
        self._process()
```

```python
def _process(self):
    self.numbers_results = \
        [self.calculate_numbers(i)\
            for i in self.numbers]
    self.number_results = \
        self.calculate_numbers(
            self.number)

def fibonacci_number(self, number):
    if number < 0:
        return None
    elif number <= 2:
        return 1
    else:
        return self.fibonacci_number(number - 1) + \
            self.fibonacci_number(number - 2)

def calculate_numbers(self, numbers):
    return [self.fibonacci_number(i) for i in \
        numbers]
```

（3）现在作为比较基准的纯 Python 对象已定义，可以进入脚本的计时阶段，将相同的输入放入两个类并使用以下代码对其进行测试。

```python
t_one = time.time()
test = FibProcessor([11, 12, 13, 14], [[11, 12], \
    [13, 14], [15, 16]])
t_two = time.time()
print(t_two - t_one)

t_one = time.time()
test = PythonFibProcessor([11, 12, 13, 14], \
    [[11, 12], [13, 14], [15, 16]])

t_two = time.time()
print(t_two - t_one)
```

运行结果如下：

```
1.478195190429687e-05
0.0007779598236083984
```

这个比较结果不够直观，不妨转换为以下形式。

0.000017881393432617188
0.0007779598236083984

果然，Rust 非常厉害！上述比较结果意味着该 Rust 类比 Python 类快 43 倍！在图 6.4
中可以更直观地感受到这个差距。

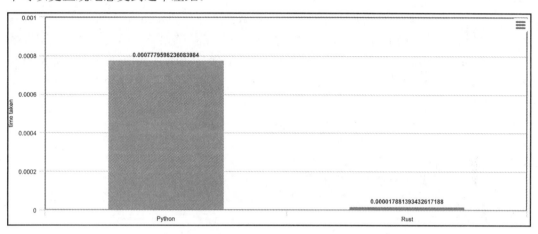

图 6.4　Rust 和 Python 的类速度差异

通过上述示例可以清晰地看到，使用 Rust 构建的类接口比 Python 类要快得多。pyo3
支持类继承和其他功能。在 6.8 节"延伸阅读"中还提供了更多相关资源。

至此，我们已经为在 Rust 中使用 Python 对象打下了坚实的基础。有了这个基础，我
们就可以使用 Rust 做更多的事情。

6.5　小　　结

本章在 setup.py 文件中添加了一个第三方 pip 模块，以便可以添加另一个可读取 .yml
文件的入口点。我们读取 .yml 文件并将该文件中的数据以字典的形式传递给 Rust 函数，
通过 PyDict 结构体处理复杂的数据结构。然后，将复杂数据结构中的数据向下转换为其
他 Python 对象和 Rust 数据类型。这使得我们能够处理传递给 Rust 代码的一系列 Python
数据类型，从而为 Python 代码与 Rust 代码交互的方式提供额外的灵活性。

通过在 PyAny 结构体下接受自定义 Python 对象，还可以进一步处理复杂的 Python
数据结构。一旦接受了自定义 Python 对象，即可检查其特性并在需要的时候设置它们。
本章还介绍了如何通过获得 Python GIL 锁来创建自定义 Python 数据结构，以帮助处理传
递到 Rust 代码中的自定义 Python 对象。

为了磨炼开发人员的 Python 对象技能，本章在 Rust 代码中构建了 Python 类，这些类就像纯 Python 类一样，可以导入 Python 系统中，但是速度却比纯 Python 类快 43 倍。因此，我们现在有了一个强大的工具，不仅可以加速 Python 代码，而且可以让我们与 Python 系统无缝交互。

在下一章中，我们将解除阻止开发人员将 Rust 注入现有 Python 项目的最后一个障碍。人们之所以更喜欢使用 Python 是因为已经为其构建了广泛的第三方模块，如统计和机器学习（machine learning，ML）包。下一章将介绍如何在 Rust 代码中使用第三方 NumPy 模块，掌握这一技巧将使开发人员能够在 Rust 扩展中使用第三方 Python 模块。

6.6　问　　题

（1）如何从 PyDict 结构体中提取 i32 整数向量？

（2）如果我们有一个字符串向量，但却对它应用了 .extract::<Vec<i32>>() 函数，直接解包时会发生什么？

（3）如何才能循环遍历一个 Vec<i32> 向量，将其中的每个项目加倍并将结果打包到另一个向量中？请用一行 Rust 代码解决该问题。

（4）如果我们获取 Python GIL 锁来创建一个 PyDict 结构体，这会对 Python 系统产生影响吗？

（5）虽然我们在 Rust 代码中构建的 Python 类与纯 Python 类的运行方式基本相同，但它们仍存在一些核心区别。这些区别是什么？

6.7　答　　案

（1）首先，必须通过对 PyDict 结构体应用 get_item 函数来从 PyDict 结构体中获取一个列表。如果使用的键下有数据，则执行 .downcast::<PyList>() 将数据转换为 PyList 结构体。如果实现了这一点，即可在 PyList 结构体上执行 .extract::<Vec<i32>>()，这样就可以获得一个 Vec<i32>。

（2）extract 函数会自动抛出一个对 Python 友好的 PyTypeError 错误。

（3）这可以使用 iter、map 和 collect 函数来实现，示例如下：

```
let results: Vec<i32> = some_vector.iter().map(
        |x| 2*x
    ).collect();
```

（4）不会。因为运行代码的 Python 系统已经获得了 GIL 锁。如果它没有 GIL 锁，则会在获取 GIL 锁之前等待另一个线程完成。

（5）在 Rust 代码中构建的 Python 类与纯 Python 类有以下两个核心区别。

❑　类型系统仍然强制执行。如果尝试将整数列表的特性设置为字符串，则会引发错误。

❑　必须为每个特性定义 set 和 get 宏。否则，将无法获取或设置该特性。

6.8　延　伸　阅　读

PyO3 (2021). PyO3 user guide—Python Classes：

https://pyo3.rs/v0.13.2/class.html

第 7 章　在 Rust 中使用 Python 模块

现在我们已经习惯了使用 Rust 编写可以使用 pip 安装的 Python 包。但是，Python 的一大优势在于它拥有大量成熟的 Python 库，可以帮助开发人员编写高效的代码，并且将错误降至最少。这似乎是一个妨碍开发人员在 Python 系统中采用 Rust 的合理的理由。但是，本章将告诉你，这一理由并不成立，因为开发人员完全可以将 Python 模块导入 Rust 代码，然后在 Rust 代码中运行 Python 代码。为了理解这一点，本章将使用 NumPy Python 包来实现一个基本的数学模型。完成后，我们将在 Rust 代码中使用 NumPy 包来简化数学模型的实现。最后，我们还将评估这两种实现的速度。

本章包含以下主题：
- ❑　认识 NumPy。
- ❑　在 NumPy 中构建模型。
- ❑　在 Rust 中使用 NumPy 和其他 Python 模块。
- ❑　在 Rust 中重建 NumPy 模型。

完成本章的学习之后，开发人员应能够将 Python 包导入 Rust 代码中并使用。这一能力很强大，因为在掌握了该技能之后，即使开发人员手头上的项目依赖某个 Python 包，也不妨碍其在 Python 系统中为某个任务实现 Rust。

本章将对比和使用纯 Python、Rust 和 NumPy 实现的解决方案，让开发人员了解每种实现在代码复杂性和速度方面的权衡，这样开发人员就不会在面对所有问题时只有一种方法，而是可以在多种选择中找到最优解决方案。

7.1　技术要求

本章代码可通过以下 GitHub 链接找到。

https://github.com/PacktPublishing/Speed-up-your-Python-with-Rust/tree/main/chapter_seven

7.2　认识 NumPy

在将 NumPy 用于我们的模块中之前，不妨先来认识一下 NumPy 究竟是什么以及如何使用它。

NumPy 的全称是 Numerical Python，是一个 Python 的第三方扩展包，主要用于计算、处理一维或多维数组。在数组算术计算方面，NumPy 提供了大量的数学函数。NumPy 的底层主要是用 C 语言编写的，这意味着它比纯 Python 更快。本节将评估 NumPy 实现是否优于导入 Python 的 Rust 实现。

7.2.1　在 NumPy 中执行向量相加操作

NumPy 使开发人员能够构建向量，进行循环遍历和应用函数，还可以在向量之间执行操作。我们可以通过将向量的每个项相加来展示 NumPy 的强大功能，如下所示。

```
[0, 1, 2, 3, 4]
[0, 1, 2, 3, 4]
---------------
[0, 2, 4, 6, 8]
```

为执行此操作，需要先导入模块，如下所示。

```
import time
import numpy as np
import matplotlib.pyplot as plt
```

导入完成之后，即可构建一个名为 numpy_function 的 NumPy 函数，该函数将创建两个一定大小的 NumPy 向量，并通过运行以下代码将它们的元素相加。

```
def numpy_function(total_vector_size: int) -> float:
    t1 = time.time()
    first_vector = np.arange(total_vector_size)
    second_vector = np.arange(total_vector_size)
    sum_vector = first_vector + second_vector
    return time.time() - t1
```

在上述代码中可以看到，我们仅使用了加法运算符来让向量相加。

在定义了 numpy_function 函数之后，即可运行以下代码，循环遍历整数列表并对向量的元素应用函数使之相加，将结果收集到列表，并绘制线图，以直观地查看执行向量加法操作所需要的时间。

```
numpy_results = [numpy_function(i) for i in range(0 \
    10000)]
plt.plot(numpy_results, linestyle='dashdot')
plt.show()
```

绘制的线图如图 7.1 所示。

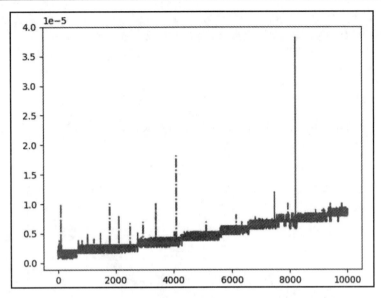

图 7.1　对两个 NumPy 向量执行加法所花费的时间

在图 7.1 中可以看到，执行向量加法所增加的时间是线性的。这是意料之中的事情，因为将向量中的每个整数添加到另一个向量时只有一个循环。值得一提的是，在某些点上可以看到花费的时间会陡然增加，这是因为启动了垃圾收集。

为了更好地理解 NumPy 的效果，接下来我们将在纯 Python 环境中通过一个列表来执行向量的相加操作。

7.2.2　在纯 Python 中执行向量相加操作

在纯 Python 中当然也可以执行两个向量的相加操作，并可以通过运行以下代码来计时。

```python
def python_function(total_vector_size: int) -> float:
    t1 = time.time()
    first_vector = range(total_vector_size)
    second_vector = range(total_vector_size)
    sum_vector = [first_vector[i] + second_vector[i] for \
        i in range(len(second_vector))]
    return time.time() - t1
```

有了这个新的 Python 函数之后，我们可以同时运行 NumPy 和 Python 函数，并通过运行以下代码绘制运行时间的对比图形。

```python
print(python_function(1000))
print(numpy_function(1000))
```

```
python_results = [python_function(i) for i in range(0, \
    10000)]
numpy_results = [numpy_function(i) for i in range(0, \
    10000)]

plt.plot(python_results, linestyle='solid')
plt.plot(numpy_results, linestyle='dashdot')
plt.show()
```

绘图结果如图 7.2 所示。

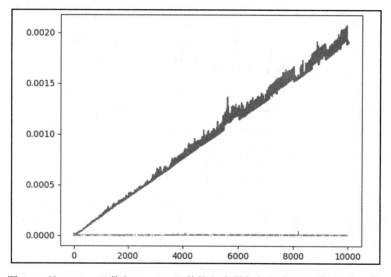

图 7.2　纯 Python 函数和 NumPy 函数执行向量相加操作所花费时间的对比

在图 7.2 中，NumPy 向量相加操作所花费的时间表示为底部基本平直的黄色线，而纯 Python 函数执行向量相加操作所花费的时间则表示为不断抬高的蓝色线，因此我们可以得出结论，与 NumPy 实现相比，Python 的扩展性并不好。该输出结果清楚地表明，在对大向量执行计算时，NumPy 是一个不错的选择。

那么，NumPy 与 Rust 相比又如何呢？让我们怀着期待的心情进入下一小节。

7.2.3　在 Rust 中使用 NumPy 执行向量相加操作

为了比较 NumPy 和 Rust 实现，必须将一个执行向量加法的函数合并到 Rust 包中。请按以下步骤操作。

（1）考虑到这是用于演示目的的测试函数，因此仅需将其插入 lib.rs 文件中即可。

我们所要做的就是构建一个接受数字的 time_add_vectors 函数，创建两个向量，其大小等于作为输入传递的数字的大小，同时循环遍历它们，并将项目添加在一起，如下所示。

```
#[pyfunction]
fn time_add_vectors(total_vector_size: i32)
    -> Vec<i32> {
    let mut buffer: Vec<i32> = Vec::new();
    let first_vector: Vec<i32> =
        (0..total_vector_size.clone()
            ).map(|x| x).collect();
    let second_vector: Vec<i32> = \
        (0..total_vector_size
            ).map(|x| x).collect();

    for i in &first_vector {
        buffer.push(first_vector[**&i as usize] +
                    second_vector[*i as usize]);
    }
    return buffer
}
```

（2）完成之后，记得将该函数添加到我们的模块中，示例如下：

```
#[pymodule]
fn flitton_fib_rs(_py: Python, m: &PyModule) -> \
    PyResult<()> {
        . . .
        m.add_wrapped(wrap_pyfunction!(time_add_vectors));
        . . .
        Ok(())
}
```

和以前一样，在测试之前，别忘记更新 GitHub 存储库并在 Python 环境中重新安装我们的 Rust 包。

（3）完成之后，我们还必须在 Python 测试脚本中实现该函数并对其计时。首先，使用以下代码导入函数。

```
import time
import matplotlib.pyplot as plt
import numpy as np
from flitton_fib_rs import time_add_vectors
```

（4）现在可以定义调用 time_add_vectors 函数的 rust_function Python 函数，并通过运行以下代码计算执行向量加法所需的时间。

```
def rust_function(total_vector_size: int) -> float:
    t1 = time.time()
    sum_vector = time_add_vectors(total_vector_size)
    result = time.time() - t1
    if result > 0.00001:
        result = 0.00001
    return result
```

你可能已经注意到我们修剪了 rust_function 返回的结果。这不是作弊，我们这样做是因为当垃圾收集器启动时，它可能导致峰值并破坏图形的缩放比例。还可以运行以下代码使用 NumPy 函数来执行此操作。

```
def numpy_function(total_vector_size: int) -> float:
    t1 = time.time()
    first_vector = np.arange(total_vector_size)
    second_vector = np.arange(total_vector_size)
    sum_vector = first_vector + second_vector
    result = time.time() - t1
    if result > 0.00001:
        result = 0.00001
    return result
```

可以看到，我们对这两个函数应用了相同的指标，这样一个函数与另一个函数相比时就不会出现被人为压低的情况。

（5）现在还需要通过运行以下代码来定义纯 Python 函数。

```
def python_function(total_vector_size: int) -> float:
    t1 = time.time()
    first_vector = range(total_vector_size)
    second_vector = range(total_vector_size)
    sum_vector = [first_vector[i] + second_vector[i] for
        i in range(len(second_vector))]
    result = time.time() - t1
    if result > 0.0001:
        result = 0.0001
    return result
```

必须说明的是，我们对纯 Python 函数有更高的修正值，因为预计其基础读数会更高。

（6）现在我们已经有了 Rust、NumPy 和纯 Python 的所有度量函数，可以使用这些函数的结果创建 Python 列表，并通过运行以下代码来绘图。

```
numpy_results = [numpy_function(i) for i in range(0, \
    300)]
rust_results = [rust_function(i) for i in range(0, \
    300)]
```

```
python_results = [python_function(i) for i in range \
    (0,300)]

plt.plot(rust_results, linestyle='solid', \
    color="green")
plt.plot(python_results, linestyle='solid', \
    color="red")
plt.plot(numpy_results, linestyle='solid', \
    color="blue")
plt.show()
```

运行上述代码产生的结果如图 7.3 所示。

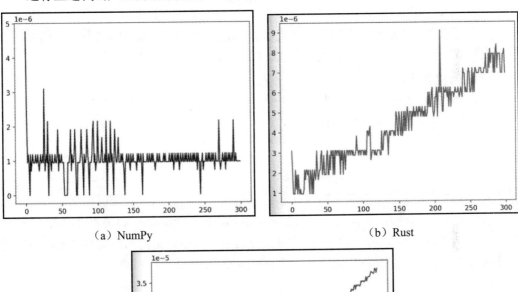

（a）NumPy　　　　　　　　　　　　　　（b）Rust

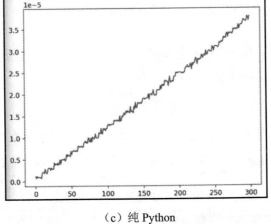

（c）纯 Python

图 7.3　执行向量加法操作所需的时间

在图 7.3 中可以看到，NumPy 仍然是最快的，并且随着向量的增加其运行时间并没有呈线性上升。Rust 实现比纯 Python 实现快了一个数量级，但也不如 NumPy 高效。

由此可见，与纯 Python 和 Rust 相比，NumPy 等 Python 优化确实可以加快速度。当然，NumPy 的简单向量加法的简洁语法并不是该模块的唯一功能优势。接下来，我们还将探索 NumPy 的另一个功能，如果我们要尝试用 Python 或 Rust 从头开始编写该功能，则需要大量额外的代码。

7.3　在 NumPy 中构建模型

本节将建立一个基本的数学模型来展示 NumPy 除速度之外的强大功能。我们将使用矩阵来制作一个简单的模型。为此需要执行以下步骤。

（1）定义模型。

（2）构建一个 Python 对象来执行模型。

下面让我们详细了解这些步骤。

7.3.1　定义模型

数学模型本质上是一组基于输入计算结果的权重。在继续深入之前，我们必须记住本书的讨论范围。我们正在构建一个模型来演示如何使用 NumPy。如果要讨论数学建模，那么写满整本书都不太够。因此，我们将仅根据上一节中讨论的示例构建模型，但这并不意味着定义的模型是对数学建模复杂性的准确描述。

请按以下步骤操作。

（1）首先来看一个非常简单的数学模型，它是一个简单的速度方程，即速度（speed）等于距离（distance）除以时间（time），如下所示。

$$\text{speed} = \frac{\text{distance}}{\text{time}}$$

（2）以此模型为基础，可通过以下重新排列来计算完成旅程所需的时间。

$$\text{time} = \frac{\text{distance}}{\text{speed}} \rightarrow \text{time} = \frac{1}{\text{speed}} \text{distance} \rightarrow t = ax$$

请注意，最后一个等式只是使用字母变量替换了原式，这样就可以将它们插入更大的模型而不会占满整个版面，仅此而已。

（3）现在可以让我们的模型更进一步。假设我们从一家货运公司收集了一些数据，需要设法将不同等级（grade）的交通流量（traffic）量化为数字并拟合我们的数据，以便可以生成一个权重来描述交通对时间的影响。在这种情况下，我们的模型即可演变为以下定义。

$$t = \alpha x + \beta y$$

其中，β 是流量的权重，y 是流量的等级。可以看到，如果交通等级增加，则时间也会增加。现在，假设汽车和卡车的模型是不一样的。我们有以下一组方程。

$$\alpha_c x + \beta_c y = t_c$$
$$\alpha_t x + \beta_t y = t_t$$

从这些方程中可以推导出，距离（x）和交通等级（y）对于汽车和卡车是一样的。这是有道理的。虽然权重可能不同，因为汽车受距离和交通流量的影响和卡车是不一样的（这在权重上有体现），但其输入参数是相同的。

（4）考虑到这一点，可以定义以下形式的矩阵方程。

$$\begin{bmatrix} \alpha_c & \beta_c \\ \alpha_t & \beta_t \end{bmatrix} \begin{bmatrix} x \\ y \end{bmatrix} = \begin{bmatrix} t_c \\ t_t \end{bmatrix}$$

你可能会觉得这似乎有些小题大做，但这样做其实是有好处的。矩阵有一系列的函数使我们能够对它们执行代数计算。接下来我们就会介绍其中一些函数，你也可以从这些示例中体会到，NumPy 在计算此类模型时对开发人员来说有多么宝贵。

（5）要做到这一点，必须认识到矩阵乘法要以一定的顺序发生才能起作用。我们的模型基本上是通过以下表示法计算的。

$$\begin{bmatrix} \alpha_c & \beta_c \\ \alpha_t & \beta_t \end{bmatrix} \begin{bmatrix} x \\ y \end{bmatrix} = \begin{bmatrix} \alpha_c x & \beta_c y \\ \alpha_t x & \beta_t y \end{bmatrix} = \begin{bmatrix} \alpha_c x + \beta_c y \\ \alpha_t x + \beta_t y \end{bmatrix}$$

（6）请注意，xy 矩阵必须在权重矩阵的右侧。还可以添加更多输入到 xy 矩阵，其表示方式如下：

$$\begin{bmatrix} \alpha_c & \beta_c \\ \alpha_t & \beta_t \end{bmatrix} \begin{bmatrix} x_1 & x_2 & x_3 \\ y_1 & y_2 & y_3 \end{bmatrix} = \begin{bmatrix} t_{c1} & t_{c2} & t_{c3} \\ t_{t1} & t_{t2} & t_{t3} \end{bmatrix}$$

事实上，我们还可以继续堆叠输入，并获得相应成比例的输出。这种方式是很强大的，只要保持矩阵的维度一致，即可放入任意大小的输入矩阵。

（7）矩阵也可以反转。如果反转矩阵，则可以输入时间来计算交通流量的距离和等级。反转矩阵采用以下形式。

$$\begin{bmatrix} a & b \\ c & d \end{bmatrix}^{-1} = \frac{1}{ad-bc} \begin{bmatrix} d & -b \\ -c & a \end{bmatrix} = \begin{bmatrix} \dfrac{d}{ad-bc} & \dfrac{-b}{ad-bc} \\ \dfrac{-c}{ad-bc} & \dfrac{a}{ad-bc} \end{bmatrix}$$

在上述矩阵形式中可以看到，如果将一个标量乘以矩阵，则它会应用于矩阵的所有元素。

（8）考虑到这一点，可以使用具有以下符号的逆矩阵计算交通流量等级和距离。

$$\begin{bmatrix} \alpha_c & \beta_c \\ \alpha_t & \beta_t \end{bmatrix}^{-1} \begin{bmatrix} t_c \\ t_t \end{bmatrix} = \begin{bmatrix} x \\ y \end{bmatrix}$$

以上我们已经讨论了足够多的矩阵数学，完全可以满足为我们的模型编写代码的需要。通过这些示例可以看到，矩阵使我们能够操纵多个方程，将它们变换一下形式即可快速计算不同的数据。但是，如果要从头开始编写矩阵乘法，则将需要花费大量时间，并且还有执行错误的风险。因此，为了快速、安全地开发模型，需要使用 NumPy 模块函数，这正是接下来我们将要做的事情。

7.3.2　构建一个执行模型的 Python 对象

在上一小节中可以看到，开发 Python 矩阵模型可采用两种不同的路径。构建模型时，将有两个分支，其中一个分支用于计算旅程所花费的时间，另一个分支则用于通过时间计算交通流量和距离。为了构建模型类，必须映射出依赖关系，如图 7.4 所示。

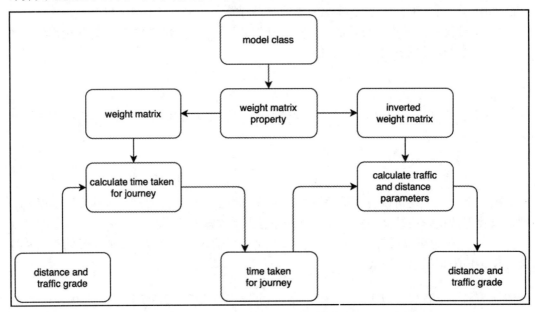

图 7.4　Python 矩阵模型的依赖关系

原　　文	译　　文
model class	模型类
weight matrix property	权重矩阵属性
weight matrix	权重矩阵
calculate time taken for journey	计算旅程所花费的时间
distance and traffic grade	距离和流量等级
time taken for journey	旅程所花费的时间
inverted weight matrix	逆权重矩阵
calculate traffic and distance parameters	计算流量和距离参数
distance and traffic grade	距离和流量等级

图 7.4 告诉我们,必须先定义权重矩阵属性,因为该属性是计算其他内容的主要机制。这在矩阵方程中也很明显。可以使用权重矩阵属性来构建模型类,如下所示。

```python
import numpy as np

class MatrixModel:

    @property
    def weights_matrix(self) -> np.array:
        return np.array([
            [3, 2],
            [1, 4]
        ])
```

在上述代码中可以看到,我们为矩阵使用了 NumPy,并且该矩阵是一个列表的列表。这里之所以使用 NumPy 数组而不是普通数组,是因为 NumPy 数组具有很多矩阵运算,如 transpose。

当矩阵相乘时,矩阵的位置很重要。让我们来看一个简单的矩阵方程示例。

$$A \cdot B = \begin{bmatrix} 2 & 4 \end{bmatrix} \begin{bmatrix} 6 \\ 8 \end{bmatrix} = \begin{bmatrix} 2 \times 6 & 4 \times 8 \end{bmatrix} = 44$$

如果这两个矩阵交换前后顺序,则它们将无法相乘,因为它们的形状不兼容。这时就该 transpose 操作发挥作用了。transpose 函数可以翻转矩阵,使我们能够切换乘法的顺序。

本示例中的模型不会使用到 transpose,但我们可以在 Python 终端中通过以下命令演示 NumPy 提供的该函数的作用。

```
>>> import numpy as np
>>> t = np.array([
```

```
                      [3, 2],
                      [1, 4]
               ])
>>> t.transpose()
array([ [3, 1],
        [2, 4]])
>>> x = np.array([
                      [3],
                      [1]
               ])
>>> x.transpose()
array([[3, 1]])
```

在上述示例中可以看到，用 NumPy 数组构建的矩阵可以轻松改变形状。

现在我们已经确定将使用 NumPy 数组构建矩阵，因此可以构建一个函数，该函数将调用接受 MatrixModel 类的旅程距离和交通流量等级的函数，如下所示。

```
def calculate_times(self, distance: int, \
    traffic_grade: int) -> dict:
        inputs = np.array([
            [distance],
            [traffic_grade]
        ])
        result = np.dot(self.weights_matrix, inputs)
        return {
            "car time": result[0][0],
            "truck time": result[1][0]
        }
```

在上述代码中可以看到，一旦构建了 inputs 输入矩阵，即可使用 np.dot 函数将它乘以权重矩阵。result 是一个矩阵，在前面已经介绍过，它将是一个列表的列表。可以将 result 解包，然后以字典的形式返回。

我们的模型快要完成了，接下来要做的就是建立一个逆模型。也就是传递旅程所用的时间，然后计算 MatrixModel 类的距离和交通流量等级。这可以通过以下代码完成。

```
def calculate_parameters(self, car_time: int,
                         truck_time: int) -> dict:
    inputs = np.array([
        [car_time],
        [truck_time]
    ])
```

```
result = np.dot(np.linalg.inv(self. \
    weights_matrix), inputs)
return {
    "distance": result[0][0],
    "traffic grade": result[1][0]
}
```

上述代码采用了相同的方法，只不过现在使用的是 np.linalg.inv 函数来获得 self.weights_matrix 矩阵的逆矩阵。

至此，我们已经构建了一个功能齐全的模型，可以对其进行测试，如下所示。

```
test = MatrixModel()

times = test.calculate_times(distance=10, traffic_grade=3)
print(f"here are the times: {times}")

parameters = test.calculate_parameters(
    car_time=times["car time"], truck_time=times["truck \
        time"]
)
print(f"here are the parameters: {parameters}")
```

运行上述代码将在终端中输出以下结果。

```
{'car time': 36, 'truck time': 22}
{'distance': 10.0, 'traffic grade': 3.0}
```

通过终端输出结果可以看到，我们的模型有效并且逆模型返回了原始输入。

提供该示例还可以得出结论，NumPy 不仅仅可以加速代码运行，还为开发人员提供了额外的工具来解决诸如矩阵建模之类的问题。这也解除了阻止普通开发人员接触和使用 Rust 的最后一个障碍。因此，接下来，我们将通过在 Rust 中重建模型这一示例来讨论如何在 Rust 中使用 NumPy 和其他 Python 模块。

7.4　在 Rust 中使用 NumPy 和其他 Python 模块

本节将介绍在 Rust 程序中导入 Python 模块（如 NumPy）并将结果返回给 Python 函数的基础知识。我们将在本书迄今为止已经编写完成的斐波那契数包中构建该功能。

本节还将简要探讨在一般意义上导入 Python 模块，以便让开发人员体会如何在 Rust 中使用 Python 模块（假设它们具有开发人员所依赖的功能）。在下一节中，还将通过一个更全面的重建模型的示例来演示如何在 Rust 代码中使用 Python 模块。

本节将在 src/lib.rs 文件中编写所有代码。请按以下步骤操作。

（1）由于本示例传入的是一个字典并在其中返回结果，因此必须通过运行以下代码导入 PyDict 结构体。

```
use pyo3::types::PyDict;
```

（2）导入完成之后，可通过运行以下代码定义函数。

```
#[pyfunction]
fn test_numpy<'a>(result_dict: &'a PyDict)
            -> PyResult<&'a PyDict> {
    let gil = Python::acquire_gil();
    let py = gil.python();
    let locals = PyDict::new(py);
    locals.set_item("np",
        py.import("numpy").unwrap());
}
```

因为我们使用的是 Python 模块，所以获得全局解释器锁（global interpreter lock，GIL）并让 Python 与 Rust 代码中的 Python 对象交互也就不足为奇了。

必须注意的是，我们还创建了一个名为 locals 的 PyDict 结构体，然后使用 py.import 函数导入 NumPy 模块，将其插入 locals 结构体中。

如图 7.5 所示，可以使用 locals 结构体作为 Python 存储。

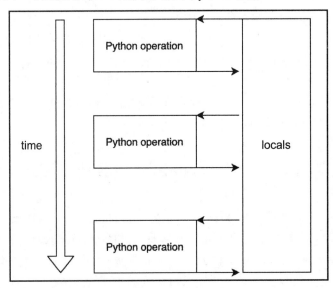

图 7.5　在 Rust 中计算 Python 操作的 Rust 流程

原　　文	译　　文
time	时间
Python operation	Python 操作
locals	locals 结构体

在图 7.5 中可以看到，每次在 Rust 代码中运行 Python 操作时，都会将 Python 对象从 locals 结构体传递到 Python 计算中，然后将我们需要的任何新的 Python 变量传递和添加到 PyDict locals 结构体中。

（3）理解了该流程之后，可通过运行以下代码执行 test_numpy 函数中的第一个 Python 计算。

```
let code = "np.array([[3, 2], [1, 4]])";
let weights_matrix = py.eval(code,
                        None,
                        Some(&locals)).unwrap();
locals.set_item("weights_matrix", weights_matrix);
```

上述代码将 Python 命令定义为字符串文字，然后将其传递给 py.eval 函数。None 参数用于全局变量。我们将避免传入全局变量以保持示例的简单性。

上述代码还传入 PyDict locals 结构体来获取在 np 命名空间下导入的 NumPy 模块，然后解包结果并将其添加到 locals 结构体中。

（4）现在可以通过运行以下代码创建一个输入 NumPy 向量，并将结果插入 locals 结构体。

```
let new_code = "np.array([[10], [20]])";
let input_matrix = py.eval(new_code, None,
                        Some(&locals)).unwrap();
locals.set_item("input_matrix", input_matrix);
```

（5）现在两个矩阵都在 locals 存储中，可以将它们相乘并添加到输入字典中，通过运行以下代码返回结果。

```
let calc_code = "np.dot(weights_matrix, \
    input_matrix)";
let result_end = py.eval(calc_code, None,
                        Some(&locals)).unwrap();
result_dict.set_item("numpy result", result_end);
return Ok(result_dict)
```

至此，我们已经可以在 Rust 代码中使用 NumPy 并将结果传递回 Python 系统。接下来可以测试一下。和以前一样，在测试之前记得要更新 GitHub 存储库并在 Python 系统中重新安装我们的 Rust 包。

执行以下控制台命令以进行测试。

```
>>> from flitton_fib_rs import test_numpy
>>> outcome = test_numpy({})
>>> outcome["numpy result"].transpose()
array([[70, 90]])
```

在上述结果中可以看到，NumPy 进程可以在 Rust 中运行并返回结果，这和使用其他 Python 对象并没有什么不同。我们可以使用 Rust NumPy 模块完成此操作，后者可以为我们提供 NumPy Rust 结构体。该方法也适用于在 Rust 中使用任何其他 Python 模块。

现在我们有了一个将 Python 和 Rust 融合在一起的完整的工具纽带。接下来，我们将在 Rust 中通过一系列函数构建 NumPy 模型，以演示上述模型的逆向计算，即传递旅程所用的时间，然后计算距离和交通流量等级。

7.5　在 Rust 中重建 NumPy 模型

现在我们已经掌握了在 Rust 中使用 NumPy 模块的技巧，接下来不妨更进一步，探索如何在 Rust 中重建 NumPy 模块，这样就可以使用 Python 模块来解决更大的问题。本节将通过使用 Python 接口构建一个 NumPy 模型来做到这一点。为此，可以将流程分解为可按需使用的函数。该 NumPy 模型的结构如图 7.6 所示。

根据图 7.6 中显示的模型结构的流程，可通过以下步骤在 Rust 中构建 NumPy 模型。

（1）构建 get_weight_matrix 和 invert_get_weight_matrix 函数。

（2）构建 get_parameters、get_times 和 get_input_vector 函数。

（3）构建 calculate_parameters 和 calculate_times 函数。

（4）将计算函数添加到 Python 绑定。

（5）将 NumPy 依赖项添加到 setup.py 文件。

（6）构建 Python 接口。

接下来，让我们详细了解每个步骤。

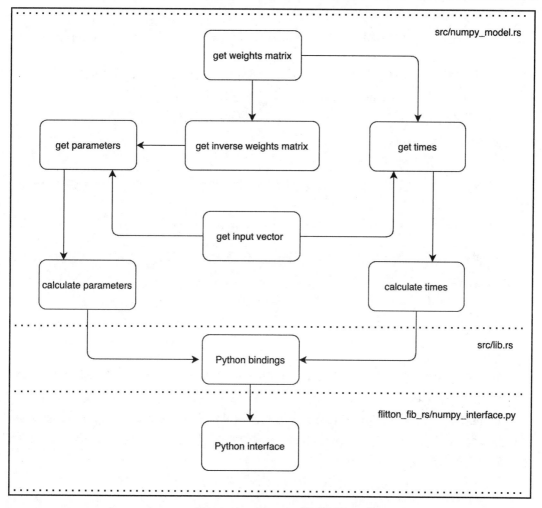

图 7.6　Rust NumPy 模型结构

原　　文	译　　文	原　　文	译　　文
get weights matrix	获取权重矩阵	Python bindings	Python 绑定
get inverse weights matrix	获取逆权重矩阵	Python interface	Python 接口
get input vector	获取输入向量	get times	获取时间
get parameters	获取参数	calculate times	计算时间
calculate parameters	计算参数		

7.5.1　构建 get_weight_matrix 和 invert_get_weight_matrix 函数

权重和逆权重矩阵使我们能够计算时间，然后根据时间重新计算输入的参数。

可通过以下步骤在 src/numpy_model.rs 文件中构建权重矩阵函数。

（1）在编写任何代码之前，可通过运行以下代码来导入所需的内容。

```
use pyo3::prelude::*;
use pyo3::types::PyDict;
```

我们将使用 PyDict 结构体在函数之间传递数据，使用 pyo3 宏包装函数并获取 Python GIL 锁。

（2）完成导入之后，可通过运行以下代码来构建权重矩阵函数。

```
fn get_weight_matrix(py: &Python, locals: &PyDict) \
    -> () {
    let code: &str = "np.array([[3, 2], [1, 4]])";
    let weights_matrix = py.eval(code, None,
                        Some(&locals)).unwrap();
    locals.set_item("weights_matrix", weights_matrix);
}
```

在上述代码中可以看到，我们接受了对 Python 和 locals 存储的引用。以此为基础，可以运行代码并将结果添加到 locals 存储中。我们不必返回任何内容，因为这些只是通过借用来引用的。这意味着当 py 和 locals 变量的作用域超出时，不会删除 py 和 locals 变量。这也意味着 locals 存储将使用 weights_matrix 函数更新，即使没有返回任何内容。在图 7.6 中显示的大多数函数将使用这种方法。

（3）在定义了方法之后，可通过运行以下代码来创建逆矩阵函数。

```
fn invert_get_weight_matrix(py: &Python,
                    locals: &PyDict) -> () {
    let code: &str = "np.linalg.inv(weights_matrix)";
    let inverted_weights_matrix = py.eval(code, None,
                        Some(&locals)).unwrap();
    locals.set_item("inverted_weights_matrix",
                inverted_weights_matrix);
}
```

显然，除非事先运行 get_weight_matrix 函数，否则无法运行 invert_get_weight_matrix 函数。可以通过 get_item 检查 locals 存储中的 weights_matrix 来使其更加稳定可靠。如果

权重矩阵不存在，则运行 get_weight_matrix 函数，但这不是必需的。

在定义了权重函数之后，接下来，可以构建输入向量和计算函数。

7.5.2　构建 get_parameters、get_times 和 get_input_vector 函数

和前面的步骤一样，可以使用 3 个函数分别获取参数、时间和输入。本小节同样需要将 Python 结构体和 locals 存储传递给这些函数，因为这些函数也将通过 Python 使用 NumPy。

请按以下步骤定义这 3 个函数。

（1）参考图 7.6，可以看到输入向量函数不存在任何依赖关系，而另外两个（时间和参数）函数则依赖于输入向量。考虑到这一点，可通过运行以下代码来构建输入向量函数。

```
fn get_input_vector(py: &Python, locals: &PyDict,
                    first: i32, second: i32) -> () {
    let code: String = format!("np.array([[{}], \
        [{}]])", first, second);
    let input_vector = py.eval(&code.as_str(), None,
                        Some(&locals)).unwrap();
    locals.set_item("input_vector", input_vector);
}
```

在上述代码中可以看到，该向量是泛型的，所以可根据我们需要的计算传入参数或时间。这里使用了 format!宏将参数传递到 Python 代码中。

（2）在输入向量函数定义完成之后，可通过运行以下代码来构建计算。

```
fn get_times<'a>(py: &'a Python,
                 locals: &PyDict) -> &'a PyAny {
    let code: &str = "np.dot(weights_matrix, \
        input_vector)";
    let times = py.eval(code, None,
        Some(&locals)).unwrap();
    return times
}

fn get_parameters<'a>(py: &'a Python,
                      locals: &PyDict) -> &'a PyAny {
    let code: &str = "
    np.dot(inverted_weights_matrix, input_vector)";
    let parameters = py.eval(code, None,
```

```
                    Some(&locals)).unwrap();
    return parameters
}
```

通过上述函数即可获取我们需要的变量，并将它们放入使用 NumPy np.dot 函数的
Python 代码中，然后返回结果，而不是将其添加到 locals。之所以不需要将它添加到 locals，
是因为我们不会在 Rust 中的任何其他计算中使用该结果。

现在所有的计算步骤都已经完成，接下来可以构建运行和组织整个过程的计算函数。

7.5.3　构建 calculate_parameters 和 calculate_times 函数

有了这些计算函数之后，还需要传入一些参数，获取 Python GIL 锁，定义 locals 存
储，然后运行一系列计算过程来得到我们需要的东西。

可以通过运行以下代码来定义一个 calculate_times 函数。

```
#[pyfunction]
pub fn calculate_times<'a>(result_dict: &'a PyDict,
    distance: i32, traffic_grade: i32) -> PyResult<&'a \
        PyDict> {
    let gil = Python::acquire_gil();
    let py = gil.python();
    let locals = PyDict::new(py);
    locals.set_item("np", py.import("numpy").unwrap());

    get_weight_matrix(&py, locals);
    get_input_vector(&py, locals, distance, traffic_grade);
    result_dict.set_item("times", get_times(&py, locals));
    return Ok(result_dict)
}
```

在上述代码中可以看到，我们获得了权重矩阵，然后是输入向量，再将结果插入一
个空白的 PyDict 结构体中并返回。现在你应该明白这种方法的灵活性，我们可以随时将
函数插入和退出，重新排列其顺序而毫无阻碍。

在构建了 calculate_times 函数之后，还可以通过运行以下代码来构建 calculate_parameters
函数。

```
#[pyfunction]
pub fn calculate_parameters<'a>(result_dict: &'a PyDict,
    car_time: i32, truck_time: i32) -> PyResult<&'a PyDict> {
    let gil = Python::acquire_gil();
```

```
    let py = gil.python();
    let locals = PyDict::new(py);
    locals.set_item("np", py.import("numpy").unwrap());

    get_weight_matrix(&py, locals);
    invert_get_weight_matrix(&py, locals);
    get_input_vector(&py, locals, car_time, truck_time);
    result_dict.set_item("parameters",
        get_parameters(&py, locals));
    return Ok(result_dict)
}
```

很明显，上述代码使用了与 calculate_times 函数相同的方法，只不过这次使用的是逆权重。同样地，我们可以对其进行重构以减少重复代码，或者可以享受到使两个函数相互隔离的最大灵活性。

现在我们已经构建了模型，接下来要做的就是将计算函数添加到 Python 绑定。

7.5.4　将计算函数添加到 Python 绑定

现在我们已经拥有了通过两个函数计算参数需要的所有模型代码，但是，要让外部用户能够利用这些函数，还需要执行以下步骤。

（1）在 src/lib.rs 文件中，运行以下代码来定义模块。

```
mod numpy_model;
```

（2）模块声明完成后，可以通过运行以下代码来导入函数。

```
use numpy_model::__pyo3_get_function_calculate_times;
use numpy_model::__pyo3_get_function_calculate_ \
    parameters;
```

（3）通过运行以下代码将函数包装在模块中。

```
#[pymodule]
fn flitton_fib_rs(_py: Python, m: &PyModule) -> \
    PyResult<()> {
    . . .
    m.add_wrapped(wrap_pyfunction!(calculate_times));
    m.add_wrapped(wrap_pyfunction!(calculate_parameters));
    . . .
}
```

请注意，上述代码中的 3 个小点（. . .）表示现有代码。现在我们必须接受 Rust

代码对 NumPy 的依赖，所以还需要将 NumPy 依赖项添加到 setup.py 文件。

7.5.5　将 NumPy 依赖项添加到 setup.py 文件

在 setup.py 文件中，按以下方式设置依赖项。

```
requirements=[
    "pyyaml>=3.13",
    "numpy"
]
```

到目前阶段，已经没有什么能阻止我们使用 NumPy 模型了。但是，使用简单的 Python 接口会更好，因此，接下来让我们看看如何构建 Python 接口。

7.5.6　构建 Python 接口

在 src/numpy_model.rs 文件中，通过运行以下代码导入需要的内容并定义一个基本类。

```
from .flitton_fib_rs import calculate_times, \
calculate_parameters

class NumpyInterface:

    def __init__(self):
        self.inventory = {}
```

self.inventory 变量将存储结果。类函数应该通过调用 Rust 函数来计算时间和参数，具体如下所示。

```
def calc_times(self, distance, traffic_grade):
    result = calculate_times({}, distance, traffic_grade)
    self.inventory["car time"] = result["times"][0][0]
    self.inventory["truck time"] = \
        result["times"][1][0]

def calc_parameters(self, car_time, truck_time):
    result = calculate_parameters({}, car_time, truck_time)
    self.inventory["distance"] =
                    result["parameters"][0][0]
    self.inventory["traffic grade"] =
                    result["parameters"][1][0]
```

至此，Python 接口构建完成，我们完成了 NumPy 模型。

要测试该模型，别忘记更新 GitHub 存储库并重新安装模块。完成后，即可运行以下 Python 控制台命令。

```
>>> from flitton_fib_rs.numpy_interface import
NumpyInterface
>>> test = NumpyInterface()
>>> test.calc_times(10, 20)
>>> test.calc_parameters(70, 90)
>>> test.inventory
{ 'car time': 70, 'truck time': 90,
  'distance': 9.999999999999998,
  'traffic grade': 20.0}
```

本节演示了如何在 Rust 中使用 Python 模块，在此我们建议开发人员要谨慎掌握使用它们的时机。对于本示例中的 NumPy 模型，在 Python 代码中使用 NumPy 会更好。毫不夸张地说，用 Python 模块做的事情在 Rust 中同样可以做到。例如，Rust 已经有一个可以使用的 NumPy crate。如果你找不到（或者没有时间和精力去学习和寻找）Rust 替代模块，则可以在初始阶段使用 Python 模块，但这只是权宜之计，随着时间的推移，这些模块应该从 Rust 代码中逐步淘汰。

7.6　小　　结

本章演示了如何在 Rust 代码中使用 Python 模块，以在 Rust 中构建 Python 扩展。这丰富了开发人员的工具纽带。我们介绍了 NumPy 模块，通过探索矩阵数学创建了简单的数学模型，使得开发人员理解了 NumPy 模块在提高运行速度之外的其他功能，如实现矩阵乘法。当我们仅用寥寥几行 NumPy 代码和矩阵逻辑即可处理多个数学方程时，即充分证明了 Python 模块的方便之处。

本章还介绍了在 Rust 代码中使用矩阵 NumPy 乘法函数来重建数学模型，并使用了灵活的函数式编程方法。我们通过在 Python 类中创建接口完成了此操作。

值得一提的是，NumPy 的实现比 Rust 代码更快。这部分归因于我们的糟糕实现和 NumPy 中的 C 优化。这表明，虽然 Rust 比 Python 快得多，但在使用 Rust 编写等效 crate 之前，使用 NumPy 等 Python 包解决问题可能仍然更快。

本章演示了在 Rust 中使用 Python 模块的通用方法。因此，理论上开发人员可以在 Rust 中使用任何 Python 模块。这意味着，如果开发人员正在重写的 Python 模块依赖于第三方 Python 模块（如 NumPy）的功能，则可以考虑创建使用它们的 Rust 函数。从这个方面来说，已经没有任何技术障碍可以阻止我们在 Rust 中重写 Python 代码并将其插入我们的 Python 系统。

在下一章中，我们将把到目前为止所学的所有内容放在一起，从头到尾构建一个用 Rust 编写的新 Python 包。

7.7　问　　题

（1）在 Rust 中运行 Python 模块必须遵循哪些步骤？

（2）如何将 Python 模块导入 Rust 代码中？

（3）如果要在 Rust 中使用 Python 代码的结果，该怎么做？

（4）在比较 Python/NumPy 和 Rust 的速度图时，Python/NumPy 代码有很多尖峰，这可能是什么原因造成的？

（5）你认为在 Rust 中的 NumPy 实现会比从 Python 调用 NumPy 慢还是快？为什么？

7.8　答　　案

（1）首先，必须从 GIL 锁中获取 Python。然后，必须构建一个 PyDict 结构，以便在 Python 执行之间存储和传递 Python 变量。最后，将 Python 代码定义为字符串文字，并将其传递给 py.eval 函数和 PyDict 存储。

（2）必须确保从 GIL 锁中获取 Python，然后使用它来运行 py.eval 函数，其中导入的代码行是作为字符串文字传入的。

必须记住传入 PyDict 存储，以确保将来可以引用该模块。

（3）必须记住，Python 代码返回一个 PyAny 结构体，可使用以下代码提取它。

```
let code = "5 + 6";
let result = py.eval(code, None, Some(&locals)).unwrap();
let number = result.extract::<i32>().unwrap();
```

上述示例中，number 的结果应该是 11。

（4）这是因为 Python 必须不断停下来使用垃圾回收机制清理变量。

（5）会慢一些。这是因为我们本质上仍在运行 Python 代码，只不过是通过一个额外的 Rust 层。从这一方面考虑，我们应该走出 Python 编码的舒适区，更多地使用 Rust 而不是想办法优化 Python 代码。

7.9　延　伸　阅　读

❑ NumPy documentation for Rust (2021), Crate numpy:

https://docs.rs/numpy/0.14.1/numpy/

❑ Giuseppe Ciaburro (2020). Hands-on Simulation Modeling with Python: Develop simulation models to get accurate results and enhance decision-making processes. Packt Publishing

第 8 章　在 Rust 中构建端到端 Python 模块

到目前为止，本书对 Rust 和 pyo3 的介绍已经够多了，理论上足以帮助我们构建一系列的真实解决方案，但在实践中我们仍必须谨慎行事。如果你决定使用 Rust 重新构建项目解决方案，但最后的结果却是项目运行得比以前还慢，那就得不偿失了。因此，了解如何解决问题并测试实现非常重要。

本章将使用 Rust 构建一个 Python 包，它解决了一个简化的现实世界问题，并从文件中加载数据以构建一个灾难模型。如果模型变得更复杂，则将以一种可以插入额外功能的方式构建包。在构建模型后，我们还将对其进行测试，以查看我们的实现在扩展和速度方面是否体现出应有的优势。

本章包含以下主题：

❑　分解一个灾难建模问题。

❑　将端到端解决方案构建为一个包。

❑　使用和测试包。

本章使我们能够利用本书所学的知识解决实际问题并处理数据文件。测试解决方案将使我们能够避免在结果较慢的解决方案上浪费太多时间，从而防止错过在 Python 系统中正确实现 Rust 的机会。

8.1　技　术　要　求

本章代码和数据可在以下网址找到。

https://github.com/PacktPublishing/Speed-up-your-Python-with-Rust/tree/main/chapter_eight

8.2　分解一个灾难建模问题

我们要建立的项目是一个灾难模型。在该项目中，我们将计算在特定地理位置发生飓风、洪水或恐怖袭击等灾难的概率。我们可以使用经度和纬度坐标来做到这一点。但是，如果要这样做，将需要大量的计算能力和时间，而收益却很小。

例如，如果我们要计算伦敦查令十字医院（Charing Cross Hospital）发生洪水的概率，则可以使用坐标 51.4869° N，0.2195° W。如果使用坐标 51.4865° N，0.2190° W，虽然坐标偏移了 0.0004° N，0.0005° W，但是表示的地方仍然属于查令十字医院。我们还可以进一步更改坐标，它们可能仍然属于查令十字医院。因此，这实际上是在重复计算同一建筑物被淹的概率，这样的计算是没有效率的。

为了解决这个问题，可以将位置分解为箱（bin）并给它们一个数值，如图 8.1 所示。

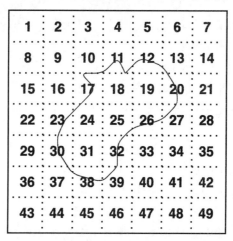

图 8.1　岛屿灾难模型的地理分箱

💡 提示：

分箱法是常见的数据处理方式。它是指将相邻的数据分成一组，这样可以将连续数据离散化，从而使数据特征更加稳定和明显。例如，将人的年龄（连续数据）划分为幼年、青年、中年和老年这 4 个组就是典型的分箱处理。

在图 8.1 中可以看到，如果模型中的一行数据指的是分箱 25，则意味着该行数据指的是我们关注的岛屿中间的土地。这样的分箱设计可以使计算更加高效。例如，可以看到，图 8.1 中坐标为 33、35、47 和 49 以及 1、2、8 和 9 分箱组成的正方形在海中。因此，这些方格被淹的概率为零，因为它们已经处于水中，不需要再关注。因为我们只是将计算映射到这些分箱上，所以没有什么能阻止我们将这些正方形内的所有分箱重新定义为一个分箱。因此，我们必须执行一项操作来计算所有海域中分箱遭遇洪水的风险，这将是零，因为海已经被洪水淹没了。事实上，我们能够对一个分箱进行方形分类。例如，1号分箱就是 100% 在海中的方格，这为我们节省了大量时间。

前面将坐标为 33、35、47 和 49 分箱组成的正方形定义为一个分箱，这是在缩小取样，但实际上我们也可以采用另一种方式，那就是让一些分箱放大取样。例如，靠近海岸的地区可能会有更细微的洪水梯度，因为靠近大海的一小段距离遭遇洪水的风险可能会大大增加。因此，我们可以将坐标为 26 分箱分解为更小的箱。

为了避免陷入更琐碎的细节，我们将仅在模型数据中引用任意分箱编号。我们只是用灾难建模来展示如何构建能够解决实际问题的 Rust Python 包，而不是试图构建最准确的灾难模型。

现在我们已经了解了如何使用概率映射地理数据，接下来可以继续计算这些概率。

与地理数据的映射一样，概率计算比我们将在本书中介绍的内容更加复杂和微妙。OASISLMF 等公司与大学的学术部门合作，以对灾难风险和造成的损害建模。但是，在计算这些概率时，我们也必须有一个总体主题。我们将使用该地区发生事件的概率以及事件造成损害的概率来计算损害的总概率。为此，我们必须将这些概率相乘。此外，还必须分解事件以一定强度发生的概率。例如，与五级飓风相比，一级飓风对建筑物造成破坏的可能性显然要小得多。因此，我们还需要为每个强度分箱运行这些概率计算。

如果不查看可用的数据，我们就无法进一步设计处理流程。因此，现在不妨来了解一下本示例提供的数据。该数据采用 CSV 文件的形式，可在 8.1 节"技术要求"所述的 GitHub 存储库中找到。我们可以检查的第一个数据文件是 footprint.csv 文件。该文件显示了在某个区域发生具有一定强度的灾难的概率，如表 8.1 所示。

表 8.1　footprint.csv 文件数据示例

event_id	areaperil_id	intensity_bin_id	probability
1	10	1	0.47
1	10	2	0.53

在表 8.1 中可以看到，我们已经获取了一系列事件 ID。可以将 footprint.csv 数据与传入的事件 ID 合并，这使我们能够将传入的事件 ID 与区域（area）、强度（intensity）和发生概率（probability）进行映射。

现在我们已经合并了地理数据，可以在 vulnerability.csv 文件中查看灾难造成损害的数据，如表 8.2 所示。

表 8.2　vulnerability.csv 文件数据示例

vulnerability_id	intensity_bin_id	damage_bin_id	probability
1	1	1	0.45
1	2	2	0.65

查看完这些数据之后，可以合并强度分箱 ID 的造成损害的数据，复制需要的任何内

容，然后必须将概率相乘以获得总概率。该处理流程如图 8.2 所示。

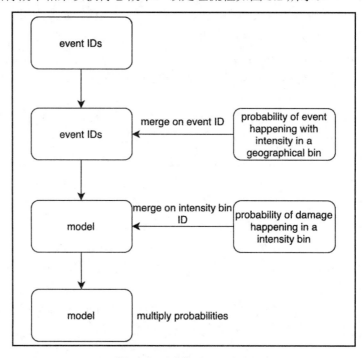

图 8.2　灾难模型处理流程

原　　文	译　　文
event IDs	事件 ID
probability of event happening with intensity in a geographical bin	在某个地理分箱中发生一定强度的灾难事件的概率
merge on event ID	基于事件 ID 合并
model	模型
probability of damage happening in a intensity bin	在某个强度分箱中发生损害的概率
merge on intensity bin ID	基于强度分箱 ID 合并
multiply probabilities	将概率相乘

　　在现有数据和处理流程中，可以看到我们现在的事件具有强度分箱 ID、损害分箱 ID、事件在该区域发生的概率以及事件在某个分箱中造成损害的概率。然后可以将这些转移到另一个阶段，即计算财务损失的过程。我们的示例将停留在这一阶段，但需要记住的是，现实世界的应用程序需要适应扩展。例如，可能需要有插值，这时可以使用函数来跨分箱估计值，如图 8.3 所示。

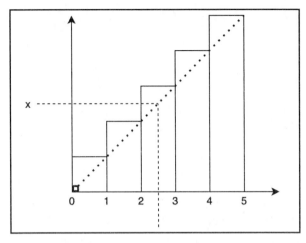

图 8.3　某个分布的线性插值

在图 8.3 中可以看到，如果只使用分箱，那么在 2 和 2.9 之间的读数将是相同的。但是，我们知道该分布是在增加的，因此可以使用一个简单的线性函数，使得读数值随着读数的增加而增加。

我们还可以使用其他更复杂的函数，如果分箱太宽，那么这可以提高读数的准确性。虽然本章示例不会使用插值，但这是在实际项目中可能会遇到的合理步骤。考虑到这一点，我们的处理过程需要是隔离的，方便以后扩展。

在设计包时，还必须考虑另一件事，那就是模型数据的存储。我们的概率将由一个收集和分析一系列数据源并具备特定知识的学术团队来定义。例如，对建筑物的损害需要结构工程知识和飓风方面的知识。虽然我们可能希望团队在以后的版本中更新模型，但是我们并不希望最终用户轻松操纵数据，我们也不想将数据硬编码到 Rust 代码中。因此，将 CSV 文件存储在我们的包中对于此演示很有用。

综上考虑，我们的包应该采用以下结构。

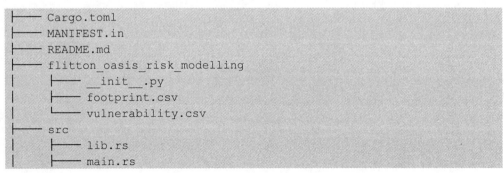

```
├──── Cargo.toml
├──── MANIFEST.in
├──── README.md
├──── flitton_oasis_risk_modelling
│     ├──── __init__.py
│     ├──── footprint.csv
│     └──── vulnerability.csv
├──── src
│     ├──── lib.rs
│     ├──── main.rs
```

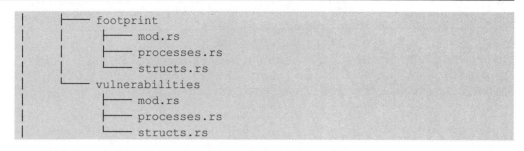

```
|         |——— footprint
|         |         |——— mod.rs
|         |         |——— processes.rs
|         |         └——— structs.rs
|         └——— vulnerabilities
|                   |——— mod.rs
|                   |——— processes.rs
|                   └——— structs.rs
```

你应该熟悉该结构。在上述文件结构中可以看到：

❑　事件发生概率和损害发生概率的合并过程都是在它们自己的文件夹中。

❑　处理的数据结构位于 structs.rs 文件中。

❑　与处理相关的函数在 processes.rs 文件中定义。

❑　flitton_oasis_risk_modelling 文件夹将存放编译的 Rust 代码，因此 CSV 文件也存储在该文件夹中。

❑　在 MANIFEST.in 文件中声明 CSV 文件存储。

❑　在 lib.rs 文件中定义 Rust 和 Python 之间的接口。

现在我们已经为灾难模型定义了处理流程，接下来可以构建一个端到端包。

8.3　将端到端解决方案构建为一个包

在上一节中，确定了构建灾难模型包需要做的事情。这可以通过以下步骤来实现。

（1）构建灾难足迹合并流程。

（2）构建灾难脆弱性合并流程。

（3）在 Rust 中构建 Python 接口。

（4）在 Python 中构建接口。

（5）构建包安装说明。

在构建任何内容之前，必须使用以下代码在 Cargo.toml 文件中定义依赖项。

```
[package]
name = "flitton_oasis_risk_modelling"
version = "0.1.0"
authors = ["Maxwell Flitton <maxwellflitton@gmail.com>"]
edition = "2018"

[dependencies]
csv = "1.1"
```

```
serde = { version = "1", features = ["derive"] }

[lib]
name = "flitton_oasis_risk_modelling"
crate-type=["rlib", "cdylib"]

[dependencies.pyo3]
version = "0.13.2"
features = ["extension-module"]
```

在上述代码中可以看到，我们将使用 csv crate 来加载数据，并使用 serde crate 来序列化从 CSV 文件中加载的数据。使用这种方法时，重要的是首先对流程进行编码。这将使我们能够知道何时需要构建接口。从这方面考虑，我们可以从构建灾难足迹合并流程开始。

8.3.1　构建灾难足迹合并流程

"灾难足迹合并流程"这个名称可能有点不太容易理解，它其实是指加载灾难足迹数据并将其与传入的事件 ID 合并（详见图 8.2）。所谓"灾难足迹数据"，指的是 footprint.csv 文件。如前文所述，该文件显示了在某个区域发生具有一定强度的灾难的概率。

完成此操作后，将返回数据以提供给另一个流程（即灾难脆弱性合并流程）。在构建流程之前，需要构建数据结构体，因为流程需要它们。

可使用以下代码在 src/footprint/structs.rs 文件中构建 FootPrint 结构体。

```
use serde::Deserialize;

#[derive(Debug, Deserialize, Clone)]
pub struct FootPrint {
    pub event_id: i32,
    pub areaperil_id: i32,
    pub intensity_bin_id: i32,
    pub probability: f32
}
```

在上述代码中可以看到，我们将 Deserialize 宏应用到结构体，这样，当我们从文件加载数据时，它可以直接加载到 FootPrint 结构体中。如果类似的多个事件 ID 被传递到包中，则还可以克隆结构体。

在有了结构体之后，即可在 src/footprint/processes.rs 文件中构建合并流程。请按以下步骤操作。

（1）使用以下代码定义需要的导入。

```
use std::error::Error;
use std::fs::File;
use csv;

use super::structs::FootPrint;
```

需要注意的是，目前并没有在 src/footprint/mod.rs 文件中定义 FootPrint 结构体，所以该代码还不能运行，但是我们会在运行此代码之前及时定义 FootPrint 结构体。

（2）使用以下代码构建一个从文件中读取灾难足迹数据的函数。

```
pub fn read_footprint(mut base_path: String) -> \
    Result<Vec<FootPrint>, Box<dyn Error>> {
    base_path.push_str("/footprint.csv");
    let file = File::open(base_path.as_str())?;
    let mut rdr = csv::Reader::from_reader(file);

    let mut buffer = Vec::new();

    for result in rdr.deserialize() {
        let record: FootPrint = result?;
        buffer.push(record);
    }
    Ok(buffer)
}
```

在上述代码中可以看到，读取灾难足迹的函数需要存放数据文件的目录，然后将文件名添加到路径中，打开文件，并通过 from_reader 函数将其传递。

之后，我们定义了一个空向量并向其中添加经过反序列化（deserialize）处理的数据，这样即可获得一个 FootPrint 结构体的向量，并将其返回。

（3）在有了加载数据的函数之后，即可使用以下代码在同一个文件中构建合并灾难足迹数据的函数。

```
pub fn merge_footprint_with_events(event_ids: \
    Vec<i32>,
    footprints: Vec<FootPrint>) -> Vec<FootPrint> {
        let mut buffer = Vec::new();

        for event_id in event_ids {
            for footprint in &footprints {
                if footprint.event_id == event_id {
```

```
                buffer.push(footprint.clone());
            }
        }
    }
    return buffer
}
```

在上述代码中可以看到，我们接受了一个事件 ID 向量和一个 FootPrint 结构体的向量，然后遍历事件 ID。对于每个事件，循环遍历 FootPrint 结构体，如果它与事件 ID 匹配，则将该结构体添加到缓冲区（buffer），再返回缓冲区，这意味着已经合并了需要的所有内容，不再需要编写任何流程。

为了使它们有用，可以在 src/footprint/mod.rs 文件中构建一个接口。请继续按以下步骤操作。

（4）使用以下代码导入需要的内容。

```
pub mod structs;
pub mod processes;

use structs::FootPrint;
use processes::{merge_footprint_with_events, \
    read_footprint};
```

（5）在导入完成之后，可使用以下代码在同一个文件中构建接口。

```
pub fn merge_event_ids_with_footprint(event_ids: \
    Vec<i32>,
    base_path: String) -> Vec<FootPrint> {
        let foot_prints = \
            read_footprint(base_path).unwrap();
        return merge_footprint_with_events(event_ids, \
            foot_prints)
}
```

上述代码仅接受文件路径和事件 ID，并将它们传递给进程，返回结果。

灾难足迹合并流程构建完成，接下来需要构建灾难脆弱性合并流程。

8.3.2　构建灾难脆弱性合并流程

现在我们已经将事件 ID 与灾难足迹数据合并，获得了一个有效地图，其中显示了在一定地理位置范围内以特定强度发生的特定事件的概率。接下来可以通过以下步骤将其与灾难造成损害的概率合并。

（1）在此流程中，必须加载灾难脆弱性数据（vulnerability.csv 文件），然后将其与现有数据合并。为了实现这一点，需要构建两个结构体，其中一个用于从文件加载的数据，另一个则用于合并后的结果。

因为要加载数据，所以需要使用 serde crate。在 src/vulnerabilities/structs.rs 文件中，可使用以下代码导入 serde crate。

```rust
use serde::Deserialize;
```

（2）使用以下代码构建结构体以加载文件。

```rust
#[derive(Debug, Deserialize, Clone)]
pub struct Vulnerability {
    pub vulnerability_id: i32,
    pub intensity_bin_id: i32,
    pub damage_bin_id: i32,
    pub probability: f32
}
```

在这里需要注意的是，我们加载的数据的概率标记在 probability 字段下。这与 FootPrint 结构体是一样的。因此，必须重命名 probability 字段以避免在合并期间发生冲突。我们还需要计算总概率。

（3）考虑到这一点，合并后的结果可采用如下形式。

```rust
#[derive(Debug, Deserialize, Clone)]
pub struct VulnerabilityFootPrint {
    pub vulnerability_id: i32,
    pub intensity_bin_id: i32,
    pub damage_bin_id: i32,
    pub damage_probability: f32,
    pub event_id: i32,
    pub areaperil_id: i32,
    pub footprint_probability: f32,
    pub total_probability: f32
}
```

定义了这些结构体之后，即可在 src/vulnerabilities/processes.rs 文件中构建流程。在这里需要有两个函数，一个函数读取灾难脆弱性数据，另一个函数则将读取的数据与模型合并。请继续按以下步骤操作。

（4）使用以下代码导入需要的所有内容。

```rust
use std::error::Error;
use std::fs::File;
```

```
use csv;

use crate::footprint::structs::FootPrint;
use super::structs::{Vulnerability, \
    VulnerabilityFootPrint};
```

在上述代码中可以看到，我们依赖来自 footprint 模块的 FootPrint 结构体。

（5）一切就绪之后，即可构建第一个流程，它使用以下代码加载数据。

```
pub fn read_vulnerabilities(mut base_path: String) \
    -> Result<Vec<Vulnerability>, Box<dyn Error>> {
        base_path.push_str("/vulnerability.csv");
        let file = File::open(base_path.as_str())?;
        let mut rdr = csv::Reader::from_reader(file);

        let mut buffer = Vec::new();

        for result in rdr.deserialize() {
            let record: Vulnerability = result?;
            buffer.push(record);
        }
    Ok(buffer)
}
```

在这里可以看到，上述代码与 footprint 模块中的加载过程类似。将其重构为通用函数将是一个很好的练习。

（6）在有了加载函数之后，可以将 Vec<Vulnerability>与 Vec<FootPrint>合并以得到 Vec<VulnerabilityFootPrint>。可以使用以下代码定义函数。

```
pub fn merge_footprint_with_vulnerabilities(
    vulnerabilities: Vec<Vulnerability>,
    footprints: Vec<FootPrint>) -> \
        Vec<VulnerabilityFootPrint> {
        let mut buffer = Vec::new();

        for vulnerability in &vulnerabilities {
            for footprint in &footprints {
                if footprint.intensity_bin_id == \
                    vulnerability
                        .intensity_bin_id {
                        . . .
                }
            }
```

```
        }
    return buffer
}
```

在上述代码中有一个名为 buffer 的新向量，用于存储合并数据。代码中的 3 个小点
（...）表示占位符。我们为每个灾难脆弱性遍历了灾难足迹数据。如果 intensity_bin_id
匹配，则执行占位符中的代码，也就是以下代码。

```
buffer.push(VulnerabilityFootPrint{
    vulnerability_id: vulnerability.vulnerability_id,
    intensity_bin_id: vulnerability.intensity_bin_id,
    damage_bin_id: vulnerability.damage_bin_id,
    damage_probability: vulnerability.probability,
    event_id: footprint.event_id,
    areaperil_id: footprint.areaperil_id,
    footprint_probability: footprint.probability,
    total_probability: footprint.probability * \
        vulnerability.probability
            });
```

上述代码只是将正确的值映射到 VulnerabilityFootPrint 结构体的正确字段。在最后一
个字段（total_probability）中，通过将其他概率相乘来计算总概率。

流程到此就已经完成了，接下来还需要在 src/vulnerabilities/mod.rs 文件中为该流程构
建一个接口。请按以下步骤操作。

（1）使用以下代码导入所需项目。

```
pub mod structs;
pub mod processes;

use structs::VulnerabilityFootPrint;
use processes::{merge_footprint_with_vulnerabilities \
    ,read_vulnerabilities};
use crate::footprint::structs::FootPrint;
```

导入完成之后，即可创建一个函数，该函数将接受数据文件所在目录的基本路径和
灾难足迹数据。

（2）将接受的数据文件所在目录的基本路径和灾难足迹数据传递给加载和合并两个
流程，然后使用以下代码返回合并后的数据。

```
pub fn merge_vulnerabilities_with_footprint( \
    footprint: Vec<FootPrint>, mut base_path: String) \
        -> Vec<VulnerabilityFootPrint> {
```

```
        let vulnerabilities = read_vulnerabilities( \
            base_path).unwrap();
        return merge_footprint_with_vulnerabilities( \
            vulnerabilities, footprint)
}
```

现在我们已经建立了构造数据模型的两个流程（灾难足迹合并流程和脆弱性合并流程），接下来要做的就是在 Rust 中构建 Python 接口。

8.3.3　在 Rust 中构建 Python 接口

可以在 src/lib.rs 文件中定义 Python 接口，以使用 pyo3 crate 让 Rust 代码与 Python 系统通信。具体操作步骤如下。

（1）使用以下代码导入需要的内容。

```
use pyo3::prelude::*;
use pyo3::wrap_pyfunction;
use pyo3::types::PyDict;

mod footprint;
mod vulnerabilities;

use footprint::merge_event_ids_with_footprint;
use vulnerabilities::merge_vulnerabilities_with_footprint;
use vulnerabilities::structs::VulnerabilityFootPrint;
```

上述代码从 pyo3 crate 中导入了我们需要的内容。wrap_pyfunction 可用于包装 get_model 函数并返回 PyDict 结构体的列表。此外，导入的内容还包括构建模型所需的流程模块、结构体和函数等。

（2）使用以下代码定义函数。

```
#[pyfunction]
fn get_model<'a>(event_ids: Vec<i32>, \
    mut base_path: String, py: Python) -> Vec<&PyDict> {
    let footprints = merge_event_ids_with_footprint( \
        event_ids, base_path.clone());
    let model = merge_vulnerabilities_with_footprint \
        (footprints, base_path);

    let mut buffer = Vec::new();
```

```
    for i in model {
        . . .
    }
    return buffer
}
```

必须注意的是，我们在函数中接受了 Python 结构体，这是自动填充的。如果像前几章那样通过全局解释器锁（GIL）获取 Python 结构体，则无法返回它们，因为其生命周期将在函数末尾结束。

因为我们接受了 Python 结构体，所以可以使用已接受的 Python 结构体返回在函数中创建的 Python 结构。

（3）在占位符（...）中，可以使用模型行的所有数据创建一个 PyDict 结构体，并使用以下代码将其推送到缓冲区。

```
let placeholder = PyDict::new(py);
placeholder.set_item("vulnerability_id", \
    i.vulnerability_id);
placeholder.set_item("intensity_bin_id", \
    i.intensity_bin_id);
placeholder.set_item("damage_bin_id", \
    i.damage_bin_id);
placeholder.set_item("damage_probability",\
    i.damage_probability);
placeholder.set_item("event_id", \
    i.event_id);
placeholder.set_item("areaperil_id",\
    i.areaperil_id);
placeholder.set_item("footprint_probability", \
    i.footprint_probability);
placeholder.set_item("total_probability", \
    i.total_probability);
        buffer.push(placeholder);
```

在上述代码中可以看到，我们可以将不同的类型推送到 PyDict 结构体中，而 Rust 对此并不关心。

（4）使用以下代码包装函数并定义模块。

```
#[pymodule]
fn flitton_oasis_risk_modelling(_py: Python, \
    m: &PyModule) -> PyResult<()> {
    m.add_wrapped(wrap_pyfunction!(get_model));
```

```
    Ok(())
}
```

现在所有的 Rust 编程都完成了，接下来可以在 Python 中构建接口。

8.3.4　在 Python 中构建接口

当涉及 Python 接口时，必须在 flitton_oasis_rist_modelling/__init__.py 文件中的 Python 脚本中构建一个函数。数据 CSV 文件也存储在 flitton_oasis_rist_modelling 目录中。

请注意，我们并不希望用户干扰 CSV 文件或知道它们在哪里。为此，我们将使用 os Python 模块找到模块目录以加载 CSV 数据。

可在 flitton_oasis_rist_modelling/__init__.py 文件中使用以下代码导入需要的内容。

```
import os
from .flitton_oasis_risk_modelling import *
```

你应该还记得，Rust 代码将编译成二进制文件并存储在 flitton_oasis_rist_modelling 目录中，因此上述代码可以对 Rust 代码中的所有包装函数进行相对导入。

现在可以使用以下代码编写 construct_model 模型函数。

```
def construct_model(event_ids):
    dir_path = os.path.dirname(os.path.realpath(__file__))
    return get_model(event_ids, str(dir_path))
```

在这里可以看到，用户需要做的就是传递事件 ID。但是，如果我们尝试使用 pip 安装此软件包，则会收到错误消息，指出无法找到 CSV 文件。这是因为我们的设置并不包括数据文件。接下来就让我们在构建包安装说明中解决这个问题。

8.3.5　构建包安装说明

要解决使用 pip 安装时无法找到 CSV 文件的问题，可以使用以下代码声明将所有 CSV 文件保留在 MANIFEST.in 文件中。

```
recursive-include flitton_oasis_risk_modelling/*.csv
```

这个问题解决之后，可以移动到 setup.py 文件来定义设置。请按以下步骤操作。

（1）使用以下代码导入需要的内容。

```
#!/usr/bin/env python
from setuptools import dist
dist.Distribution().fetch_build_eggs([ \
```

```
'setuptools_rust'])
from setuptools import setup
from setuptools_rust import Binding, RustExtension
```

在上述代码中可以看到，我们需要获取 setuptools_rust 包。虽然它对于包的运行不是必需的，但是它却是安装所必需的。

（2）使用以下代码定义 setup 参数。

```
setup(
    name="flitton-oasis-risk-modelling",
    version="0.1",
    rust_extensions=[RustExtension(
    ".flitton_oasis_risk_modelling.flitton_oasis \
        _risk_modelling",
        path="Cargo.toml", binding=Binding.PyO3)],
    packages=["flitton_oasis_risk_modelling"],
    include_package_data=True,
    package_data={'': ['*.csv']},
    zip_safe=False,
)
```

可以看到，我们不需要任何 Python 第三方包。上述代码定义了 Rust 扩展，将 include_package_data 参数设置为 True，并使用 package_data={": ['*.csv']}定义了包数据。进行该设置之后，安装包时所有的 CSV 文件都将被保留。

（3）使用以下代码在 .cargo/config 文件中定义 rustflags 环境变量。

```
[target.x86_64-apple-darwin]
rustflags = [
    "-C", "link-arg=-undefined",
    "-C", "link-arg=dynamic_lookup",
]
[target.aarch64-apple-darwin]
rustflags = [
    "-C", "link-arg=-undefined",
    "-C", "link-arg=dynamic_lookup",
]
```

设置完成之后，可以上传代码并将其安装在 Python 系统中。

现在已经可以使用 Python 模块了。可以在模块中通过终端输出对此进行测试，示例如下：

```
>>> from flitton_oasis_risk_modelling import
    construct_model
```

```
>>> construct_model([1, 2])
[{'vulnerability_id': 1, 'intensity_bin_id': 1,
'damage_bin_id': 1, 'damage_probability': 0.44999998807907104,
'event_id': 1, 'areaperil_id': 10,
'footprint_probability': 0.4699999988079071,
'total_probability': 0.21149998903274536},
{'vulnerability_id': 1, 'intensity_bin_id': 1,
'damage_bin_id': 1, 'damage_probability':
0.44999998807907104,
'event_id': 2, 'areaperil_id': 20,
'footprint_probability': 0.30000001192092896,
'total_probability': 0.13500000536441803},
{'vulnerability_id': 1, 'intensity_bin_id': 2,
'damage_bin_id': 2, 'damage_probability':
0.6499999761581421,
'event_id': 1, 'areaperil_id': 10,
'footprint_probability': 0.5299999713897705,
'total_probability': 0.34449997544288635},
{'vulnerability_id': 1, 'intensity_bin_id': 2,
'damage_bin_id': 2,
'damage_probability': 0.6499999761581421, 'event_id': 2,
'areaperil_id': 20, 'footprint_probability':
0.699999988079071,
'total_probability': 0.45499998331069946},
. . .
```

还会有更多的数据被打印出来，如果你的打印输出与上述输出相关，那么其余数据很可能是准确的。

本节构建了一个真实的解决方案，它可以加载数据并执行一系列操作和流程以提出模型。当然，这只是一个非常基础的简单模型，不会用于现实生活中的灾难建模。我们将其编码在独立的模块中，以便在需要时可以插入更多流程。但是，我们需要确保所有的努力都不是白费的，因此可以使用 Pandas 来完成我们在这个解决方案中所做的同样的事情，然后比较一下谁更快——Pandas 是使用 C 语言编写的，其速度也很快。如果我们的包在测试中能胜过 Pandas，则说明该解决方案确实很棒，值得为之付出努力。

8.4　使用和测试包

假设你已经开始在一个用 Rust 编码的 Python 包中构建自己的解决方案，但是，你需要向团队和自己证明这些努力都是值得的。因此，本节就来讨论一下，如何在一个单独的 Python 脚本中通过测试检验我们是否应该继续努力。

在该 Python 脚本中，可以按照以下步骤进行测试。

（1）使用 Pandas 构建 Python 构造模型。

（2）构建随机事件 ID 生成器函数。

（3）用一系列不同的数据大小来对 Python 和 Rust 实现进行计时测试。

在完成了上述步骤之后，即可知道我们是否应该进一步推进 Rust 模块的开发。

在测试脚本中，使用以下代码导入所需的内容。

```python
import random
import time

import matplotlib.pyplot as plt
import pandas as pd
from flitton_oasis_risk_modelling import construct_model
```

在上述导入项目中，random 模块用来生成随机事件 ID，time 模块用来为实现计时，pandas 用于构建模型，matplotlib 用于绘制结果，construct_model 是 Rust 实现。

导入完成之后，即可开始使用 Pandas 构建模型。

8.4.1　使用 Pandas 构建 Python 构造模型

现在我们已经导入了需要的所有内容，可以在 Python 中从 CSV 文件加载数据，并使用 Pandas 构建模型，具体步骤如下。

（1）定义一个函数接受事件 ID，并从 CSV 文件加载数据。示例代码如下：

```python
def python_construct_model(event_ids):
    vulnerabilities = \
        pd.read_csv("./vulnerability.csv")
    foot_print = pd.read_csv("./footprint.csv")
    event_ids = pd.DataFrame(event_ids)
```

（2）在获得了所有数据之后，即可合并数据并重命名 probability 列以避免冲突。示例代码如下：

```python
model = pd.merge(
    event_ids, foot_print, how="inner", \
        on="event_id"
)
```

```
model.rename(
    columns={"probability": \
        "footprint_probability"},
    inplace=True
)
```

可以看到，Pandas 使用的代码很少。

（3）现在可以进行最后的过程，即与灾难脆弱性数据合并，然后计算总概率。示例
代码如下：

```
model = pd.merge(
    model, vulnerabilities,
    how="inner", on="intensity_bin_id"
)
model.rename(
    columns={"probability": \
        "vulnerability_probability"},
    inplace=True
)
model["total_prob"] = \
    model["footprint_probability"] * \
        model["vulnerability_probability"]
    return model
```

至此，Python 模型完成。接下来，还需要构建随机事件 ID 生成器函数。

8.4.2　构建随机事件 ID 生成器函数

对于 Rust 实现来说，需要传入的是一个整数列表；而对于 Python 模型来说，则需要
传入一个字典列表，其中存储了事件 ID。因此，可以使用以下代码定义这些随机事件 ID
生成器函数。

```
def generate_event_ids_for_python(number_of_events):
    return [{"event_id": random.randint(1, 4)} for _
        in range(0, number_of_events)]

def generate_event_ids_for_rust(number_of_events):
    return [random.randint(1, 4) for _
        in range(0, number_of_events)]
```

现在一切准备就绪，可以执行测试了。

8.4.3 为 Python 和 Rust 实现计时

现在我们已经拥有了测试 Rust 和 Python 实现所需的一切。可通过执行以下步骤来运行带有计时功能的 Python 和 Rust 模型。

（1）使用以下代码定义入口点和计时图形的数据结构。

```python
if __name__ == "__main__":
    x = []
    python_y = []
    rust_y = []
```

（2）对于测试数据，将以 10 为步长遍历从 10 到 3000 的整数列表。示例代码如下：

```python
for i in range(10, 3000, 10):
    x.append(i)
```

Python 和 Rust 实现都将运行相同的事件 ID 数据集大小，这就是我们只有一个 x 向量的原因。现在可以使用以下代码测试 Python 实现。

```python
python_event_ids = \
    generate_event_ids_for_python(
        number_of_events=i
)
python_start = time.time()
python_construct_model(event_ids= \
    python_event_ids)
python_finish = time.time()
python_y.append(python_finish - python_start)
```

在上述代码中，生成的 ID 数据集的大小就是循环整数的大小。然后启动计时器，在 Python 中构建模型，完成计时，并将所用时间添加到 Python 数据列表中。

（3）对 Rust 测试可采用相同的方法。示例代码如下：

```python
rust_event_ids = generate_event_ids_for_rust(
    number_of_events=i
)
rust_start = time.time()
construct_model(rust_event_ids)
rust_finish = time.time()
rust_y.append(rust_finish - rust_start)
```

数据收集现已完成。

（4）在循环结束时，使用以下代码绘制结果。

```
plt.plot(x, python_y)
plt.plot(x, rust_y)
plt.show()
```

现在我们已经编写了所有用于测试的代码，其测试结果应如图 8.4 所示。

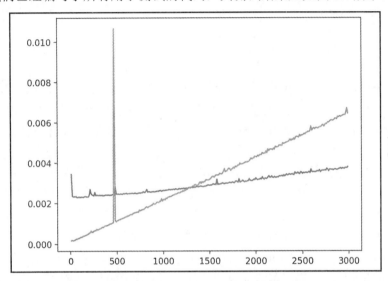

图 8.4　Rust 与 Python 的模型生成时间比较

在图 8.4 中可以看到，刚开始的时候，Rust 实现比 Python Pandas 实现更快。但是，一旦超过 1300 标记，Rust 模型就会比 Python Pandas 模型慢。这是因为我们的代码不能很好地扩展，我们是在循环中执行循环。而在 Pandas 模型中，则是将总概率向量化。Pandas 是一个编写得很好的模块，有多位开发人员优化了其合并函数。

因此，虽然 Rust 代码会比 Python 和 Pandas 代码快，但如果该实现不能很好地扩展，则甚至可能会减慢我们的程序。在实践中我们也曾经看到过，一些实现得比较糟糕的 C++ 程序被 Python Pandas 击败。

尝试在系统中实现 Rust 时，理解这种细微差别很重要。Rust 是一门新的语言，如果你在实现之前就放出豪言，承诺做出很大的改进，但结果却是糟糕的代码实现，或者在 Rust 中花费了大量时间编码之后却导致速度变慢，则可能令领导和同事大失所望。

这是一本关于在 Rust 中构建 Python 包而不是在 Rust 中进行数据处理的书，这是我们的立足点。当然，Xavier Tao 曾经在 Rust 中实现了一个高效的合并流程，使 Rust 减少了 75% 的时间和 78% 的内存（详见 8.6 节"延伸阅读"），这是一个了不起的成绩。还有一个名为 Polars 的 Pandas 的 Rust 实现，它也有 Python 绑定，比标准 Pandas 更快，相关说明文档也列在 8.6 节"延伸阅读"中。

　　这里的要点是，Rust 固然使开发人员能够构建快速高效的内存解决方案，但这必须建立在合理实现的基础上。此外，如果试图从头开始构建一个解决方案，而该解决方案在现有 Python 包中已有优化产品，则应该进行测试，看看所做决定是否明智。

8.5　小　　结

　　本章介绍了构建简单灾难模型的基础知识。我们详细分解了建模逻辑并将其转换为具体步骤，以在 Rust 中构建该灾难模型。其流程包括获取路径，从文件中加载数据，在包中包含数据，并构建一个 Python 接口，这样用户在构建模型时就不必知道幕后发生了什么。

　　本章还对 Rust 和 Pandasr 的 Python 模块进行了对比测试，结果表明，Rust 解决方案在最初时确实更快，因为 Rust 比 Python 和 Pandas 快。但是，该实现并没有很好地扩展，因为在执行合并时，我们在循环中执行了循环。随着数据量的增加，Rust 代码最终变慢了。在前面的章节中，我们多次展示了 Rust 实现通常更快。但是，这并不能抵消糟糕代码实现的影响。如果你依赖 Python 第三方模块来执行复杂的过程，那么在 Rust 中重写它以提高性能可能不是一个好主意。如果同一解决方案没有可用的 Rust crate，则最好将解决方案的相关部分留给 Python 模块。

　　在下一章中，我们将构建一个 Flask Web 应用程序，为将 Rust 应用于 Python Web 应用程序奠定基础。

8.6　延 伸 阅 读

❑　Polars documentation for Rust Crate Polars (2021)：

　　https://docs.rs/polars/0.15.1/polars/frame/struct.DataFrame.html

❑　Data Manipulation: Pandas vs Rust, Xavier Tao (2021)：

　　https://able.bio/haixuanTao/data-manipulation-pandas-vs-rust--1d70e7fc

第 3 篇

将 Rust 注入 Web 应用程序

到目前为止，本书已经讨论了有关在 Python 代码中实际使用 Rust 的所有关键领域。本篇将把迄今为止学习过的所有知识应用到一个实际项目中。我们将使用 Rust 编写 Python 包，然后将它注入 Web 应用程序中，最后在 Docker 中部署。

本篇包括以下章节：

第 9 章　构建 Python Flask 应用程序

第 10 章　将 Rust 注入 Python Flask 应用程序

第 11 章　集成 Rust 的最佳实践

第 9 章 构建 Python Flask 应用程序

在第 8 章"在 Rust 中构建端到端 Python 模块"中，使用 Rust 解决了一个现实世界的问题。我们也学到了重要的一课，即良好的代码实现（如添加向量或合并 DataFrame）以及第三方模块（如 NumPy 和 Pandas），可以胜过糟糕实现的 Rust 解决方案。当然，如果纯粹比较实现，Rust 还是比 Python 快得多。

到目前为止，本书已经介绍了将 Rust 与标准 Python 脚本融合的各种操作。但是，Python 并不局限于运行脚本，Python 还有一个流行用途是在 Web 应用程序中。

本章将使用 NGINX、数据库和由 Celery 包实现的消息总线构建一个 Flask Web 应用程序。此消息总线将允许应用程序在返回 Web HTTP 请求时在后台处理繁重的任务。Web 应用程序和消息总线将包装在 Docker 容器中并部署到 docker-compose。当然，如果需要，还可以将应用程序部署到云平台上。

本章包含以下主题：
- ❑ 构建一个基本的 Flask 应用程序。
- ❑ 定义数据访问层。
- ❑ 构建消息总线。

本章将为开发人员创建具有一系列功能和服务的可部署 Python Web 应用程序奠定基础，使开发人员能够发现如何将 Rust 与包装在 Docker 容器中的 Python Web 应用程序融合在一起。

9.1 技 术 要 求

本章代码和数据可在以下网址找到。

https://github.com/PacktPublishing/Speed-up-your-Python-with-Rust/tree/main/chapter_nine

除此之外，本章还将在 Docker 之上使用 docker-compose 来编排 Docker 容器。这可以按照以下网址的说明进行安装。

https://docs.docker.com/compose/install/

本章将构建一个包含 Docker 的 Flask 应用程序，该应用程序可通过以下位置的 GitHub

存储库获得。

https://github.com/maxwellflitton/fib-flask

9.2　构建一个基本的 Flask 应用程序

在开始向应用程序添加任何附加功能（如数据库）之前，必须确保可以启动一个基本的 Flask 应用程序并运行我们需要的一切。此应用程序将接受一个数字并返回一个斐波那契数字。此外，如果要部署此应用程序，则需要确保它可以在其自己的 Docker 容器中运行。

到本节结束时，我们的应用程序应该具有以下结构。

```
├── deployment
│   ├── docker-compose.yml
│   └── nginx
│       ├── Dockerfile
│       └── nginx.conf
├── src
│   ├── Dockerfile
│   ├── __init__.py
│   ├── app.py
│   ├── fib_calcs
│   │   ├── __init__.py
│   │   └── fib_calculation.py
│   └── requirements.txt
```

在上述结构中可以看到，应用程序位于 src 目录中。因此，在运行该应用程序时，必须确保将 PYTHONPATH 路径设置为 src。部署所需的代码存在于 deployment 目录中。

要构建应用程序以便它可以在 Docker 中运行，请执行以下步骤。

（1）为应用程序构建一个入口点。

（2）构建斐波那契数计算模块。

（3）为应用程序构建一个 Docker 镜像。

（4）构建 NGINX 服务。

一旦完成了这些步骤，即可拥有一个可以在服务器上运行的基本 Flask 应用程序。接下来，让我们详细探讨每个步骤。

9.2.1 为应用程序构建一个入口点

请按以下步骤操作。

（1）在构建入口点之前，需要使用以下命令安装 Flask 模块。

```
pip install flask
```

（2）安装完成后，即拥有了创建基本 Flask 应用程序所需的一切，现在可以使用以下代码在 src/app.py 文件中定义入口点。

```
from flask import Flask

app = Flask(__name__)

@app.route("/")
def home():
    return "home for the fib calculator"

if __name__ == "__main__":
    app.run(use_reloader=True, port=5002, \
        threaded=True)
```

在上述代码中可以看到，我们使用装饰器定义了一个基本的路由。

可以通过运行src/app.py 脚本来运行我们的应用程序，这将在本地运行我们的服务器，使我们能够访问已定义的所有路由。在浏览器中输入以下 URL。

http://127.0.0.1:5002

结果将如图 9.1 所示。

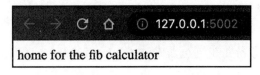

图 9.1　本地 Flask 服务器的主视图

这表明基本服务器正在运行，可以继续构建一个斐波那契数计算模块。

9.2.2 构建斐波那契数计算模块

请按以下步骤操作。

（1）本示例的应用很简单，因此，仅在一个文件的一个类中即可定义模块的功能。在 src/fib_calcs/fib_calculation.py 文件中使用以下代码定义类。

```
class FibCalculation:

    def __init__(self, input_number: int) -> None:
        self.input_number: int = input_number
        self.fib_number: int = self.recur_fib(
            n=self.input_number
        )
    @staticmethod
    def recur_fib(n: int) -> int:
        if n <= 1:
            return n
        else:
            return( FibCalculation.recur_fib(n - 1) +
                    FibCalculation.recur_fib(n - 2))
```

在上述代码中可以看到，该类只接受一个输入数字，并使用计算出的斐波那契数自动填充 self.fib_number 特性。

（2）完成后，可以在 src/app.py 文件中定义一个视图，通过 URL 接受整数，将其传递给 FibCalculation 类，并将计算出的斐波那契数作为字符串返回给用户。示例代码如下：

```
from fib_calcs.fib_calculation import FibCalculation
...

@app.route("/calculate/<int:number>")
def calculate(number):
    calc = FibCalculation(input_number=number)
    return  f"you entered {calc.input_number} " \
            f"which has a Fibonacci number of " \
            f"{calc.fib_number}"
```

（3）重新运行服务器并在浏览器中输入 http://127.0.0.1:5002/calculate/10，将获得如图 9.2 所示的结果。

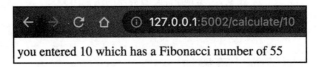

图 9.2　本地 Flask 服务器计算结果之后的视图

可以看到，我们的应用程序达到了预期目的：根据输入计算一个斐波那契数。

Flask 还有更多的视图，但是本书的重点不是 Web 开发。如果想了解如何构建更全面的 API 端点，可以查看 Flask API 和 Marshmallow 包。在 9.8 节"延伸阅读"中提供了相关参考资料。

接下来，我们需要使该应用程序可部署，以便在后续步骤中使用它。

9.2.3　为应用程序构建 Docker 镜像

为了使我们的应用程序可用，必须为它构建一个接受请求的 Docker 镜像，还必须使用另一个充当入口的容器调用来保护它。NGINX 可以执行负载均衡、缓存、流式传输和流量重定向。我们的应用程序将使用 Gunicorn 包运行，该包实际上可以同时运行应用程序的多个工作进程（worker）。对于每个请求，NGINX 都会询问该请求应该发送到哪个 Gunicorn 工作进程并重定向它，如图 9.3 所示。

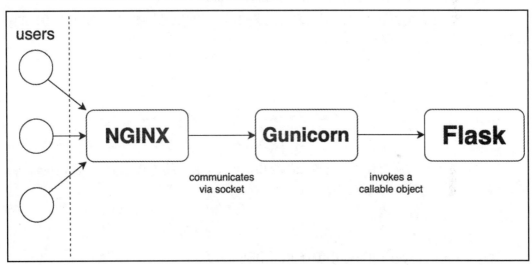

图 9.3　应用程序的请求流

原　　　文	译　　　文
users	用户
communicates via socket	通过套接字进行通信
invokes a callable object	调用一个可调用的对象

要实现图 9.3 中定义的布局，请按以下步骤操作。

（1）在构建 Docker 镜像之前，必须确保应用程序的需求得到处理。因此，必须使用 pip 命令安装 Gunicorn。具体命令如下：

```
pip install gunicorn
```

（2）必须确保在 src 目录中，因为我们将使用以下命令将所有应用程序依赖项转储到一个名为 requirements.txt 的文件中。

```
pip freeze > requirements.txt
```

这将获得一个文本文件，其中列出了应用程序运行所需的所有依赖项。目前只需要 Flask 和 Gunicorn 即可。

完成上述操作之后，即可开始编写 Docker 文件，以便可以构建应用程序的应用程序镜像。

（3）在 src/Dockerfile 文件中，使用以下代码定义所需的操作系统。

```
FROM python:3.6.13-stretch
```

这意味着我们的镜像将运行安装了 Python 的精简版 Linux。

（4）有了正确的操作系统之后，即可定义应用程序的目录并将所有的应用程序文件复制到镜像中。示例代码如下：

```
# Set the working directory to /app
WORKDIR /app

# Copy the current directory contents into the
    container at /app
ADD . /app
```

（5）现在所有的应用程序文件都在镜像中，可以安装系统更新，然后安装 python-dev 包，这样就可以使用以下代码包含扩展。

```
RUN apt-get update -y
RUN apt-get install -y python3-dev python-dev gcc
```

这将使我们能够在应用程序中编译 Rust 代码并使用数据库二进制文件。

系统设置完毕，现在可以使用以下代码安装我们的需求。

```
RUN pip install --upgrade pip setuptools wheel
RUN pip install -r requirements.txt
```

一切就绪，现在可以定义系统以运行我们的应用程序了。

（6）使用以下代码公开端口并运行我们的应用程序。

```
EXPOSE 5002

CMD ["gunicorn", "-w 4", "-b", "0.0.0.0:5002", \
    "app:app"]
```

可以看到，当我们从镜像创建容器时，需要使用列表中定义的参数运行 CMD。上述示例中的-w 4 参数表示有 4 个工作进程。后面的参数定义了正在监听的 URL 和端口。最后一个参数是 app:app，表示我们的应用程序位于 app.py 文件中，而我们在该文件中的应用程序是变量名 app 下的 Flask 对象。

（7）现在可以使用以下命令构建应用程序镜像。

```
docker build . -t flask-fib
```

其结果是一个很长的控制台打印输出流，但实际上，Docker 镜像是使用 flask-fib 标签构建的。

（8）使用以下命令检查镜像。

```
docker image ls
```

运行上述命令会为我们提供一个按以下形式创建的镜像。

```
REPOSITORY        TAG           IMAGE ID
flask-fib         latest        0cdb0c979ac1
CREATED           SIZE
33 minutes ago    1.05GB
```

这个输出结果很重要。稍后当我们使用 NGINX 运行应用程序时，即需要引用该镜像。接下来，让我们详细看看该操作。

9.2.4　构建 NGINX 服务

说起 Docker 和 NGINX 应用，我们是很幸运的，因为现在不必构建定义 NGINX 镜像的 Dockerfile，NGINX 已经发布可以免费下载和使用的官方镜像，只不过我们必须修改一下其配置。

NGINX 相当重要，因为它使开发人员能够控制传入请求的处理方式。开发人员可以根据 URL 的各个部分将请求重定向到不同的服务。此外，还可以控制数据的大小、连接的持续时间以及配置 HTTPS 流量。NGINX 还可以充当负载均衡器。本示例将以最简单的格式配置 NGINX 以使其运行。

当然，NGINX 本身就是一个值得研究的主题。9.8 节"延伸阅读"中提供了对其研究较为有用的图书参考资料。

要构建 NGINX 服务并将其连接到我们的 Flask 应用程序，请按以下步骤操作。

（1）我们将使用 deployment/nginx/nginx.conf 文件中的代码配置 NGINX 容器。在该文件中，可以声明工作进程和错误日志，如下所示。

```
worker_processes auto;
error_log /var/log/nginx/error.log warn;
```

上述代码将 worker_processes 定义为 auto，表示自动检测可用 CPU 核心数，并将进程数设置为 CPU 核心数。

（2）使用以下代码定义工作进程一次可以处理的最大连接数。

```
events {
    worker_connections 512;
}
```

需要注意的是，这里选择的数字是 NGINX 的默认设置。

（3）定义 HTTP 侦听器，这可以通过以下代码实现。

```
http {
    server {
        listen 80;

        location / {
            proxy_pass http://flask_app:5002/;
        }
    }
}
```

上述代码侦听的是 80 端口，这是标准的外部侦听端口。

此外，上述代码还声明如果 URL 有任何模式，则将其传递给在端口 5002 上的 flask_app 容器。如果有需要，还可以在 http 部分中堆叠多个位置。例如，如果我们有另一个应用程序，则可以使用以下代码将请求路由到另一个应用程序（URL 以 another_app 开头）。

```
location /another_app {
    proxy_pass http://another_app:5002/;
}
location / {
    proxy_pass http://flask_app:5002/;
}
```

至此，NGINX 配置文件已经完成。再说明一次，NGINX 其实还有更多的配置参数，我们只是考虑了最低限度的情况。有关这些参数的更多信息，请参考 9.8 节"延伸阅读"中提供的资料。

在 NGINX 配置文件完成之后，接下来，即可将它与 Flask 应用程序一起运行。

9.2.5　连接并运行 NGINX 服务

要让我们的应用程序和 NGINX 一起运行，可以使用 docker-compose。它允许我们同时定义多个可以相互通信的 Docker 容器。

在服务器上运行 docker-compose 即可实现基本设置。当然，如果需要，更高级的系统（如 Kubernetes）也可以帮助跨多个服务器编排 Docker 容器。除此之外，不同的云平台也提供了现成可用的负载均衡器。

请执行以下步骤。

（1）在 deployment/docker-compose.yml 文件中，声明使用的 docker-compose 的版本。示例代码如下：

```
version: "3.7"
```

（2）现在可以定义服务。第一个服务就是我们的 Flask 应用程序。示例代码如下：

```
services:

    flask_app:
        container_name: fib-calculator
        image: "flask-fib:latest"
        restart: always
        ports:
            - "5002:5002"
        expose:
            - 5002
```

上述代码引用了我们使用最新版本构建的镜像。如果更改了镜像并重建，则此处的 docker-compose 设置将使用重建的镜像。我们还给镜像一个容器名称，这样在检查正在运行的容器时就可以知道容器的状态。

此外，上述代码还声明了通过端口 5002 接受流量，并将其路由到容器的端口 5002。因为选择了此路径，所以还公开了端口 5002。如果现在运行 docker-compose 设置，则可以使用 http://localhost:5002 访问我们的应用程序。但是，如果它在服务器上运行并且外部流量无法访问端口 5002，那么我们将无法访问它。

（3）考虑到以上情况，可以使用以下代码在 deployment/docker-compose.yml 文件中定义我们的 NGINX。

```
nginx:
    container_name: 'nginx'
```

```
image: "nginx:1.13.5"
ports:
    - "80:80"
links:
    - flask_app
depends_on:
    - flask_app
volumes:
    - ./nginx/nginx.conf:/etc/nginx/nginx.conf
```

在上述代码中，可以看到我们依赖第三方 NGINX 镜像，并且将外部端口 80 路由到·端口 80。此外，我们链接到 Flask 应用程序，并且依赖它，这意味着 docker-compose 将确保在运行 NGINX 服务之前，我们的 Flask 应用程序已经启动并运行。

在 volumes 部分，我们将标准配置文件替换为在上一步中定义的配置文件，这样，NGINX 服务将运行我们定义的配置。

需要注意的是，每次运行 docker-compose 时都会发生这种配置切换。这意味着如果我们更改配置文件然后再次运行 docker-compose，则将看到更改。因此，我们已尽一切努力让我们的应用程序启动并运行。现在可以进行测试了。

（4）运行以下命令即可测试我们的应用程序。

```
Docker-compose up
```

我们的服务将启动，然后给出以下输出结果。

```
Starting fib-calculator     ... done
Starting nginx              ... done
Attaching to fib-calculator, nginx
fib-calculator | [2021-08-20 18:43:14 +0000] [1]
[INFO]
Starting gunicorn 20.1.0
fib-calculator | [2021-08-20 18:43:14 +0000] [1]
[INFO]
Listening at: http://0.0.0.0:5002 (1)
fib-calculator | [2021-08-20 18:43:14 +0000] [1]
[INFO]
Using worker: sync
fib-calculator | [2021-08-20 18:43:14 +0000] [8]
[INFO]
Booting worker with pid: 8
fib-calculator | [2021-08-20 18:43:14 +0000] [9]
[INFO]
```

```
Booting worker with pid: 9
...
nginx              | /docker-entrypoint.sh: Configuration
complete;
ready for start up
```

在上述结果中可以看到，两个服务都没有任何问题。我们的 Flask 应用程序将启动 Gunicorn，开始侦听端口 5002 ，并启动工作进程来处理请求。在此之后，NGINX 服务会查找一系列配置，然后才能确定配置已完成并准备好启动。

另外，请注意 NGINX 在 Flask 应用程序启动之后启动，这是因为我们在构建 docker-compose 文件时声明了 NGINX 依赖 Flask 应用程序。

现在可以直接访问 localhost URL 而无须指定端口，因为我们正在使用 NGINX 侦听外部端口 80。访问结果如图 9.4 所示。

图 9.4　与完全容器化的 Flask 应用程序交互

现在我们已经有一个完全容器化的应用程序可以运行。因此，在下一章中，可以测试一下 Rust 代码与我们的应用程序的集成在实际环境中是否真正有效。

在确认应用程序可以正常运行之后，还可以继续构建数据访问层，这将允许我们存储数据和从数据库中获取数据。

9.3　定义数据访问层

现在我们有一个应用程序，它可以接受一个数字并根据该数字计算一个斐波那契数。但是，数据库查找比计算要快。基于这一事实，我们可以优化该应用程序，在提交数字时首先执行数据库查找。如果不存在，则计算该斐波那契数，存入数据库，然后将其返回给用户。

在开始构建之前，必须使用 pip 安装以下软件包。

❏　pyml：该包有助于从 .yml 文件中为应用程序加载参数。

❏　sqlalchemy：该包使应用程序能够将 Python 对象映射到数据库以进行存储和查询。

❏　alembic：该包有助于跟踪应用程序对数据库的更改并将其应用于数据库。

❏　psycopg2-binary：这是使应用程序能够连接到数据库的二进制文件。

安装了需要的内容后，可以通过执行以下步骤使我们的应用程序能够存储和获取斐波那契数。

（1）在 docker-compose 中定义 PostgreSQL 数据库。

（2）构建配置加载系统。

（3）构建数据访问层。

（4）搭建应用数据库迁移系统。

（5）建立数据库模型。

（6）将数据库访问层应用于 fib 计算视图。

完成上述步骤后，我们的应用程序将采用以下形式的文件结构。

```
├── deployment
│   . . .
├── docker-compose.yml
├── src
│   . . .
│   ├── config.py
│   ├── config.yml
│   ├── data_access.py
│   ├── fib_calcs
│   │   . . .
│   ├── models
│   │   ├── __init__.py
│   │   └── database
│   │       ├── __init__.py
│   │       └── fib_entry.py
│   └── requirements.txt
```

可以看到，deployment 文件的结构没有改变。添加了一个 docker-compose.yml 文件到根目录，因为它使我们能够在开发应用程序时访问数据库。

除此之外，还添加了一个数据访问文件（data_access.py），使我们能够连接到数据库；添加了一个 models 模块，以便将对象映射到数据库。

这种结构将产生一个可以访问数据库的容器化 Flask 应用程序。接下来，让我们仔细看看如何为数据库定义 Docker 容器。

9.3.1　在 docker-compose 中定义 PostgreSQL 数据库

要定义数据库容器，可将以下代码应用到 deployment/docker-compose.yml 文件和 docker-compose.yml 文件中。

```
Postgres:
    container_name: 'fib-dev-Postgres
    image: 'postgres:11.2'
    restart: always
    ports:
        - '5432:5432'
    environment:
        - 'POSTGRES_USER=user'
        - 'POSTGRES_DB=fib'
        - 'POSTGRES_PASSWORD=password'
```

在上述代码中可以看到，我们依赖的是官方的第三方 Postgres 镜像。这里没有像使用 NGINX 服务那样定义配置文件，而是使用 environment 变量定义密码、数据库名称和用户。当我们运行本地环境并开发应用程序时，将在根目录中运行 docker-compose 文件，这就是需要在两个 docker-compose.yml 文件中编写代码的原因。

在定义了数据库之后，接下来，让我们看看如何构建配置加载系统。

9.3.2　构建配置加载系统

实际上，我们的配置系统将从 Flask 应用程序中的.yml 文件加载参数。请按以下步骤操作。

（1）应用程序可能需要不同的参数，具体取决于系统。因此，必须构建一个对象，从 .yml 文件加载参数并将它们作为整个应用程序的字典。在 src/config.py 文件中，导入需要的内容，代码如下：

```
import os
import sys
from typing import Dict, List

import yaml
```

在上述项目中，sys 模块将用于接收在运行时传递给应用程序的参数，os 模块则可用于检查在参数中指定的配置文件是否存在。

（2）使用以下代码构建全局参数对象。

```
class GlobalParams(dict):

    def __init__(self) -> None:
        super().__init__()
        self.update(self.get_yml_file())
```

```python
    @staticmethod
    def get_yml_file() -> Dict:
        file_name = sys.argv[-1]
        if ".yml" not in file_name:
            file_name = "config.yml"

        if os.path.isfile(file_name):
            with open("./{}".format(file_name)) as \
                file:
                    data = yaml.load(file,
                            Loader=yaml.FullLoader)
            return data
        raise FileNotFoundError(
            "{} config file is not available".
                format(file_name)
        )


    @property
    def database_meta(self) -> Dict[str, str]:
        db_string: str = self.get("DB_URL")
        buffer: List[str] = db_string.split("/")
        second_buffer: List[str] = buffer[- \
            2].split(":")
        third_buffer: List[str] = \
            second_buffer[1].split("@")
        return {
            "DB_URL": db_string,
            "DB_NAME": buffer[-1],
            "DB_USER": second_buffer[0],
            "DB_PASSWORD": third_buffer[0],
            "DB_LOCATION":f"{third_buffer[1]} \
                :{second_buffer[-1]}",
        }
```

在上述代码中可以看到，GlobalParams 类直接继承自 dict（字典）类，这意味着它拥有字典的所有功能。除此之外，请注意，我们没有将任何参数传递给 Python 程序来指定要加载的 .yml 文件；相反，只是恢复到标准的 config.yml 文件。这是因为我们将使用配置文件迁移到数据库。执行数据库迁移时，将很难传入参数。如果要更改配置，最好是获取新数据并将其写入配置文件。

（3）现在配置参数类已经定义完毕，可以将数据库 URL 添加到 src/config.yml 文件中。示例代码如下：

```
DB_URL: \
"postgresql://user:password@localhost:5432/fib"
```

在可以访问数据库 URL 之后，让我们看看如何构建数据访问层。

9.3.3　构建数据访问层

数据库访问将在 src/data_access.py 文件中定义。完成后，在 Flask 应用程序中的任何位置都可以从 src/data_access.py 文件中导入数据访问层，这样就可以在 Flask 应用程序中的任何位置访问数据库。

请执行以下步骤来构建数据访问层。

（1）导入需要的内容。

```
from flask import _app_ctx_stack
from sqlalchemy import create_engine
from sqlalchemy.ext.declarative import
declarative_base
from sqlalchemy.orm import sessionmaker,
scoped_session
from config import GlobalParams
```

在上述导入项目中，_app_ctx_stack 对象可用于确保我们的会话在 Flask 请求的上下文中。sqlalchemy 依赖项可确保我们的访问具有会话生成器和引擎。我们无意在数据库管理方面做过于详细的讨论，因为本书的侧重点是将 Rust 与 Python 融合，而本示例只是使用 SQLAlchemy 来探索与 Rust 的数据库集成。当然，开发人员应该对会话、引擎和基类的作用有所了解。

（2）在导入了所需的一切之后，可使用以下代码构建数据库引擎。

```
class DbEngine:

    def __init__(self) -> None:
        params = GlobalParams()
        self.base = declarative_base()
        self.engine = create_engine(params.get
            ("DB_URL"),
            echo=True,
            pool_recycle=3600,
            pool_size=2,
            max_overflow=1,
```

```
        connect_args={
            'connect_timeout': 5
        })
    self.session = scoped_session(sessionmaker(
        bind=self.engine
    ), scopefunc=_app_ctx_stack)
    self.url = params.get("DB_URL")


dal = DbEngine()
```

现在我们有了一个类，它可以提供数据库会话、数据库连接和基类。

不过需要注意的是，我们启动了 DbEngine 类，并把它赋给了 dal 变量，但在这个文件之外并没有导入 DbEngine 类。相反，我们导入了 dal 变量以用于与数据库的交互。这样做是因为：如果在启动期间在此文件之外导入了 DbEngine 类，并在想要与数据库交互时使用它，则会为每个请求创建多个数据库会话，并且这些会话将难以关闭。即使是只有几个用户，数据库也可能因为太多的挂起连接而停止运行。

在数据库连接定义完成之后，可以继续构建数据库模型。

（3）在数据库模型中，可以有唯一 ID、输入数字和斐波那契数。模型可以在 src/models/database/fib_entry.py 文件中定义，代码如下：

```
from typing import Dict
from sqlalchemy import Column, Integer
from data_access import dal

class FibEntry(dal.base):

    __tablename__ = "fib_entries"

    id = Column(Integer, primary_key=True)
    input_number = Column(Integer)
    calculated_number = Column(Integer)

    @property
    def package(self) -> Dict[str, int]:
        return {
            "input_number": self.input_number,
            "calculated_number": \
                self.calculated_number
        }
```

可以看到，这些代码其实很简单。首先通过模型传递 dal.base 以将该模型添加到元数据中。然后定义将出现在数据库中的表名称和模型字段，这些字段分别是 id、input_number 和 calculated_number。

数据库模型现在已经定义好了，可以在整个应用程序中导入和使用它。接下来，我们将使用它来管理数据库迁移。

9.3.4　搭建应用程序数据库迁移系统

迁移（migration）是一个有用的工具，用于跟踪对数据库所做的所有更改。如果对数据库模型进行更改或定义一项更改，则需要将这些更改转换到数据库中。这可以通过执行以下步骤来实现。

（1）如前文所述，本示例将依靠 alembic 包进行数据库管理，因此，需要导航到 src/ 目录，然后运行以下命令。

```
alembic init alembic
```

这将生成一系列脚本和文件。我们仅对 src/alembic/env.py 文件感兴趣，因为将对它进行更改，以便可以将 alembic 脚本和命令连接到数据库。

接下来还需要导入 os 和 sys 模块，因为将使用它们来导入模型并加载配置文件。

（2）使用以下代码导入模块。

```
import sys
import os
```

（3）使用 os 模块来追加 src/ 目录中的路径。代码如下：

```
from alembic import context

# this is the Alembic Config object, which provides
# access to the values within the .ini file in use.
Config = context.config

# Interpret the config file for Python logging.
# This line sets up loggers basically.
fileConfig(config.config_file_name)
# add the src to our import path
sys.path.append(os.path.join(
    os.path.dirname(os.path.abspath(__file__)),
    "../")
)
```

（4）在配置了导入路径之后，即可导入参数和数据库引擎。然后，使用以下代码将数据库 URL 添加到 alembic 数据库 URL。

```
# config the database url for migrations
from config import GlobalParams
params = GlobalParams()
section = config.config_ini_section
db_params = params.database_meta

config.set_section_option(section, 'sqlalchemy.url',
                          params.get('DB_URL'))

from data_access import dal
db_engine = dal

from models.database.fib_entry import FibEntry

target_metadata = db_engine.base.metadata
```

（5）在上述代码中可以看到，自动生成的函数获取了我们的配置，现在可以使用以下代码执行迁移。

```
def run_migrations_offline():
    url = config.get_main_option("sqlalchemy.url")
    context.configure(
        url=url,
        target_metadata=target_metadata,
        literal_binds=True,
        dialect_opts={"paramstyle": "named"},
        render_as_batch=True
    )

    with context.begin_transaction():
        context.run_migrations()
```

（6）现在已经将配置系统链接到数据库迁移，必须确保 docker-compose 正在运行，因为我们的数据库必须是实时的。可以使用以下命令生成迁移。

```
alembic revision --autogenerate -m create-fib-entry
```

其输出结果如下：

```
INFO [alembic.runtime.migration] Context impl
PostgresqlImpl.
```

```
INFO [alembic.runtime.migration] Will assume
transactional DDL.
INFO [alembic.autogenerate.compare] Detected added
table 'fib_entries'
```

现在可以看到，在 src/alembic/versions/文件中，有一个自动生成的脚本，它将使用以下代码创建表。

```
# revision identifiers, used by Alembic.
Revision = '40b83d85c278'
down_revision = None
branch_labels = None
depends_on = None

def upgrade():
    op.create_table('fib_entries',
        sa.Column('id', sa.Integer(), nullable=False),
        sa.Column('input_number', sa.Integer(),\
            nullable=True),
        sa.Column('calculated_number', sa.Integer(), \
            nullable=True),
        sa.PrimaryKeyConstraint('id')
    )

def downgrade():
    op.drop_table('fib_entries')
```

在这里，如果是升级，则会运行 upgrade 函数；如果是降级，则会运行 downgrade 函数。可以使用以下命令升级数据库。

```
alembic upgrade head
```

其输出结果如下：

```
INFO [alembic.runtime.migration] Context impl
PostgresqlImpl.
INFO [alembic.runtime.migration] Will assume
transactional DDL.
INFO [alembic.runtime.migration] Running upgrade ->
40b83d85c278, create-fib-entry
```

可以看到，该数据库迁移系统可以正常工作。

接下来，让我们看看如何与应用程序中的数据库进行交互。

9.3.5　建立数据库模型

现在我们有一个数据库，并且已经应用了我们的应用程序模型，可以在应用程序中与该数据库进行交互。这可以通过将数据访问层和数据模型导入使用它们的视图中来完成，具体操作步骤如下。

（1）本示例将在 src/app/app.py 文件中实现该视图。因此，首先需要在该文件中使用以下代码导入数据访问层和模型。

```
from data_access import dal
from models.database.fib_entry import FibEntry
```

（2）完成上述导入之后，即可更改计算视图以检查数据库中是否存在该斐波那契数字，如果存在，则直接从数据库中返回该数字；如果数据库中没有，则计算一下，将结果存入数据库，然后返回结果。具体代码如下：

```
@app.route("/calculate/<int:number>")
def calculate(number):
    fib_calc = dal.session.query(FibEntry).filter_by(
        input_number=number).one_or_none()
    if fib_calc is None:
        calc = FibCalculation(input_number=number)
        new_calc = FibEntry(input_number=number,
                            calculated_number=calc.fib_number)
        dal.session.add(new_calc)
        dal.session.commit()

        return  f"you entered {calc.input_number} " \
                f"which has a Fibonacci number of " \
                f"{calc.fib_number}"
    return f"you entered {fib_calc.input_number} "
        f"which has an existing Fibonacci number of "
          f"{fib_calc.calculated_number}"
```

在上述代码中可以看到，与数据库的交互也是非常简单的。

（3）现在必须确保当请求完成时，数据库会话已经过期、关闭和删除，这可以使用以下代码来完成。

```
@app.teardown_request
def teardown_request(*args, **kwargs):
    dal.session.expire_all()
```

```
    dal.session.remove()
    dal.session.close()
```

至此，我们已经与数据库进行了安全且功能齐全的交互。

现在你已经了解了有关使用应用程序与数据库交互的基础知识，还可以实现一些更复杂的数据库查询，当然，这需要阅读 SQLAlchemy 说明文档，了解有关数据库的更多细节，掌握其他数据库查询的语法等。

如果在本地运行我们的应用程序并单击计算视图两次，则将得到如图 9.5 所示的结果。

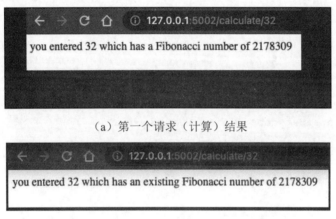

（a）第一个请求（计算）结果

（b）第二个请求（数据库直接调用）结果

图 9.5 单击计算视图的结果

可以看到，数据库正在按照我们期望的方式工作。

现在该应用程序已完全运行，如果你愿意，可以转到 9.4 节"构建消息总线"，因为这已经足以在 Flask 应用程序中测试 Rust 代码（下一章将详细介绍该操作）。但是，如果你想了解如何在 deployment 部分应用数据库，则可以阅读接下来的小节。

9.3.6 将数据库访问层应用于 fib 计算视图

要将数据库添加到我们的部署中，只需将其添加到 docker-compose 部署中并更新配置文件以映射到 docker-compose 部署中的数据库服务即可。

请按以下步骤操作。

（1）使用以下代码重构 deployment/docker-compose.yml 文件。

```
services:

    flask_app:
```

```
    container_name: fib-calculator
    image: "flask-fib:latest"
    restart: always
    ports:
        - "5002:5002"
    expose:
        - 5002
    depends_on:
        - postgres
    links:
        - postgres

nginx:
    . . .

postgres:
    container_name: 'fib-live-postgres'
    image: 'postgres:11.2'
    restart: always
    ports:
        - '5432:5432'
    environment:
        - 'POSTGRES_USER=user'
        - 'POSTGRES_DB=fib'
        - 'POSTGRES_PASSWORD=password'
```

在上述代码中可以看到，数据库容器的名称略有不同。这是为了确保其不会与我们的开发数据库发生冲突。

此外，上述代码已经声明，我们的 Flask 应用程序依赖并链接到数据库。

（2）必须将 Flask 应用程序指向 Docker 数据库。为此，必须为 Flask 应用程序提供不同的配置文件。可以在 src/Dockerfile 中管理 Flask 应用程序的配置文件切换。示例代码如下：

```
# Copy the current directory contents into the
  container at /app
ADD . /app

RUN rm ./config.yml
RUN mv live_config.yml config.yml
. . .
```

上述代码先删除了 config.yml 文件，然后将 live_config.yml 文件的名称改为 config.yml。

（3）使 src/live_config.yml 文件具有以下内容。

```
DB_URL: "postgresql://user:password@postgres:5432/fib"
```

在这里需要将 @localhost 更改为 @postgres，因为我们的服务的分类称为 postgres。

（4）使用以下命令重建 Flask 镜像。

```
docker build . -t flask-fib
```

（5）现在可以运行 docker-compose 部署，但是必须在 docker-compose 部署运行时进行迁移。这是因为，如果 Flask 应用程序与数据库不同步，则在我们尝试对数据库进行查询之前，它不会导致错误，因此如果不发出请求，则在迁移之前运行 docker-compose 即可。当我们进行迁移时，必须在 docker-compose 中的数据库运行时执行此操作；否则，迁移将无法连接到数据库。

可以在 docker-compose 运行时使用以下命令进行迁移。

```
docker exec -it fib-calculator alembic upgrade head
```

这会在 Flask 容器上运行迁移。不建议你在应用程序代码中仅包含实时配置文件。笔者最喜欢的一种方法是在 AWS S3 中上传一个加密的配置文件，并在启动 pod 时将其拉入 Kubernetes。虽然这超出了本书的讨论范围，因为这不是一本讲述 Web 开发方面的书，但是，开发人员最好能牢记此类方法，这一点很重要。

现在使用 Flask 应用程序计算斐波那契数时，应该没有什么问题了。但是，当我们尝试计算一个很大的数时，可能要等待很长时间，这会导致请求挂起。为了防止这种情况发生，可以构建一个消息总线，这样，当应用程序在后台处理很大的数字时，即可返回一条消息，告诉用户耐心等待。

9.4　构建消息总线

本节将使用 Celery 和 Redis 包来构建和运行消息总线。具体来说，将采用类似于如图 9.6 所示的形式。

如图 9.6 所示，有两个进程在运行。一个运行 Flask 应用程序；另一个运行 Celery，它将处理队列和任务。为了完成这项工作，需执行以下步骤。

（1）为 Flask 构建一个 Celery 代理。

（2）为 Celery 构建一个斐波那契计算任务。

（3）用 Celery 更新计算视图。

（4）在 Docker 中定义 Celery 服务。

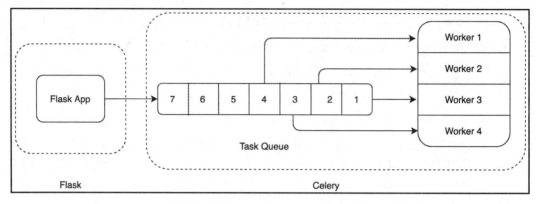

图 9.6　使用 Flask 和 Celery 的消息总线

原　　文	译　　文	原　　文	译　　文
Flask App	Flask 应用程序	Worker	工作进程
Task Queue	任务队列		

在开始执行这些步骤之前，必须使用 pip 安装以下软件包。

❑　Celery：将要使用的消息总线代理。

❑　Redis：Celery 将要使用的存储系统。

现在我们已经安装了需求，必须记住使用 Celery 和 Redis 更新 src/requirements.txt 文件以用于 Docker 构建。

在安装了所有依赖项之后，即可开始构建 Celery 代理。

9.4.1　为 Flask 构建一个 Celery 代理

从本质上讲，Celery 代理是一个存储系统，它将存储我们发送给它的有关任务的数据。可以使用以下步骤设置存储系统并将其连接到 Celery 系统。

（1）在构建任务队列时，我们将构建自己的模块。在 src/ 目录中，我们的任务队列模块将采用如下结构。

```
└── task_queue
    ├── __init__.py
    ├── engine.py
    └── fib_calc_task.py
```

其中，engine.py 文件将托管 Celery 的构造函数，后者会考虑 Flask 应用程序的上下文。

（2）我们将在 fib_calc_task.py 文件中构建斐波那契计算 Celery 任务。在 engine.py 文件中，可以使用以下代码构建构造函数。

```
from celery import Celery
from config import GlobalParams

def make_celery(flask_app):
    params = GlobalParams()
    celery = Celery(
        backend=params.get("QUEUE_BACKEND"),
        broker=params.get("QUEUE_BROKER")
    )
    celery.conf.update(flask_app.config)

    class ContextTask(celery.Task):
        def __call__(self, *args, **kwargs):
            with flask_app.app_context():
                return self.run(*args, **kwargs)

    celery.Task = ContextTask
    return celery
```

backend 和 broker 参数将指向存储，稍后会定义它们。在上述代码中可以看到，必须将 Flask 应用程序传递到函数中，构造 Celery 类，并将一个 Celery 任务对象与 Flask 应用程序上下文融合，然后返回它。

（3）在为了运行 Celery 进程而定义入口点时，应该把它和 Flask 应用程序放在同一个文件中，这是因为我们想要使用相同的 Docker 构建。为此，可以导入 Celery 构造函数并通过它传递 Flask 应用程序，在 src/app.py 文件中使用以下代码。

```
. . .
from task_queue.engine import make_celery

app = Flask(__name__)
celery = make_celery(app)
. . .
```

现在，当我们运行 Celery 代理时，会将其指向 src/app.py 文件和其中的 Celery 对象。

（4）此外，我们还必须定义后端存储系统。因为我们使用的是 Redis，所以可以在 src/config.yml 文件中使用以下代码定义这些参数。

```
QUEUE_BACKEND: "redis://localhost:6379/0"
QUEUE_BROKER: "redis://localhost:6379/0"
```

现在我们已经定义了 Celery 代理，接下来，可以构建斐波那契计算任务。

9.4.2　为 Celery 构建一个斐波那契计算任务

在运行 Celery 任务时，需要构建另一个构造函数。但是，这里不必传入 Flask 应用程序，而是传入 Celery 代理。可以在 src/task_queue/fib_calc_task.py 文件中实现这一点，示例如下：

```
from data_access import dal
from fib_calcs.fib_calculation import FibCalculation
from models.database.fib_entry import FibEntry

def create_calculate_fib(input_celery):
    @input_celery.task()
    def calculate_fib(number):
        calculation = FibCalculation(input_number=number)
        fib_entry = FibEntry(
            input_number=calculation.input_number,
            calculated_number=calculation.fib_number
        )
        dal.session.add(fib_entry)
        dal.session.commit()
    return calculate_fib
```

上述逻辑就像我们的标准计算视图。可以将其导入 src/app.py 文件，并使用以下代码将 Celery 代理传递给它。

```
. . .
from task_queue.engine import make_celery

app = Flask(__name__)
celery = make_celery(app)

from task_queue.fib_calc_task import create_calculate_fib
calculate_fib = create_calculate_fib(input_celery=celery)
. . .
```

现在我们已经定义了任务并与 Celery 代理和 Flask 应用程序融合，接下来，如果数字太大，可以将 Celery 任务添加到计算视图中。

9.4.3　用 Celery 更新计算视图

在我们看来，对于斐波那契数计算任务来说，可以检查输入的数字是否小于 31 并且不在数据库中。如果是，则运行标准现有代码。但是，如果输入的数字是 30 以上（属于数字太大），则会将计算发送到 Celery 代理并返回一条消息，告诉用户它已被发送到队列。

可以使用以下代码来做到这一点。

```python
@app.route("/calculate/<int:number>")
def calculate(number):
    fib_calc = dal.session.query(FibEntry).filter_by(
                    input_number=number).one_or_none()
    if fib_calc is None:
        if number < 31:
            calc = FibCalculation(input_number=number)
            new_calc = FibEntry(input_number=number,
                                calculated_number=calc.
                                fib_number)
            dal.session.add(new_calc)
            dal.session.commit()

            return f"you entered {calc.input_number} " \
                    f"which has a Fibonacci number of " \
                    f"{calc.fib_number}"
        calculate_fib.delay(number)
        return "calculate fib sent to queue because " \
            "it's above 30"
    return f"you entered {fib_calc.input_number} " \
        f"which has an existing Fibonacci number of " \
        f"{fib_calc.calculated_number}"
```

现在 Celery 流程已经完全构建好了。接下来，还需要在 docker-compose 中定义 Redis 服务。

9.4.4　在 Docker 中定义 Celery 服务

当谈到 Celery 服务时，请记住我们使用 Redis 作为存储机制。考虑到这一点，可使用以下代码在 docker-compose.yml 文件中定义 Redis 服务。

```yaml
...
    redis:
        container_name: 'main-dev-redis'
        image: 'redis:5.0.3'
        ports:
            - '6379:6379'
```

现在，在开发模式下运行整个系统需要在项目的根目录下运行 docker-compose 文件。此外，可以通过使用 Python 运行 app.py 文件来运行 Flask 应用程序，其中 PYTHONPATH 被设置为 src。

在此之后，可打开另一个终端窗口，在 src 目录中导航终端，然后运行以下命令。

```
celery -A app.celery worker -l info
```

这是我们将 Celery 指向 app.py 文件的地方。我们声明该对象称为 Celery，它是一个工作进程，并且日志记录处于 info 级别。运行上述命令的输出结果如下：

```
-------------- celery@maxwells-MacBook-Pro.
--- ***** ----- local v5.1.2 (sun-harmonics)
-- ******* ---- Darwin-20.2.0-x86_64-i386-64bit
- *** --- * --- 2021-08-22 23:24:14
- ** ---------- [config]
- ** ---------- .> app:         __main__:0x7fd0796d0ed0
- ** ---------- .> transport:   redis://localhost:6379/0
- ** ---------- .> results:     redis://localhost:6379/0
- *** --- * --- .> concurrency: 4 (prefork)
-- ******* ---- .> task events: OFF (enable -E to
--- ***** -----    monitor tasks in this worker)
-------------- [queues]
                .> celery exchange=celery(direct)
key=celery
[tasks]
  . task_queue.fib_calc_task.calculate_fib
[2021-08-22 23:24:14,385: INFO/MainProcess] Connected
to redis://localhost:6379/0
[2021-08-22 23:24:14,410: INFO/MainProcess] mingle:
searching for neighbors
[2021-08-22 23:24:15,476: INFO/MainProcess] mingle:
all alone
[2021-08-22 23:24:15,514: INFO/MainProcess]
celery@maxwells-MacBook-Pro.local ready.
[2021-08-22 23:24:39,822: INFO/MainProcess]
Task task_queue.fib_calc_task.calculate_fib
[c3241a5f-3208-48f7-9b0a-822c30aef94e] received
```

上述打印输出显示我们的任务已经注册并且已经启动了 4 个进程。输入大于 30 的数字即可转到使用 Celery 进程访问计算的视图，如图 9.7 所示。

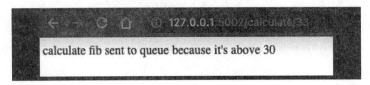

（a）第一个 Celery 请求结果

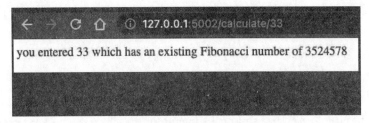

（b）第二个 Celery 请求结果

图 9.7　使用 Celery 访问计算的视图

我们的 Flask 应用程序带有数据库和 Celery 消息总线，可以在本地完全运行。如果你愿意，到这里就可以停下来了，因为这足以在下一章中测试 Celery 中的 Rust 代码。但是，如果你想了解如何将 Celery 应用到 deployment 部分，则请继续阅读下面内容。

将 Celery 应用到 docker-compose 部署其实很简单。请记住，我们有相同的入口点，因此不需要新镜像。相反，我们所要做的是改变在启动 Celery 容器时运行的命令。这可以在 deployment/docker-compose.yml 文件中使用以下代码完成。

```
. . .
    main_cache:
        container_name: 'main-live-redis'
        image: 'redis:5.0.3'
        ports:
            - '6379:6379'

    queue_worker:
        container_name: fib-worker
        image: "flask-fib:latest"
        restart: always
        entrypoint: "celery -A app.celery worker -l info"
        ports:
            - "5003:5003"
        expose:
            - 5003
        depends_on:
```

```
        - main_cache
    links:
        - main_cache
```

在上述代码中可以看到，我们为 queue_worker 服务拉取了相同的镜像。但是，使用 docker-compose 中的 entrypoint 标签更改了 Docker 构建中的 CMD 标签。因此，当 queue_worker 服务被构建时，将运行 Celery 命令来运行 Celery 工作进程，而不是运行 Flask Web 应用程序。

在此之后，需要使用以下代码向 live_config.yml 文件添加更多参数。

```
QUEUE_BACKEND: "redis://main_cache:6379/0"
QUEUE_BROKER: "redis://main_cache:6379/0"
```

在这里，我们将 Redis 服务命名为与 localhost 相对的名称。这样，已打包的 Celery 工作进程和 Flask 应用程序将在 docker-compose 部署中连接到 Redis 服务。运行 docker-compose 部署后，可以使用 localhost 而不是 127.0.0.1:5002 重复图 9.7 中演示的请求。

在经过上述设置后，Flask 应用程序即可使用数据库和任务队列进行部署了。从技术上讲，我们的设置可以在服务器上部署和使用。

本示例应用程序至此结束，它工作得很好。但是，对于更高级的系统和控制，建议你进一步阅读相关文档。有关在 Docker 中将 Flask 应用程序部署到云服务（如 Amazon Web Services）的其他参考资料，请参见 9.8 节"延伸阅读"。

9.5　小　　结

本章构建了一个 Python Flask 应用程序，该应用程序可以访问数据库和消息总线，以允许在后台对计算繁重的任务进行排队。在此之后，我们将服务包装在 Docker 容器中，并使用 NGINX 将它们部署在一个简单的 docker-compose 文件中。

此外，本章还介绍了如何使用相同的构建在同一个 Dockerfile 中构建 Celery 工作进程和 Flask 应用程序，这使代码更易于维护和部署。

本章还使用了 alembic 和一个配置文件管理数据库的迁移，然后在部署应用程序时将其切换到另一个配置文件。虽然这不是一本有关 Web 开发的教科书，但是我们已经讨论了构建 Flask Web 应用程序涉及的所有基本要素。

有关数据库查询、数据序列化或 HTML 和 CSS 渲染的更多详细信息，可以查阅 Flask 说明文档，相关内容都相对简单，比较困难的部分本章几乎都已经讨论过了。

现在，开发人员可以尝试将 Rust 与 Python Web 应用程序融合，这不仅是指在开发环境中,而且要求在实时环境中进行,即应用程序在 Docker 容器中运行,同时与其他 Docker 容器通信。在下一章中,我们将把 Rust 与 Flask 应用程序融合在一起,这样就可以使用开发和部署设置。

9.6 问 题

(1)当我们在 docker-compose 上从开发切换到部署以与另一个服务通信时,URI 有什么变化?

(2)为什么要使用配置文件?

(3)我们真的需要 alembic 来管理数据库吗?

(4)必须对数据库引擎做些什么才能确保我们的数据库不会被挂起的会话淹没?

(5)我们的 Celery 工作进程需要 Redis 吗?

9.7 答 案

(1)我们将 URI 的 localhost 部分切换为 docker-compose 服务的标签。

(2)配置文件让我们可以轻松切换上下文,如从开发环境转向实时环境。此外,如果 Celery 服务出于某种原因需要与不同的数据库通信,那么通过配置文件也可以轻松完成,只需更改配置文件即可。这还是一个安全问题。硬编码数据库 URI 会将这些凭据公开给有权访问代码的任何人,并将出现在 GitHub 存储库历史记录中。从这方面考虑,可以将配置文件存储在不同的空间中,如 AWS S3,然后在部署服务时拉取出来。

(3)从技术上讲,不需要。我们可以简单地编写 SQL 脚本并按顺序运行它们。笔者以前从事金融科技工作时,这实际上是必须要做的事情。虽然这可以给开发人员更多的自由,但它确实需要更多的时间并且更容易出错。使用 alembic 可以为开发人员节省时间、减少错误并满足开发人员的大部分需求。

(4)我们在定义引擎的同一文件中启动数据库引擎一次,然后再也不要启动它,并且可以将已经启动的引擎导入需要的任何地方。不这样做会导致我们的数据库因挂起的会话而停止运行,其错误消息也没什么用,如果你试图在互联网上寻找答案,则只会获得一些模糊的、不知所谓的回复。此外,所有请求的 Flask teardown 函数中的会话也必须关闭。

(5)需要,但不是必需。我们需要 Redis 这样的存储机制,但是也可以使用 RabbitMQ

或 MongoDB 来代替 Redis。

9.8　延　伸　阅　读

❑　Nginx HTTP Server – Fourth Edition: Harness the power of Nginx by Fjordvald M. and Nedelcu C. (2018) (Packt)

❑　The official Flask documentation – Pallets (2021):

　　https://flask.palletsprojects.com/en/2.0.x/

❑　Hands-On Docker for Microservices with Python by Jaime Buelta (2019) (Packt)

❑　AWS Certified Developer – Associate Guide – Second Edition by Vipul Tankariya and Bhavin Parmar (2019) (Packt)

❑　The SQLAlchemy query reference documentation (2021):

　　https://docs.sqlalchemy.org/en/14/orm/loading_objects.html

第10章　将 Rust 注入 Python Flask 应用程序

在第 9 章 "构建 Python Flask 应用程序" 中，我们在 Flask 中设置了一个可以使用 Docker 部署的基本 Python Web 应用程序。本章将把 Rust 融合到该 Web 应用程序的各个方面，这将磨炼我们定义 Rust 包的各种技能。Rust 包可以使用 pip 安装，有了这些包，我们就可以将 Rust 代码插入 Flask 和 Celery 容器中。

我们还将使用 Rust 直接与现有数据库进行交互，而不必担心迁移问题，这是因为我们的 Rust 包将镜像现有数据库的模式。

我们将需要 Rust nightly 版本来编译包，因此将学习如何在构建 Flask 镜像时管理 Rust nightly。我们还将学习如何使用来自私有 GitHub 存储库的 Rust 包。

本章包含以下主题：

❑　将 Rust 融合到 Flask 和 Celery 中。
❑　使用 Rust 部署 Flask 和 Celery。
❑　使用私有 GitHub 存储库进行部署。
❑　将 Rust 与数据访问相结合。
❑　在 Flask 中部署 Rust nightly 包。

了解这些主题将使开发人员能够在 Python Web 应用程序中使用 Rust 包，以便可以将其部署在 Docker 中。这将使开发人员的 Rust 技能直接应用于真实世界，使开发人员能够加速 Python Web 应用程序，而无须重写整个基础代码。

如果你是一名 Python Web 开发人员，则在阅读本章后，将能够开始将 Rust 注入 Web 应用程序，以引入快速、安全的代码而没有太大风险。

10.1　技　术　要　求

本章代码和数据可在以下网址找到。

https://github.com/PacktPublishing/Speed-up-your-Python-with-Rust/tree/main/chapter_ten

本章将构建一个包含 Docker 的 Flask 应用程序。该程序可通过以下 GitHub 存储库获得。

https://github.com/maxwellflitton/fib-flask

10.2　将 Rust 融合到 Flask 和 Celery 中

我们将通过使用 pip 安装 Rust 斐波那契数计算库将 Rust 融合到 Flask 应用程序中，然后在我们的视图和 Celery 任务中使用它。这将加速 Flask 应用程序，而无须对基础架构进行重大更改。为此，我们将执行以下步骤。

（1）定义对 Rust 斐波那契数计算包的依赖。

（2）用 Rust 构建计算模块。

（3）在 Flask 应用程序中使用 Rust 创建一个计算视图。

（4）将 Rust 插入 Celery 任务中。

我们的目标是通过 Rust 加速 Flask 应用程序，让我们开始吧！

10.2.1　定义对 Rust 斐波那契数计算包的依赖

当涉及 Rust 依赖项时，很容易将 Rust 依赖项放在 requirements.txt 文件中。但是，这可能会令人困惑。此外，如前文所述，开发人员通常会使用自动化流程来更新 requirements.txt 文件，这导致从 requirements.txt 文件中擦除 GitHub 存储库的风险。

你应该还记得，requirements.txt 文件只是一个文本文件。因此，完全可以添加另一个文本文件，列出我们的 GitHub 存储库，并使用它来安装我们的应用程序所依赖的 GitHub 存储库。为此，可使用以下依赖项填充 src/git_repos.txt 文件。

```
git+https://github.com/maxwellflitton/flitton-fib-rs@main
```

现在可以使用以下命令安装 GitHub 存储库依赖项。

```
pip install -r git_repos.txt
```

这使 Python 系统下载 GitHub 存储库并将其编译到 Python 包中。

现在我们知道哪些 GitHub 存储库正在为我们的应用程序提供动力，因此可以开始使用自动化工具来更新 requirements.txt 文件。

在安装了 Rust 包之后，即可开始构建一个使用 Rust 的计算模块。

10.2.2　用 Rust 构建计算模型

我们的计算模块将具有以下结构。

```
src
├── fib_calcs
│      ├── __init__.py
│      ├── enums.py
│      └── fib_calculation.py
```

在第 9 章"构建 Python Flask 应用程序"中，fib_calculation.py 文件已经进行了
Python 计算。现在我们要做的是同时支持 Rust 和 Python 实现。为此，可使用以下代码在
enums.py 文件中定义一个枚举。

```
from enum import Enum

class CalculationMethod(Enum):

    PYTHON = "python"
    RUST = "rust"
```

有了这个枚举之后，即可继续添加方法。例如，如果稍后要开发微服务并有一个单
独的服务器来计算斐波那契数，则可以向枚举添加一个 API 调用并在计算接口中支持它。
根据配置文件，我们可以在这些方法之间切换。

在定义了枚举之后，即可在 src/fib_calcs/__init__.py 文件中构建接口。

请按以下步骤操作。

（1）使用以下代码导入需要的内容。

```
import time
from flitton_fib_rs.flitton_fib_rs import \
    fibonacci_number
from fib_calcs.enums import CalculationMethod
from fib_calcs.fib_calculation import FibCalculation
```

在上述导入项目中，time 模块可用于计算进程运行所需的时间。我们为计算导入了
Python 和 Rust 实现。此外，还导入了枚举来映射我们使用的方法。

（2）完成导入之后，即可在 src/fib_calcs/__init__.py 文件中构建时间处理函数。示例
代码如下：

```
def _time_process(processor, input_number):
    start = time.time()
    calc = processor(input_number)
    finish = time.time()
    time_taken = finish - start
    return calc, time_taken
```

　　可以看到，我们在 processor 参数名称下接受了一个计算函数，并将 input_number 参数传递给该函数。我们还为这个处理计时，并用斐波那契数返回它。

　　完成之后，可以构建一个函数处理输入字符串，并将其转换为枚举。我们不会总是将字符串传递到接口中，但是如果可以从配置文件中加载一个表明我们想要什么处理类型的字符串，那么这将很重要。

　　（3）处理方法可以用如下代码定义。

```
def _process_method(input_method):
    calc_enum = CalculationMethod._value2member_map_.
                get(input_method)
    if calc_enum is None:
        raise ValueError(
            f"{input_method} is not supported, "
            f"please choose from "
            f"{CalculationMethod._value2member_map_.keys()}")
    return calc_enum
```

　　在上述代码中可以看到，字符串存储在_value2member_map_映射的键值中。如果它不在键中，则我们的枚举将不支持它，并且该方法将抛出错误。如果在键中，则将返回与键值关联的枚举。

　　（4）现在可以使用以下代码为接口定义两个辅助函数。

```
def calc_fib_num(input_number, method):
    if isinstance(method, str):
        method = _process_method(input_method=method)

    if method == CalculationMethod.PYTHON:
        calc, time_taken = _time_process(
            processor=FibCalculation,
            input_number=input_number
        )
        return calc.fib_number, time_taken

    elif method == CalculationMethod.RUST:
        calc, time_taken = _time_process(
            processor=fibonacci_number,
            input_number=input_number
        )
        return calc, time_taken
```

　　在上述代码中，如果为我们的方法传入一个字符串，则可以将它转换为一个枚举。

如果枚举指向 Python，则可以将 Python 计算对象连同输入数字一起传递到 _time_process 函数中，然后返回斐波那契数和所用时间。如果枚举指向 Rust，则可以执行相同的操作，但使用的是 Rust 函数。

通过这种方法，我们可以添加和删除一些功能。例如，可以用另一个参数来切换计时处理，该参数指向另一个不计时的计算函数，如果我们愿意，这会导致一个只执行计算而不计时的处理。当然，本示例需要使用计时过程来比较速度。

在构建了接口之后，可以使用这个接口创建计算视图。

10.2.3　使用 Rust 创建计算视图

可以将视图托管在 src/app.py 文件中。

首先，使用以下代码导入我们的接口。

```
from fib_calcs import calc_fib_num
from fib_calcs.enums import CalculationMethod
```

有了这个新接口和枚举，即可使用以下代码更改我们的标准计算视图。

```
@app.route("/calculate/<int:number>")
def calculate(number):
    fib_calc = dal.session.query(FibEntry).filter_by(
        input_number=number).one_or_none()
    if fib_calc is None:
        if number < 50:
            fib_number, time_taken = calc_fib_num(
                input_number=number,
                method=CalculationMethod.PYTHON
            )
            . . .

            return  f"you entered {number} " \
                    f"which has a Fibonacci number of " \
                    f"{fib_number} which took {time_taken}"
    . . .
```

上述代码使用的是新接口，因此还可以返回执行计算所花费的时间。

现在可以构建 Rust 计算视图。它将采用与标准计算视图相同的形式，这意味着你可以根据传递到 URL 的参数将其重构为在同一视图中具有 Rust 和 Python 计算方法。否则，Rust 计算视图将采用以下代码的形式。

```
@app.route("/rust/calculate/<int:number>")
def rust_calculate(number):
    . . .
    if fib_calc is None:
        if number < 50:
            fib_number, time_taken = calc_fib_num(
                input_number=number,
                method=CalculationMethod.RUST
            )
        . . .
```

上述代码中的点表示这部分代码与标准计算函数中使用的代码相同。

现在我们的 Rust 包已经与 Flask 应用程序融合在一起，接下来，让我们看看如何将 Rust 插入 Celery 任务中。

10.2.4　将 Rust 插入 Celery 任务中

对于 Celery 中的后台任务，不必担心计时问题。由于接口和配置的关系，必须将参数和接口导入 src/task_queue/fib_calc_task.py 文件中，代码如下：

```
from config import GlobalParams
from fib_calcs import calc_fib_num
```

导入完成之后，即可使用以下代码重构 Celery 任务。

```
def create_calculate_fib(input_celery):
    @input_celery.task()
    def calculate_fib(number):
        params = GlobalParams()
        fib_number, _ = calc_fib_num(input_number=number,
                                     method=params.get(
                                     "CELERY_METHOD",
                                     "rust"))
        fib_entry = FibEntry(input_number=number,
            calculated_number=fib_number)
        dal.session.add(fib_entry)
        dal.session.commit()
    return calculate_fib
```

在上述代码中可以看到，我们得到了全局参数，将 CELERY_METHOD 全局参数传递给 params。考虑到这些参数是继承自字典类，因此可以使用内置的 get 方法。如果没有在配置文件中定义 CELERY_METHOD，则可以设置默认计算方式为 rust。

该应用程序现在已完全集成，这意味着可以进行测试了。请注意，必须记住运行我们的开发 docker-compose 环境、Flask 应用程序和 Celery 工作进程。图 10.1 显示了分别访问 Python 和 Rust 两个计算视图时获得的结果。

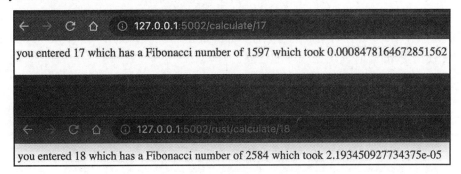

图 10.1　Flask、Python 和 Rust 请求

在图 10.1 中可以看到，尽管 Rust 请求要计算的数字更大，但是 Rust 调用的速度却比 Python 快了 4 倍。

我们现在有一个使用 Rust 来加速计算的 Python 应用程序。但是，如果无法部署它，那么这也不是很有用。互联网上到处都是语焉不详的教程，它们教你如何在开发环境中做一些非常浅显的事情，但却不能在生产环境中使用或配置。因此，接下来，我们将告诉你如何配置 Docker 环境，以便可以部署自己的应用程序。

10.3　使用 Rust 部署 Flask 和 Celery

为了让 Flask 应用程序的 Docker 镜像支持 Rust 包，需要对 src/Dockerfile 文件进行一些更改。查看该文件，可以看到镜像是建立在 python:3.6.13-stretch 之上的。这实际上就是一个安装了 Python 的 Linux 环境。看到这一点时，你应该意识到，你完全可以操纵 Docker 镜像环境。如果可以在 Linux 中做到，那么在 Docker 镜像中显然也可以做到。

考虑到这一点，我们必须在 src/Dockerfile 文件中安装 Rust 并使用以下代码注册 cargo。

```
. . .
RUN apt-get update -y
RUN apt-get install -y python3-dev python-dev gcc

# setup rust
RUN curl https://sh.rustup.rs -sSf | bash -s -- -y -profile
```

```
    minimal -no-modify-path

# Add .cargo/bin to PATH
ENV PATH="/root/.cargo/bin:${PATH}"
. . .
```

幸运的是，Rust 很容易安装。请记住，apt-get install -y python3-dev python-dev gcc 命令允许在使用 Python 时使用已编译的扩展。

完成之后，可以使用以下代码提取和编译 Rust 包。

```
. . .
# Install the dependencies
RUN pip install --upgrade pip setuptools wheel
RUN pip install -r requirements.txt
RUN pip install -r git_repos.txt
. . .
```

其他内容都是一样的。当终端位于 src/目录的根目录中时，可以使用以下命令构建镜像。

```
docker build . -t flask-fib
```

这将为我们的 Flask 应用程序重建 Docker 镜像。在此构建中可能会跳过一些位，不用担心，Docker 会缓存镜像构建中未更改的层。这可以从以下输出结果中看到。

```
Step 1/14 : FROM python:3.6.13-stretch
---> b45d914a4516
Step 2/14 : WORKDIR /app
---> Using cache
---> b0331f8a005d
Step 3/14 : ADD . /app
---> Using cache
```

一旦更改了一个步骤，那么它后面的每个步骤都将重新运行，因为中断的步骤可能会改变它后面的步骤的结果。

值得一提的是，当 pip 安装我们的 Rust 包时，构建可能会挂起，因为包正在编译。

你可能已经注意到，每次安装 Rust 包时都必须这样做。下一章将会探讨更优化的分发策略。

现在，如果在部署目录中运行 docker-compose，你将看到可以毫无问题地使用我们的 Rust Flask 容器。

10.4　使用私有 GitHub 存储库进行部署

如果你正在为辅助项目、公司或付费功能进行编码，则可能会使用私有 GitHub 存储库。这样做是合理的，因为你不希望其他人免费访问你或你的公司计划收费的存储库。但是，如果将 Rust 斐波那契数列计算包的 GitHub 存储库设置为私有，则需要使用以下命令删除所有 Flask 镜像。

```
docker image rm YOUR_IMAGE_ID_HERE
```

然后运行以下命令。

```
docker build . -t flask-fib
```

此时的输出结果如下：

```
Collecting git+https://github.com/maxwellflitton/flitton-fib-rs@main
Running command git clone -q
https://github.com/maxwellflitton/
flitton-fib-rs /tmp/pip-req-build-ctmjnoq0
Cloning https://github.com/maxwellflitton/flitton-fib-rs
(to revision main) to /tmp/pip-req-build-ctmjnoq0
fatal: could not read Username for 'https://github.com':
No such device or address
```

这是因为我们正在构建的隔离的、基于 Linux 的 Docker 镜像没有登录到 GitHub（即使我们其实已经登录了），因此，正在构建的镜像无法从 GitHub 存储库中提取包。

可以通过参数将 GitHub 凭据传递到构建中，但这将显示在镜像构建层中。因此，任何有权访问我们的镜像者都可以查看我们的 GitHub 凭据，这是一个安全隐患。

Docker 确实有一些关于传递秘密的说明文档，但是，在编写本书时，这些文档仍较为散乱且复杂。更直接的方法是在镜像外部克隆 flitton-fib-rs 包，并将其传递到 Docker 镜像构建中，如图 10.2 所示。

如果要使用 GitHub Actions 或 Travis 等持续集成工具，则可以运行图 10.2 中列出的流程，并将 GitHub 凭据作为机密传递。GitHub Actions 和 Travis 可以高效而简单地处理秘密。如果是在本地构建，就像我们在本示例中所做的那样，应该已经登录到 GitHub，因为我们正在直接使用这个项目中的 Flask 项目。

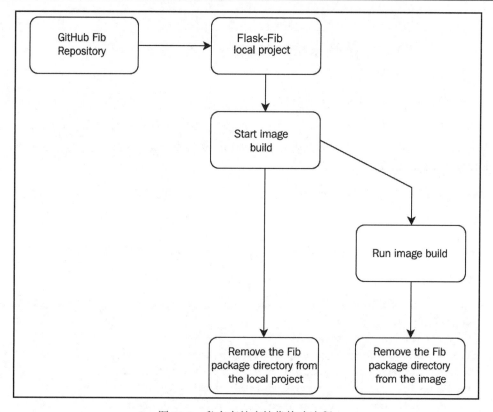

图 10.2　私有存储库镜像构建流程

原　　文	译　　文
GitHub Fib Repository	GitHub 斐波那契数列计算存储库
Flask-Fib local project	Flask 斐波那契数列计算本地项目
Start image build	开始镜像构建
Remove the Fib package directory from the local project	从本地项目删除斐波那契数列计算包目录
Run image build	运行镜像构建
Remove the Fib package directory from the image	从镜像删除斐波那契数列计算包目录

要执行图 10.2 中列出的流程，必须执行以下步骤。

（1）构建一个 Bash 脚本来编排图 10.2 中描述的流程。

（2）在 Dockerfile 中重新配置 Rust 斐波那契数列计算包的安装。

这是在 Web 应用程序构建中使用私有 GitHub 存储库的最直接的方法。接下来，让我们从构建 Bash 脚本开始。

10.4.1　构建一个协调整个过程的 Bash 脚本

我们的脚本位于 src/build_image.sh 中。首先，必须声明这是一个 Bash 脚本，并且代码应该在 Flask 应用程序的目录中运行。为此，必须使用以下代码切换到包含脚本的目录。

```
#!/usr/bin/env bash

SCRIPTPATH="$( cd "$(dirname "$0")" ; pwd -P )"
cd $SCRIPTPATH
```

现在，必须克隆我们的包并使用以下代码从存储库中删除.git 文件。

```
git clone https://github.com/maxwellflitton/flitton-fib-rs.git
rm -rf ./flitton-fib-rs/.git
```

现在，我们的包只是一个目录。可以开始构建 Docker 镜像了。但是，如果我们这样做，那么它可能无法正常工作，因为我们的文件可能会被缓存。为了防止这种情况发生，可以在没有缓存的情况下运行我们的构建，然后在构建后使用以下代码删除克隆包。

```
docker build . --no-cache -t flask-fib

rm -rf ./flitton-fib-rs
```

我们必须运行这个脚本来运行 Flask 应用程序的构建。但是，如果现在要运行构建，那么它将无法工作，因为 Dockerfile 仍将尝试从 GitHub 拉取目录。为了解决这个问题，需要在 Dockerfile 中重新配置 Rust 斐波那契数列计算包的安装。

10.4.2　在 Dockerfile 中重新配置 Rust 斐波那契数列计算包的安装

在 src/Dockerfile 文件中，必须删除 RUN pip install -r git_repos.txt 行，因为该行将阻止镜像构建，尝试从 GitHub 存储库中提取。

现在可以 pip install 已经传入的本地目录，然后使用以下代码将其删除。

```
RUN pip install ./flitton-fib-rs
RUN rm -rf ./flitton-fib-rs
```

通过运行以下命令来构建我们的 Flask 镜像。

```
sh build_image.sh
```

这将产生一个很长的输出结果，最终告诉我们镜像已成功构建。运行部署 docker-compose 文件将确认这一点。

你可能想从不同的 Git 分支安装我们的包。这可以通过在 src/build_image.sh 文件中添加几行代码来完成，如下所示。

```
. . .
git clone -branch $1
    https://github.com/maxwellflitton/flitton-fib-rs.git
cd flitton-fib-rs
cd ..
rm -rf ./flitton-fib-rs/.git
. . .
```

可以看到，我们克隆了包含分支的存储库，其名称基于传递给脚本的参数。完成此操作后，可以通过删除.git 文件来删除 Git 历史记录。

现在我们的 Rust 包与 Docker 中的 Python Web 应用程序已经完全融合。在构建镜像时安装 Rust 包的一个好处是，不必每次使用镜像时都进行编译。

🛈 注意:

如果要精简构建的镜像（这是一个可选项，本章不要求这样做），则还可以更进一步。我们可以安装 Rust，然后编译用于斐波那契数列计算的 Rust Python 包。在这种情况下，可以通过为一系列的 Linux 发行版和 Python 版本构建轮子来避免每次安装 Rust 和编译。这可以通过提取 ManyLinux 的 Docker 镜像并使用它们将我们的软件包编译到多个发行版中来完成。

在 10.10 节"延伸阅读"中提供了有关 Rust 设置工具的说明文档，其中包含如何在 Rust 中对 Python pip 包进行编码以完成上述操作的详细步骤。一旦这些步骤完成，在 dist 目录中就会出现一系列的版本。复制并粘贴 3.6 版本到 Flask src 目录，并指示 Dockerfile 在构建镜像时复制它即可。

一旦完成了这项工作，即可将 pip install 命令直接指向复制到镜像构建中的版本。该安装几乎可以瞬间完成。

虽然将 Rust 与 Flask 应用程序融合很有用，但现在既然有了一个真实示例来说明如何在部署环境中使用 Rust 代码，那么我们就不妨走得更远一些。接下来，让我们看看如何通过 Rust 代码与数据库进行交互。

10.5　将 Rust 与数据访问相结合

在 Web 应用程序中，访问数据库是流程的重要组成部分。我们可以导入在 src/
data_access.py 文件中创建的 dal 对象并将其传递给 Rust 函数，通过 Python 执行数据库操
作。虽然这在技术上是可行的，但效果并不理想，因为我们将不得不浪费时间和精力从
数据库查询中提取对象、检查它们并将它们转换为 Rust 结构体。然后，还必须将 Rust
结构体转换为 Python 对象，再将它们插入数据库。这会产生大量多余的代码，与 Python
有很多交互，降低了在速度上的增益。

因为数据库在 Python Web 应用程序的外部，并且包含有关其模式（schema）的信息，
所以我们可以完全绕过 Python 的实现，使用 diesel 这个 Rust crate 基于实时数据库在 Rust
中自动编写模式和数据库模型。还可以使用 diesel 来管理与数据库的连接。这样做的结果
就是，我们可以直接与数据库交互，减少对 Python 的依赖，加快代码的运行速度，减少
必须编写的代码量。为此，我们必须执行以下步骤。

（1）设置数据库克隆包。

（2）设置 diesel 环境。

（3）自动生成和配置数据库模型和模式。

（4）在 Rust 中定义数据库连接。

（5）创建一个获取并返回所有斐波那契记录的 Rust 函数。

完成这些步骤后，即可拥有一个与数据库交互的 Rust 包，可以将其添加到 Flask 应
用程序构建中并在需要时使用。

接下来，让我们从设置数据库克隆包开始。

10.5.1　设置数据库克隆包

现在你应该熟悉了为 Python 设置标准 Rust 包的操作。对于本示例中的数据库包，可
以采用以下布局。

```
├─── Cargo.toml
├─── diesel.toml
├─── rust_db_cloning
│      └─── __init__.py
├─── setup.py
├─── src
```

```
|   ├──── database.rs
|   ├──── lib.rs
|   ├──── models.rs
|   └──── schema.rs
├──── .env
```

其中一些文件的作用你应该已经知道了。新文件有以下用途。

❑   database.rs：包含返回数据库连接的函数。

❑   models.rs：包含定义数据库模型、字段和数据库中表的各个行的行为的结构体。

❑   schema.rs：包含数据库表的模式。

❑   .env：包含用于命令行接口（command-line interface，CLI）交互的数据库 URL。

❑   Diesel.toml：包含 diesel CLI 的配置。

现在可以将注意力转向 setup.py 文件。仔细看一下包布局，你应该可以自己定义此文件，建议你尝试一下。

以下是使用 pip 安装此包所需的 setup.py 文件的示例。

```python
#!/usr/bin/env python
from setuptools import dist
dist.Distribution().fetch_build_eggs(['setuptools_rust'])
from setuptools import setup
from setuptools_rust import Binding, RustExtension

setup(
    name="rust-database-cloning",
    version="0.1",
    rust_extensions=[RustExtension(
        ".rust_db_cloning.rust_db_cloning",
        path="Cargo.toml", binding=Binding.PyO3)],
    packages=["rust_db_cloning"],
    zip_safe=False,
)
```

以此为基础，rust_db_cloning/__init__.py 文件包含以下代码。

```python
from .rust_db_cloning import *
```

现在可以转到 Cargo.toml 文件，该文件将列出一些你熟悉的依赖项，以及新的 diesel 依赖项。

```toml
[package]
name = "rust_db_cloning"
version = "0.1.0"
```

```
authors = ["maxwellflitton"]
edition = "2018"

[dependencies]
diesel = { version = "1.4.4", features = ["postgres"] }
dotenv = "0.15.0"

[lib]
name = "rust_db_cloning"
crate-type = ["cdylib"]

[dependencies.pyo3]
version = "0.13.2"
features = ["extension-module"]
```

在执行上述设置之后，即已经具有了通过 pip 安装我们的包的基础。但是现在还不会安装，因为 src/lib.rs 文件中没有任何内容，我们将在最后一步填充该文件，而眼下要做的，则是设置 diesel 环境。

10.5.2　设置 diesel 环境

我们将从开发数据库中克隆数据库模式，以便可以将 URL 硬编码到 .env 文件中，具体如下所示。

```
DATABASE_URL=postgresql://user:password@localhost:5432/fib
```

由于此数据库配置永远不会在生产环境中实际运行，并且仅用于从开发数据库生成模式和模型，因此该 URL 可以被任何人看到而不会产生问题。将此 URL 硬编码到 GitHub 存储库中并不会产生恶劣后果。考虑到这一点，可以在 diesel.toml 文件中使用以下代码定义我们希望打印模式的位置。

```
[print_schema]
file = "src/schema.rs"
```

现在我们已经编写了需要的所有内容，可以开始安装和运行 diesel 命令行接口。安装和编译 diesel 时可能会出现编译错误。如果你在阅读本文时即遇到这种情况，则可以通过切换到 Rust nightly 版本来消除这些编译错误。Rust nightly 提供最新版本的 Rust，但还不太稳定。因此，你应该尝试在不切换到 nightly 的情况下按照这些步骤操作。当然，如果你发现需要切换到 nightly，则可以首先通过使用以下代码安装 nightly。

```
rustup toolchain install nightly
```

安装完成后，可使用以下命令切换到 nightly。

```
rustup default nightly
```

Rust 编译现在将在 nightly 版本中运行。

返回设置 diesel 环境，必须使用以下命令安装 diesel 命令行接口。

```
cargo install diesel_cli --no-default-features
--features postgres
```

经过上述设置之后，即可使用命令行接口结合.env 文件中的 URL 与我们的数据库进行交互。

10.5.3　自动生成和配置数据库模型和模式

在这一步骤中，我们将与 Docker 中的开发数据库进行交互。考虑到这一点，在继续之前，需要打开另一个终端并在 flask-fib 存储库中运行开发 docker-compose 环境。这将运行我们将连接到的数据库，以便可以访问数据库模式和模型。

在安装了命令行接口之后，可使用以下命令打印模式。

```
diesel print-schema > src/schema.rs
```

终端中不会有打印输出，但如果打开 src/schema.rs 文件，则将看到以下代码。

```
table! {
    alembic_version (version_num) {
        version_num -> Varchar,
    }
}
table! {
    fib_entries (id) {
        id -> Int4,
        input_number -> Nullable<Int4>,
        calculated_number -> Nullable<Int4>,
    }
}
allow_tables_to_appear_in_same_query!(
    alembic_version,
    fib_entries,
);
```

在上述代码中可以看到，alembic 版本在模式中作为单独的表。这就是 alembic 跟踪迁移的方式。

还可以看到，fib_entries 表已被映射。虽然我们也可以在没有 diesel 命令行接口的情况下自己完成此操作，但它是一个很实用的工具，可确保模式始终与数据库保持同步。对于大型复杂数据库来说，还可以节约时间并减少错误。

现在模式已经定义完成，可使用以下命令定义模型。

```
diesel_ext > src/models.rs
```

这可以产生以下代码。

```
#![allow(unused)]
#![allow(clippy::all)]

#[derive(Queryable, Debug, Identifiable)]
#[primary_key(version_num)]
pub struct AlembicVersion {
    pub version_num: String,
}

#[derive(Queryable, Debug)]
pub struct FibEntry {
    pub id: i32,
    pub input_number: Option<i32>,
    pub calculated_number: Option<i32>,
}
```

这并不完美，我们必须做一些修改。这些模型没有定义表。diesel 假定表名称只是模型名称的复数。例如，如果有一个名为 test 的数据模型，那么 diesel 会假设该表的名称为 tests。但是，对我们来说，情况并非如此，因为我们在第 9 章 "构建 Python Flask 应用程序" 中运行迁移时专门在 Flask 应用程序中定义了表。

此外，还可以删除两个 allow 宏，因为我们不会使用此功能。相反，我们将导入自己的模式并在 table 宏中定义它们。

重新安排之后，src/models.rs 文件应如下所示。

```
use crate::schema::fib_entries;
use crate::schema::alembic_version;

#[derive(Queryable, Debug, Identifiable)]
#[primary_key(version_num)]
#[table_name="alembic_version"]
pub struct AlembicVersion {
    pub version_num: String,
}
```

```
#[derive(Queryable, Debug, Identifiable)]
#[table_name="fib_entries"]
pub struct FibEntry {
    pub id: i32,
    pub input_number: Option<i32>,
    pub calculated_number: Option<i32>,
}
```

现在可以在 Rust 包中使用我们的模型和模式了。当然，还需要先定义数据库连接。

10.5.4 在 Rust 中定义数据库连接

数据库连接传统上会从环境中获取数据库 URL 并使用它来建立连接。但是，这是一个 Rust 包，它是 Flask 应用程序的附属品，我们不能为此而加载另一条敏感信息，那样做就失去了意义。因此，为了避免额外的复杂性和出现另一个安全故障点，我们将仅从 Flask 应用程序传递数据库 URL 来建立连接，因为 Flask 应用程序正在管理配置并加载敏感数据。整个数据库连接都可以在 src/database.rs 文件中处理。

首先，必须使用以下代码导入需要的内容。

```
use diesel::prelude::*;
use diesel::pg::PgConnection;
```

在上面的导入项目中，prelude 可帮助使用 diesel 宏，而 PgConnection 则将返回以获取数据库连接。有了这些内容之后，即可使用以下代码构建数据库连接函数。

```
pub fn establish_connection(url: String) -> PgConnection {
    PgConnection::establish(&url)
        .expect(&format!("Error connecting to {}", url))
}
```

该函数可以在需要数据库连接的任何地方导入。

接下来，可以开始创建一个函数来获取所有记录并在字典中返回它们。

10.5.5 创建一个获取并返回所有斐波那契记录的 Rust 函数

为避免此示例过于复杂，我们将在 src/lib.rs 文件中执行所有操作。但是，建议你构建一些模块并将它们导入 src/lib.rs 文件以获取更复杂的包。

首先，导入构建函数所需的内容。

```
#[macro_use] extern crate diesel;
extern crate dotenv;
```

```
use diesel::prelude::*;

use pyo3::prelude::*;
use pyo3::wrap_pyfunction;
use pyo3::types::PyDict;

mod database;
mod schema;
mod models;

use database::establish_connection;
use models::FibEntry;
use schema::fib_entries;
```

请注意，导入的顺序很重要。首先导入的是 diesel crate 和宏，这样，诸如 database 和 schema 之类的文件就不会因为使用 diesel 宏而出错。

本示例中没有使用 dotenv，因为我们从 Python 系统传入了数据库 URL。但是，如果你想从环境中获取数据库 URL，那么了解它会很有用。

在这之后，可以导入 pyo3 宏和结构体，以及我们定义的结构体和函数。

完成上述导入之后，即可使用以下代码定义 get_fib_entries 函数。

```
#[pyfunction]
fn get_fib_entries(url: String, py: Python) -> Vec<&PyDict>
{

    let connection = establish_connection(url);

    let fibs = fib_entries::table
        .order(fib_entries::columns::input_number.asc())
        .load::<FibEntry>(&connection)
        .unwrap();

    let mut buffer = Vec::new();

    for i in fibs {
        let placeholder = PyDict::new(py);
        placeholder.set_item("input number",
            i.input_number.unwrap());
        placeholder.set_item("fib number",
            i.calculated_number.unwrap());
        buffer.push(placeholder);
    }

}
```

　　使用 Python 构建字典列表并不新鲜，函数的定义也不是新鲜事。这里比较新鲜的是建立连接，使用模式列对其进行排序，并将其加载为 FibEntry 结构体的列表。我们将连接的引用传递到查询中，并在它返回结果时将其解包。如果需要，还可以将更多函数链接到它，如 .filter。

　　diesel 说明文档很好地介绍了可以执行的不同类型的查询和插入操作。

　　完成此操作后，可使用以下代码将结果添加到 rust_db_cloning 模块中。

```
#[pymodule]
fn rust_db_cloning(py: Python, m: &PyModule)
    -> PyResult<()> {
    m.add_wrapped(wrap_pyfunction!(get_fib_enteries));
    Ok(())
}
```

　　至此，代码可以上传到 GitHub 存储库并在 Flask 应用程序中使用了。

　　在 Dockerfile 中定义包之前，可以快速测试一下包是否工作。首先，需要在 Flask 应用程序虚拟环境中 pip install 包。这是你可能遇到编译问题的另一个地方。为了解决这个问题，可能必须切换到 Rust nightly 来 pip install 刚刚构建的包。一旦安装了包，即可通过向 Flask 应用程序添加一个简单的 get 视图来检查它。在 Flask 应用程序的 src/app.py 文件中，可使用以下代码导入函数。

```
from rust_db_cloning import get_fib_entries
```

　　现在可以使用以下代码定义 get 视图。

```
@app.route("/get")
def get():
    return str(get_fib_entries(dal.url))
```

　　你应该还记得，在第 9 章"构建 Python Flask 应用程序"中，使用 GlobalParams 中的 URL 定义了 dal 的 url 特性，该 URL 是从 .yml 配置文件中加载的。因此，必须将它变成一个字符串，否则 Flask 序列化将无法处理它。

　　在开发 docker-compose 环境中运行时，其输出结果如图 10.3 所示。

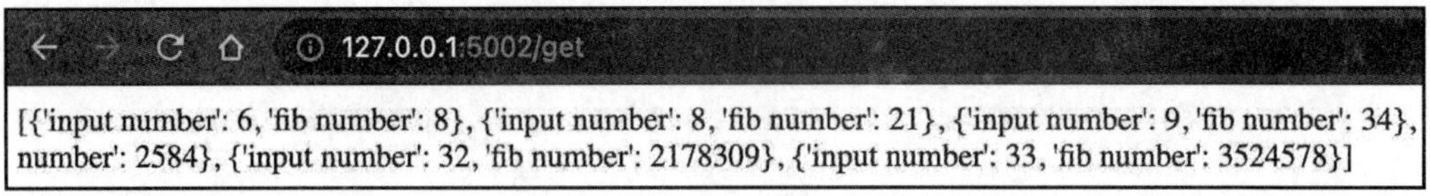

图 10.3　来自 Flask 应用程序的简单 get 视图

其中的数字可能会不同，具体取决于数据库中的内容。这里有一个 Rust 包，它跟上数据库中的变化，可以直接与数据库交互。

测试表明，程序在开发环境中可以正常工作。因此，接下来可以开始打包 Rust nightly 包以进行部署。

10.6　在 Flask 中部署 Rust nightly 包

为了打包 nightly 数据库 Rust 包以便可以部署它，必须将 GitHub 存储库的另一个克隆添加到我们的构建 Bash 脚本中，安装 nightly，并在使用 pip 安装数据库包时切换到 nightly。你可能已经猜到了我们将通过在 Bash 脚本中克隆数据库 GitHub 存储库的目的。

作为一项参考，我们的 src/build_image.sh 文件将采用以下形式。

```
. . .
git clone https://github.com/maxwellflitton/
flitton-fib-rs.git
git clone https://github.com/maxwellflitton/
rust-db-cloning.git

rm -rf ./flitton-fib-rs/.git
rm -rf ./rust-db-cloning/.git

docker build . --no-cache -t flask-fib

rm -rf ./flitton-fib-rs
rm -rf ./rust-db-cloning
```

在上述代码中可以看到，我们添加了克隆 rust-db-cloning 存储库的代码，删除了 rust-db-cloning 存储库中的 .git 文件，然后在镜像构建完成后删除了 rust-db-cloning 存储库。对于 Dockerfile，这些步骤将保持不变。唯一不同的是，在安装了普通的 Rust 包之后，还将安装并且切换到 nightly 版本，然后安装数据库包。这可以通过以下代码实现。

```
. . .
RUN pip install ./flitton-fib-rs
RUN rm -rf ./flitton-fib-rs
RUN rustup toolchain install nightly
RUN rustup default nightly
RUN pip install ./rust-db-cloning
RUN rm -rf ./rust-db-cloning
. . .
```

虽然它们一个是用普通的 Rust 编译的，而另一个是用 Rust nightly 编译的，但它们在应用程序运行时都可以正常运行。构建这个镜像并在部署 docker-compose 环境中运行它，将证明容器可以处理 Rust 计算视图并从数据库视图中获取它而没有任何问题。

掌握了本示例之后，你就拥有了将 Rust 融合到 Python Web 应用程序并将它们部署到 Docker 中所需的所有工具。

10.7　小　　结

本章将所有的 Rust 融合技能用于构建包，这些包被放置到 Python Web 应用程序的 Docker 镜像中。我们将 Rust 包直接附加到 Web 应用程序，然后连接到 Celery 工作进程，当 Web 应用程序需要计算斐波那契数时，Rust 可以显著加快速度。

此外，本章还改变了构建过程，在构建 Python Web 应用程序镜像时改为从私有 GitHub 存储库获取 Rust 包。

最后，本章使用 Rust 直接连接到数据库并使用 Rust nightly 编译。我们设法将它包含在 Python Web 应用程序 Docker 构建中。这使我们不仅能够将 Rust 融合到可部署的 Web 应用程序中，而且可以使用 Rust nightly 和数据库来解决我们的问题。

从这方面考虑，现在我们已经可以将在本书中学到的知识用于生产环境中的 Web 应用程序。你可以使用 Rust 编码并将你的 Rust 包插入可以部署在 Docker 中的现有 Python Web 应用程序内，而无须对 Python Web 应用程序构建过程进行重大更改。

使用 Rust 解决软件运行的速度瓶颈或确保代码在实时 Python Web 应用程序中的一致性和安全性将成为开发人员的日常工作。现在你可以将最快的内存安全编程语言引入你的 Python 项目，而无须对现有系统做很大的改变。这样做还能够弥合实际维护现有的久经考验的系统与前沿语言之间的差距。

在下一章也是最后一章中，我们将介绍一些最佳实践。

10.8　问　　题

（1）为什么在 Rust 中直接连接数据库可以减少要编写的代码量？

（2）为什么不能只将登录凭据传递到 Docker 镜像构建 Dockerfile 中？

（3）本章没有进行任何迁移。如何将数据库模型和模式映射到 Rust 模块，以及如何继续跟上数据库的变化？

（4）为什么要将数据库 URL 传递到数据库 Rust 包中，而不是从配置文件或环境中加载它？

（5）如果要将 Rust 与 Django、bottle 或 FastAPI Python Web 应用程序融合，是否需要做额外的事情？

10.9　答　　案

（1）使用 Rust 直接连接到数据库减少了我们必须编写的代码量，因为我们不必检查从 Python 数据库调用返回的 Python 对象。在将数据插入数据库之前，也不必将数据打包到 Python 对象中。这实际上删除了我们在与数据库交互时必须编写的一整层代码。

（2）如果有人掌握了我们的镜像，那么他们就可以访问构建的各个层。因此，他们可以访问已传递到构建中的参数，这意味着他们可以看到我们用于登录的凭据。

（3）我们使用 diesel crate 连接到数据库，并根据连接到的数据库自动打印模式和模型。可以重复执行此操作以跟上新的数据库迁移。

（4）必须记住，Rust 数据库包是 Python Web 应用程序的附件。Python Web 应用程序已经加载了数据库 URL。将凭据加载到我们的包中只会增加另一种安全漏洞的可能性，而没有任何好处。

（5）不需要。我们的融合方法完全隔离了 pip 安装过程和数据库映射过程。

10.10　延 伸 阅 读

❑　Diesel documentation for Rust (2021), Crate Diesel:

https://diesel.rs

❑　Setup tools Rust documentation (2021), Distributing a Rust Python package with wheels:

https://pypi.org/project/setuptools-rust/

❑　ManyLinux GitHub (2021):

https://github.com/pypa/manylinux

第 11 章　集成 Rust 的最佳实践

在第 10 章 "将 Rust 注入 Python Flask 应用程序" 中，成功地将 Rust 代码与 Python Web 应用程序融合在了一起。本章是最后一章，将用最佳实践来总结本书所涵盖的内容。这些实践对于将 Rust 与 Python 融合在一起并不是必不可少的，但是可以帮助开发人员在使用 Rust 构建更大的包时避免掉入陷阱。

当谈到最佳实践时，可以通过搜索引擎搜索关键字 "SOLID 原则"，这将为我们提供大量关于如何保持代码总体干净的免费信息，不过，我们不会机械地照抄这些原则，而是基于 Rust 和 Python 的融合使用来阐释相关概念。

在开发要求不是太苛刻的情况下，开发人员应该考虑如何使 Rust/Python 实现尽可能简单。本章还将介绍 Python 和 Rust 在计算任务及 Python 接口方面的优势，然后研究 Rust 中的特征（trait）以及如何通过它们组织和构建结构体。

最后，我们还将讨论在需要数据并行时，如何通过 Rayon crate 保持代码的简单性。

本章包含以下主题：

❑　通过将数据传入和传出 Rust 来保持 Rust 实现的简单性。

❑　通过对象给接口一种原生的感觉。

❑　使用 trait 而不是对象。

❑　通过 Rayon 保持数据并行的简单性。

讨论这些主题将使开发人员能够在构建更复杂、更大的包时避免掉入陷阱。此外，掌握本章技巧还能够使开发人员更快地为较小的项目构建 Rust 解决方案，因为可以不必依赖 Python 设置工具和使用 pip 安装。

11.1　技　术　要　求

本章代码和数据可以在以下链接中找到。

https://github.com/PacktPublishing/Speed-up-your-Python-with-Rust/tree/main/chapter_eleven

11.2　通过将数据传入和传出 Rust 来保持 Rust 实现的简单性

到目前为止，本书已经讨论了将 Rust 集成到 Python 系统中所需的一切。你应该有能力构建可以使用 pip 安装的 Rust 包，并与 Web 应用程序集成，以在 Docker 中使用它们。但是，如果要解决的问题既小又简单，则不必使用这么多设置工具。

例如，如果我们要在 Python 中打开一个充满数字的逗号分隔值（comma-separated values，CSV）文件，计算斐波那契数，然后将它们写入另一个文件，那么在 Rust 中编写程序是有意义的。但是，如果我们有一个更复杂的 Python 独立脚本，只需要使用 Rust 进行简单的加速，那么就不必使用 Python 设置工具构建 Rust 包——它仍然只是一个独立脚本。相反，我们将通过管道传输数据。这意味着将数据从 Python 脚本传递到 Rust 独立二进制文件以计算斐波那契数，然后返回到 Python 脚本，如图 11.1 所示。

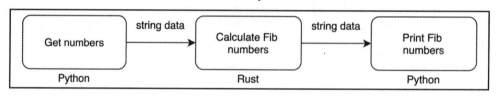

图 11.1　基本管道的流程

原　　文	译　　文	原　　文	译　　文
Get numbers	获取数字	Calculate Fib numbers	计算斐波那契数
string data	字符串数据	Print Fib numbers	打印斐波那契数

为了在不使用任何设置工具的情况下达到与 Rust 斐波那契数计算包相同的速度，必须执行以下步骤。

（1）构建一个 Python 脚本来制定用于计算的数字的格式。

（2）构建一个 Rust 文件，它接受数字、计算斐波那契数并返回计算出的数字。

（3）构建另一个 Python 脚本，它接受计算出的数字并将其打印出来。

执行上述步骤之后，可得到一个简单的管道。虽然每个文件都是独立的，可以按任何顺序构建，但从步骤（1）开始会更合理。

11.2.1　构建一个 Python 脚本来制定用于计算的数字的格式

本示例将仅对传递到管道中的输入数字进行硬编码，当然，也可以从文件中读取数据或从命令行参数中获取数字。在 input.py 文件中，可使用以下代码写入 stdout。

```
import sys

sys.stdout.write("5\n")
sys.stdout.write("6\n")
sys.stdout.write("7\n")
sys.stdout.write("8\n")
sys.stdout.write("9\n")
sys.stdout.write("10\n")
```

如果用 Python 解释器运行该脚本，会得到以下输出。

```
$ python input.py
5
6
7
8
9
10
```

有了这个结果，现在可以继续下一步了。

11.2.2　构建一个接受数字进行计算并返回结果的 Rust 文件

对于本示例中的 Rust 文件，我们必须将所有内容都包含在文件中以使其尽可能简单。如果需要，还可以将它跨越多个文件，但是对于简单的计算，将它们全部保存在一个文件中就足够了。

在 fib.rs 文件中，可以先导入需要的内容，然后定义斐波那契数计算函数。具体代码如下：

```rust
use std::io;
use std::io::prelude::*;


pub fn fibonacci_reccursive(n: i32) -> u64 {
    match n {
        1 | 2   => 1,
        _       => fibonacci_reccursive(n - 1) +
                   fibonacci_reccursive(n - 2)
    }
}
```

上述代码你应该很熟悉。std::io 可用来获取通过管道传输到文件中的数字，而 fibonacci_reccursive 函数则可以计算斐波那契数。

在计算完成之后，可使用以下 main 函数将其发送到管道中的下一个文件。

```
fn main() {
    let stdin = io::stdin();
    let stdout = std::io::stdout();
    let mut writer = stdout.lock();

    for line in stdin.lock().lines() {
        let input_int: i32 = line.unwrap().parse::<i32>() \
            .unwrap();
        let fib_number = fibonacci_reccursive(input_int);
        writeln!(writer, "{}", fib_number);
    }
}
```

在上述代码中可以看到，我们定义了 stdin 来接收发送给 Rust 程序的数字，并定义了 stdout 来发送计算出的斐波那契数，然后遍历发送到 Rust 程序的行，以整数解析每一行，再以此为输入参数计算斐波那契数，最后使用通过 io prelude 导入的宏发送计算出的结果。

有了这些函数之后，可以使用以下命令编译 Rust 文件。

```
rustc fib.rs
```

这将编译我们的 Rust 文件。现在可以运行这两个文件，使用以下命令将 Python 文件中的数据传输到编译后的 Rust 代码。

```
$ python input.py | ./fib
5
8
13
21
34
55
```

在这里可以看到，来自 python input.py 命令的数字被输入 Rust 代码中，返回计算出的斐波那契数。

完成这两个步骤之后，可以进入最后一步——从 Rust 代码中获取计算出的斐波那契数并打印出来。

11.2.3 构建一个接受计算出的数字并将其打印出来的 Python 脚本

output.py 文件非常简单，可采用以下形式。

```
import sys

for i in sys.stdin.readlines():
    try:
        processed_number = int(i)
        print(f"receiving: {processed_number}")
    except ValueError:
        pass
```

上述代码有一个 try 块，因为传递给最后一个 Python 脚本的数据的开头和结尾会有空行，当我们尝试将它们转换为整数时会失败。然后是打印数据的语句，并在最后一个脚本中添加 "receiving: {processed_number}"，以明确这是输出数字的 output.py 文件。这将给出如下所示的打印输出结果。

```
$ python input.py | ./fib | python output.py
receiving: 5
receiving: 8
receiving: 13
receiving: 21
receiving: 34
receiving: 55
```

我们可以使用 time 命令计算管道运行所需的时间。如果将其与纯 Python 代码进行比较，则纯 Python 代码会更快。但是，我们知道 Rust 代码其实要比纯 Python 代码快得多。之所以出现这种情况，是因为输入/输出（I/O）操作需要时间，因此，如果只需要计算一两个小数字，则根本不值得实施管道。

为了展示我们的方法的价值，可以在 pure_python.py 文件中编写以下纯 Python 代码。

```
def recur_fib(n: int) -> int:
    if n <= 2:
        return 1
    else:
        return( recur_fib(n - 1) +
                recur_fib(n - 2))

for i in [5, 6, 7, 8, 9, 10, 15, 20, 25, 30]:
    print(recur_fib(i))
```

其输出结果如下：

```
$ time python pure_python.py
5
```

```
8
13
21
34
55
610
6765
75025
832040

real 0m0.315s
user 0m0.240s
sys 0m0.027s
```

在管道中添加相同的数字，则会给出以下打印结果。

```
$ time python input.py | ./fib | python output.py
receiving: 5
receiving: 8
receiving: 13
receiving: 21
receiving: 34
receiving: 55
receiving: 610
receiving: 6765
receiving: 75025
receiving: 832040

real 0m0.054s
user 0m0.050s
sys 0m0.025s
```

在上述示例中可以看到，管道要快得多。随着斐波那契数字的增大和计算数量的增加，Rust 和纯 Python 之间的差距只会越来越大。

通过本示例可以看到，使用更少的移动部件会容易得多。如果程序很简单，则应保持 Rust 实现的简单性。

11.3　通过对象给接口一种原生的感觉

Python 是一种面向对象的语言。当我们构建 Rust 包时，需要尽量让两者之间的摩擦保持最低。因此，如果能够将接口保留为对象，则采用 Rust 包的效果会更好，看起来就好像它是 Python 原生的一样。

大多数 Python 包都有对象接口。计算是使用输入完成的，Python 对象具有一系列函数和特性，可以为我们提供这些计算的结果。虽然在第 6 章"在 Rust 中使用 Python 对象"中，我们确实使用 pyo3 宏在 Rust 中创建了类，但建议你仔细了解这样做的利弊。

你应该还记得，使用 Rust 编写的类更快，但是，能够自由使用纯 Python 的继承和元类也是很有用的。因此，最好将对象接口的构造和组织都留在纯 Python 中，任何需要执行的计算都可以在 Rust 中完成。

为了证明这一点，可以使用一个粒子（particle）二维轨迹的简单物理示例，如图 11.2 所示。

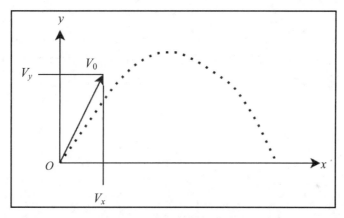

图 11.2　简单的 2D 物理轨迹

在图 11.2 中可以看到，初始速度表示为 V_0。x 轴上的投影用 V_x 表示，y 轴上的投影用 V_y 表示。虚线是每个时间点的粒子。这里的时间是另一个维度。我们对每个时间位置和时间端点（当它撞到地面时）的方程定义如下：

$$y(t) = V_y t - \frac{1}{2}gt^2$$
$$x(t) = V_x t$$
$$t_{end} = \frac{2V_y}{g}$$

其中，g 是重力常数。我们还想知道粒子在某个时间点的位置，要做到这一点，可以计算最后一个时间点，然后遍历 0 和最后一个时间点之间的所有时间点，计算 x 和 y 坐标。我们所需要的只是 x 和 y 的初始速度。位置计算的循环遍历都将在 Rust 中完成。

　　我们将以字典形式保存数据，其中的所有键都是时间和值，以 x 和 y 元组的形式存放在 Python 对象中。可以在 Rust 中编写一个函数来处理所有时间并返回一个名为 calculate_coordinates 的字典。在 Python 类中使用该字典时看起来如下所示。

```python
from rust_package import calculate_coordinates

class Particle:
    def __init__(self, v_x, v_y):
        self.co_dict = calculate_coordinates(v_x, v_y)

    def get_position(self, time) -> tuple:
        return self.co_dict[time]
    @property
    def times(self):
        return list(self.co_dict.keys())
```

　　用户只需导入 Particle 对象，使用 x 和 y 坐标中的初始速度对其进行初始化，然后输入时间以获取坐标。要绘制粒子的所有位置，可以使用我们的类。示例代码如下：

```python
from . . . import Particle

particle = Particle(20, 30)

x_positions = []
y_positions = []

for t in particle.times:
    x, y = particle.get_position(t)
    x_positions.append(x)
    y_positions.append(y)
```

　　这对 Python 来说是很直观的。我们在 Rust 中保留了所有的数字运算以充分利用其速度优势，但设法保留了所有接口，包括在 Python 中访问时间和位置。结果就是，使用此包的开发人员根本不会知道它是用 Rust 编写的——他们只知道运行速度很快。这意味着在使用元类在 Rust 中进行所有计算的同时，我们还在 Python 中保持了 100%的数据格式化和访问的好处。

　　在该粒子系统中，我们可以加载大量粒子初始速度的数据。因此，系统将计算我们加载的一系列粒子的轨迹。但是，如果以相同的初始速度加载两个粒子，那么它们将具有相同的轨迹。从这方面来考虑，计算两个粒子的轨迹是没有意义的。为了避免这种情况，我们不需要在文件或数据库中存储任何内容以供引用；我们只需要实现一个享元

（flyweight）设计模式，也就是检查传递给对象的参数。如果与前一个实例相同，则返回前一个实例即可。享元模式可使用以下代码定义。

```
class FlyWeight(type):

    _instances = {}

    def __call__(cls, *args, **kwargs):
        key = str(args[0]) + str(args[1])
        if key not in cls._instances:
            cls._instances[key] = super( \
                FlyWeight, cls).__call__(*args, **kwargs)
        return cls._instances[key]
```

在上述代码中可以看到，我们结合初始速度来定义一个键，然后检查是否已经存在具有这些速度的实例。如果有，则从 _instances 字典中返回实例；如果没有，则创建一个新实例并将其插入 _instances 字典。

我们的粒子将采用以下代码的形式。

```
class Particle(metaclass=FlyWeight):

    def __init__(self, v_x, v_y):
        self.co_dict = calculate_coordinates(v_x, v_y)

    def get_position(self, time) -> tuple:
        return self.co_dict[time]

    @property
    def times(self):
        return list(self.co_dict.keys())
```

可以看到，我们的粒子遵循享元模式。可以使用以下代码对此进行测试。

```
test = Particle(4, 6)
test_two = Particle(3, 8)
test_three = Particle(4, 6)

print(id(test))
print(id(test_three))
print(id(test_two))
```

运行代码将输出以下结果。

```
140579826787152
```

140579826787152
140579826787280

在该结果中可以看到，具有相同初始速度的两个粒子具有相同的内存地址，所以代码的工作是正常的。

我们可以在任何地方初始化这些粒子，并且这种设计模式将适用，确保我们不会执行重复计算。考虑到我们正在用 Rust 编写 Python 扩展，享元模式真正展示了我们对接口的调用、使用和显示方式的控制程度。

尽管已经用 Python 构建了接口，但这并不意味着我们不必构建 Rust 代码。接下来，让我们看看在构建 Rust 代码时如何使用 trait 而不是对象。

11.4　使用 trait 而不是对象

作为一名 Python 开发人员，构建通过其他结构体的组合继承的结构体是很诱人的。Python 能够很好地支持面向对象编程（object-oriented programming，OOP），而 Rust 受到青睐的原因有很多，其中之一就是 trait。如图 11.3 所示，与对象打包了数据和行为不同，trait 使开发人员能够将数据与行为分开。

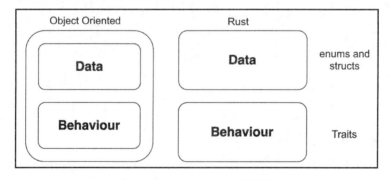

图 11.3　trait 和对象之间的区别

原　　文	译　　文	原　　文	译　　文
Object Oriented	面向对象	enums and structs	枚举和结构体
Data	数据	Traits	特征
Behaviour	行为		

这为开发人员提供了很大的灵活性，因为数据和行为是解耦的，它使开发人员能够根据需要将行为放入和取出结构体。结构体可以具有一系列 trait，而不会带来由多重继

承产生的缺点。

为了证明这一点，我们将创建一个基本的医生、患者、护士程序，以便可以看到不同的结构体如何具有不同的 trait，从而允许它们在函数中移动。我们将看到 trait 影响在多个文件上布局代码的方式。

本示例程序将具有以下布局。

```
├──── Cargo.toml
├──── src
│       ├──── actions.rs
│       ├──── main.rs
│       ├──── objects.rs
│       ├──── people.rs
│       └──── traits.rs
```

有了这种结构之后，我们的代码流将采用如图 11.4 所示的形式。

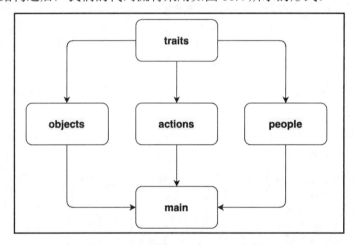

图 11.4　一个简单的基于 trait 的程序的代码流

通过这个代码流可以看到，我们的代码是解耦的。trait 将进入所有其他文件以定义这些文件的行为。要构建这个程序，必须执行以下步骤。

❑　定义 trait——为结构体构建 trait。

❑　通过 trait 定义结构体的行为。

❑　通过函数传递 trait。

❑　存储具有共同 trait 的结构体。

❑　在 main.rs 文件中运行程序。

接下来，让我们从定义 trait 开始。

11.4.1　定义 trait

在开始定义 trait 之前，必须对程序中人的类型进行概念化。其布局如下。

- ❑　患者（patient）：此人没有任何临床技能（clinical skill），但动作（action）是针对他们执行的。
- ❑　护士（nurse）：此人具有临床技能，但不能开处方（prescribe）或诊断（diagnose）。
- ❑　执业护士（nurse practitioner）：此人具有临床技能，可以开处方但不能诊断。
- ❑　高级执业护士（advanced nurse practitioner）：此人具有临床技能，并且可以开处方和诊断。
- ❑　医生（doctor）：此人具有临床技能，能开处方和诊断。

可以看到，他们都是人类。因此，他们都能够说话和进行自我介绍。因此，在 traits.rs 文件中，可以使用以下代码创建一个 Speak trait。

```
pub trait Speak {
    fn introduce(&self) -> ();
}
```

如果某个结构体实现了该 trait，则它必须创建自己的 introduce 函数，并具有相同的返回和输入参数。

我们还可以看到，除了患者，每个人都有临床技能。为了适应这一点，可使用以下代码实现临床技能 trait。

```
pub trait ClinicalSkills {
    fn can_prescribe(&self) -> bool {
        return false
    }
    fn can_diagnose(&self) -> bool {
        return false
    }
    fn can_administer_medication(&self) -> bool {
        return true
    }
}
```

在上述代码中可以看到，我们已经为每个临床职业者定义了最常见的属性。只有两类人——医生和高级执业护士可以诊断和开处方。但是，所有临床职业者都可以给药（medication）。我们可以为所有临床职业者实现这个 trait，然后覆盖细节。

必须注意的是，由于医生和高级执业护士在诊断和开药方面具有相同的可能性，因此也可以为此创建另一个 trait 以防止重复，并为患者创建一个 trait。示例如下：

```
pub trait AdvancedMedical {}
pub trait PatientRole {
    fn get_name(&self) -> String;
}
```

现在我们已经定义了需要的所有 trait。接下来，可以使用它们来定义各类型的人员。

11.4.2　通过 trait 定义结构体的行为

在定义任何结构体之前，必须使用以下代码将 trait 导入 people.rs 文件中。

```
use super::traits;
use traits::{Speak, ClinicalSkills, AdvancedMedical, \
    PatientRole};
```

现在我们拥有了所有的 trait，因此可以在程序中使用以下代码定义不同类型的人员。

```
pub struct Patient {
    pub name: String
}
pub struct Nurse {
    pub name: String
}
pub struct NursePractitioner {
    pub name: String
}
pub struct AdvancedNursePractitioner {
    pub name: String
}
pub struct Doctor {
    pub name: String
}
```

不太好的是，其中有一些重复。Speak trait 也会发生这种情况。但是，保持这些结构体分开很重要，因为稍后会将 trait 插入它们，因此需要将它们解耦。

可使用以下代码为每个人实现 Speak trait。

```
impl Speak for Patient {
    fn introduce(&self) {
        println!("hello I'm a Patient and my name is {}", \
            self.name);
```

```
    }
}
impl Speak for Nurse {
    fn introduce(&self) {
        println!("hello I'm a Nurse and my name is {}", \
            self.name);
    }
}
impl Speak for NursePractitioner {
    fn introduce(&self) {
        println!("hello I'm a Practitioner and my name is \
            {}", self.name);
    }
}
. . .
```

可以继续这种模式并为所有人员结构体实现 Speak trait。

完成之后，可使用以下代码为人员实现临床技能和患者角色 trait。

```
impl PatientRole for Patient {
    fn get_name(&self) -> String {
        return self.name.clone()
    }
}
impl ClinicalSkills for Nurse {}

impl ClinicalSkills for NursePractitioner {
    fn can_prescribe(&self) -> bool {
        return true
    }
}
```

可以看到，各类人员结构体具有以下 trait。

❑ Patient 结构体具有标准的 PatientRole trait。

❑ Nurse 结构体具有标准的 ClinicalSkills trait。

❑ NursePractitioner 结构体具有标准的 ClinicialSkills trait，其中覆盖了 can_prescribe 函数以返回 true。

现在我们已经将临床技能 trait 应用于标准临床职业者，接下来可使用以下代码应用高级 trait。

```
impl AdvancedMedical for AdvancedNursePractitioner {}
impl AdvancedMedical for Doctor {}
```

```
impl<T> ClinicalSkills for T where T: AdvancedMedical {
    fn can_prescribe(&self) -> bool {
        return true
    }
    fn can_diagnose(&self) -> bool {
        return true
    }
}
```

在这里，我们将 AdvancedMedical trait 应用于 Doctor 和 AdvancedNursePractitioner 结构体。但是，我们知道这些结构体也是临床职业者，他们也需要具备临床技能。因此，我们为 AdvancedMedical trait 实现了 ClinicalSkills，然后将 can_prescribe 和 can_diagnose 函数覆盖为 true。这样，医生和高级执业护士都具有 ClinicalSkills 和 AdvancedMedical trait，可以诊断和开处方。

经过这样设置之后，我们的人员结构体就可以传递给函数了。接下来，就让我们仔细看看该操作。

11.4.3　通过函数传递 trait

为了执行诸如更新数据库或将数据发送到服务器之类的操作，可以将人员结构体传递给函数，这样就可以让临床职业者对患者采取动作。为此，必须使用以下代码在 actions.rs 文件中导入我们的 trait。

```
use super::traits;
use traits::{ClinicalSkills, AdvancedMedical, PatientRole};
```

第一个动作是收治病人。这可以由具有临床技能的任何人完成。考虑到这一点，可使用以下代码定义此操作。

```
pub fn admit_patient<Y: ClinicalSkills>(
    patient: &Box<dyn PatientRole>, _clinician: &Y) {
    println!("{} is being admitted", patient.get_name());
}
```

在这里可以看到，传入的临床职业者（clinician）是任何具有 ClinicalSkills trait 的人员，即所有的临床职业者结构体。

但是，必须注意的是，我们还为患者传递了 &Box<dyn PatientRole>。这是因为在传递患者时将使用患者列表。可以将多名患者分配给一名临床职业者。下一小节将探讨为什么在定义患者列表结构体时使用&Box<dyn PatientRole>。

下一个动作是诊断患者,它使用以下代码定义。

```
pub fn diagnose_patient<Y: AdvancedMedical>(
    patient: &Box<dyn PatientRole>, _clinician: &Y) {
    println!("{} is being diagnosed", patient.get_name());
}
```

在这里,具有 AdvancedMedical trait 才能进行诊断是有意义的。如果尝试传入 Nurse 或 NursePractitioner 结构体,则程序将由于 trait 不匹配而无法编译。

接下来的动作是开处方,它采用以下代码的形式。

```
pub fn prescribe_meds<Y: ClinicalSkills>(
    patient: &Box<dyn PatientRole>, clinician: &Y) {
    if clinician.can_prescribe() {
        println!("{} is being prescribed medication", \
            patient.get_name());
    } else {
        panic!("clinician cannot prescribe medication");
    }
}
```

在上述代码中可以看到,ClinicalSkills trait 被接受,但如果该临床职业者不能开处方,则代码会抛出错误。

因为 NursePractitioner 结构体可以开处方,所以还可以考虑制作第三个中间 trait 并将其应用于医生、执业护士和高级执业护士。当然,这只是一项检查,而不是为 3 个临床职业者结构体实施新 trait。

最后要采取的动作是给病人用药和让病人出院,这可以由所有的临床职业者结构体来完成。因此,它采用以下形式。

```
pub fn administer_meds<Y: ClinicalSkills>(
    patient: &Box<dyn PatientRole>, _clinician: &Y) {
    println!("{} is having meds administered", \
        patient.get_name());
}

pub fn discharge_patient<Y: ClinicalSkills>(
    patient: &Box<dyn PatientRole>, _clinician: &Y) {
    println!("{} is being discharged", patient.get_name());
}
```

现在可以通过一系列动作传递人员结构体，如果将错误的人员结构体传递到函数中，则编译器将拒绝编译。

接下来，我们将在患者列表中存储具有 trait 的结构体。

11.4.4　存储具有共同 trait 的结构体

当涉及患者列表时，很容易将患者结构体存储在向量中。但是，这样做不太灵活。例如，假设我们的系统已部署，医院的一名护士生病了，必须入院。我们可以通过在 Nurse 结构体中实现 PatientRole trait 来实现这一点，而无须重写任何其他内容。我们可能还需要扩展不同类型的患者，添加更多结构体，如 ShortStayPatient 或 CriticallySickPatient。因此，可使用以下代码将具有 PatientRole trait 的患者存储在 objects.rs 文件中。

```
use super::traits;
use traits::PatientRole;

pub struct PatientList {
    pub patients: Vec<Box<dyn PatientRole>>
}
```

必须将结构体包装在一个盒子（box）中，因为我们并不知道编译时的大小。不同大小的不同结构体可以实现相同的 trait。上述代码中，Box 是堆内存上的指针。因为我们知道指针的大小，所以知道在编译时添加到向量的内存大小。

dyn 关键字用于定义它是我们所指的 trait。设法直接在 patients 向量中访问结构体的事情不会发生，同样，我们并不知道该结构体的大小。因此，可以通过动作函数 PatientRole trait 中的 get_name 函数访问结构体的数据。trait 也是指针。

我们仍然可以为结构体构建诸如构造函数之类的函数。但是，当 Patient 结构体通过我们创建的动作函数传递时，PatientRole trait 可以充当 Patient 结构体和 admit_function 函数之间的接口。

现在我们拥有了所需的一切，可将它们放在一起并在 main.rs 文件中运行。

11.4.5　在 main.rs 文件中运行程序

将所有代码放在一起运行既简单又安全。请按以下步骤操作。

（1）在 main.rs 文件中导入需要的所有内容，代码如下：

```
mod traits;
mod objects;
```

```
mod people;
mod actions;

use people::{Patient, Nurse, Doctor};
use objects::PatientList;
use actions::{admit_patient, diagnose_patient, \
    prescribe_meds, administer_meds, discharge_patient};
```

（2）在 main 函数中，现在可以定义当天的两名护士和医生。示例代码如下：

```
fn main() {
    let doctor = Doctor{name: String::from("Torath")};
    let doctor_two = Doctor{name: \
        String::from("Sergio")};

    let nurse = Nurse{name: String::from("Maxwell")};
    let nurse_two = Nurse{name: \
        String::from("Nathan")};
}
```

（3）获取患者名单，结果是有 4 名"骑士"已经出现在名单中，等待治疗。示例代码如下：

```
let patient_list = PatientList {
    patients: vec![
        Box::new(Patient{name: \
            String::from("pestilence")}),
        Box::new(Patient{name: \
            String::from("war")}),
        Box::new(Patient{name: \
            String::from("famine")}),
        Box::new(Patient{name: \
            String::from("death")})
    ]
};
```

💡提示：

　　作为本示例患者出现的 4 名"骑士"是著名的天启四骑士（Four Horsemen of the Apocalypse），分别是瘟疫（pestilence）、战争（war）、饥荒（famine）和死亡（death）。

　　（4）现在可以遍历患者，分配医生和护士来照顾他们。示例代码如下：

```
for i in patient_list.patients {
    admit_patient(&i, &nurse);
```

```
    diagnose_patient(&i, &doctor);
    prescribe_meds(&i, &doctor_two);
    administer_meds(&i, &nurse_two);
    discharge_patient(&i, &nurse);
}
```

main 函数到此结束。运行它会给出以下结果。

```
conquest is being admitted
conquest is being diagnosed
conquest is being prescribed medication
conquest is having meds administered
conquest is being discharged
war is being admitted
. . .
famine is being admitted
. . .
death is being admitted
. . .
```

至此，我们完成了在 Rust 中使用 trait 的练习。通过该练习，可以看到在使用 trait 时获得的灵活性和解耦能力。但是，需要记住的是，如果要使用 Python 系统构建接口，则无法支持这种方法。

要构建一个接口，可使用以下伪代码来完成。

```
#[pyclass]
pub struct NurseClass {
    #[pyo3(get, set)]
    pub name: String,
    #[pyo3(get, set)]
    pub admin: bool,
    #[pyo3(get, set)]
    pub prescribe: bool,
    #[pyo3(get, set)]
    pub diagnose: bool,
}
#[pymethods]
impl NurseClass {
    #[new]
    fn new( name: String, admin: bool, prescribe: bool,
            diagnose: bool) Self {
        return Nurse{name, admin, prescribe}
    }
```

```
fn introduce(&self) Vec<Vec<u64>> {
    println!("hello I'm a Nurse and my name is {}",
            self.name);
    }
}
```

在上述代码中可以看到，我们将 ClinicalSkills trait 中的函数替换为特性。可以将带有 trait 的 NurseClass 结构体传递给调用 ClinicalSkills 的函数，然后将 ClinicalSkills 函数的结果传递到 NurseClass 结构体的构造函数中。这样，NurseClass 结构体就可以传递给 Python 系统了。

面向对象编程（OOP）有其优点，应该在 Python 编码时使用。但是，Rust 为开发人员提供了一种灵活且可解耦的新方法。对于 Python 开发人员来说，熟悉和掌握 trait 的使用可能需要一段时间，但是，这样的付出将是值得的。建议你继续在 Rust 代码中使用 trait，以获得使用 trait 的优势。

11.5　通过 Rayon 保持数据并行的简单性

在第 3 章“理解并发性”中，我们并行处理了斐波那契数。虽然研究并发性很有趣，但当我们构建自己的应用程序时，还是应该依靠其他 crate 来降低应用程序的复杂性。

Rayon crate 正好符合我们的需要，它将使开发人员能够遍历要计算的数字，然后并行处理它们。为了做到这一点，必须先在 Cargo.toml 文件中定义该 crate。示例代码如下：

```
[dependencies]
rayon = "1.5.1"
With this, we import this crate in our main.rs file with the
following code:
extern crate rayon;
use rayon::prelude::*;
```

如果不使用 use rayon::prelude::*; 导入宏，那么当我们尝试将标准向量转换为并行迭代器时，编译器将拒绝编译。

有了这些宏之后，即可使用以下代码执行并行斐波那契数计算。

```
pub fn fibonacci_reccursive(n: i32) -> u64 {
    match n {
        1 | 2   =>  1,
        _       =>  fibonacci_reccursive(n - 1) +
                    fibonacci_reccursive(n - 2)
```

```
    }
}

fn main() {
    let numbers: Vec<u64> = vec![6, 7, 8, 9, 10].into_par_iter(
    ).map(
        |x| fibonacci_reccursive(x)
    ).collect();
    println!("{:?}", numbers);
}
```

在上述代码中可以看到，我们定义了一个标准的斐波那契数计算函数，然后得到一个输入数字的向量，并使用 into_par_iter 函数将其转换为并行迭代器。之后，我们将斐波那契数计算函数映射到这个并行迭代器。在此之后，使用 collect 函数收集结果。因此，打印 numbers 会给出 [8, 13, 21, 34, 55] 这样的结果。整个过程就是这样简单。

我们编写了并行代码，并使用 Rayon crate 保持其简单性。必须记住的是，设置这种并行化是有代价的。如果我们只使用示例中的数字，则正常循环会更快。但是，如果数组的数字和大小增加，则 Rayon crate 的好处就会开始显现。例如，如果要计算一个从 6 到 33 的数字的向量，则所花费的时间差异如图 11.5 所示。

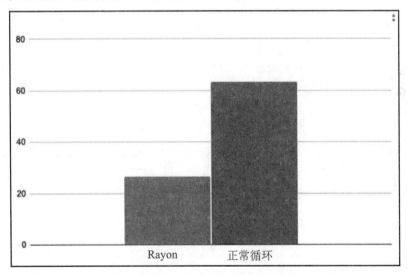

图 11.5　循环从 6 到 33 的斐波那契数字所花费的时间（以 μs 为单位）

掌握了 Rayon crate 的使用之后，我们就有了一种简单的方法来并行化计算，这将降低代码的复杂性，减少错误。

11.6　小　结

本章讨论了在 Python 系统中实现 Rust 的最佳实践。我们的最初目标是保持代码的简单性。本章示例证明，开发人员完全可以利用 Rust 的速度，而无须任何设置工具或安装包，这要归功于使用 Python 将数据传入和传出 Rust 二进制文件。这是一种非常有用的技术，它不仅限于 Python 和 Rust。事实上，可以在任何语言之间传输数据。

如果你正在编写一个基本程序，那么构建数据管道应该是你要做的第一件事。这样，你就可以减少移动部件的数量并加快开发速度。一个简单的 Bash 脚本可以编译 Rust 文件并运行该过程。当然，随着程序复杂性的增加，你也可以应用本书中介绍过的技巧，使用设置工具并将 Rust 代码直接导入 Python 中。

本章还讨论了利用 Python 的对象支持和元类的重要性，它们可以在没有 Rust 包的情况下依靠 Python 来实现接口。Python 是一门成熟的语言，具有很强的表现力。在构建我们的包时，最佳实践就是使用 Python 作为接口，使用 Rust 进行计算。

本章还介绍了如何利用 trait，而不是强制 Rust 采用面向对象的方法并通过组合进行继承。使用 trait 可以获得更大的灵活性和解耦能力。

最后，我们还演示了如何使用第三方 crate 使并行处理代码保持简单，这将提高我们的工作效率并降低代码的复杂性，进而减少错误。

虽然本书已经到达结尾，但是学无止境，在 Rust+Python 这一主题下，还有更多内容等待你去学习和发掘；当然，你现在已经拥有了一套完整的工具，不仅掌握了最前沿的、最快的内存安全语言，而且可以将它与广泛使用的 Python 语言以一种有效的方式融合，使用 pip 安装它。你不仅可以通过 Python 脚本执行此操作，还可以在 Docker 中封装 Rust 扩展，从而能够在 Python Web 应用程序中使用 Rust。因此，你不必等待你的公司和项目重写和采用 Rust。相反，你现在就可以将 Rust 插入已经建立的项目中。如果 Rust 和 Python 的融合能够为你的程序带来极大的速度提升，那么我们将非常开心。

11.7　延　伸　阅　读

❏　Mastering Object-Oriented Python by Steven Lott (2019) (Packt Publishing)
❏　Mastering Rust by Rahul Sharma, Vesa Kaihlavirta (2018) (Packt Publishing)